머시닝센터
프로그램과 가공

배종외 지음

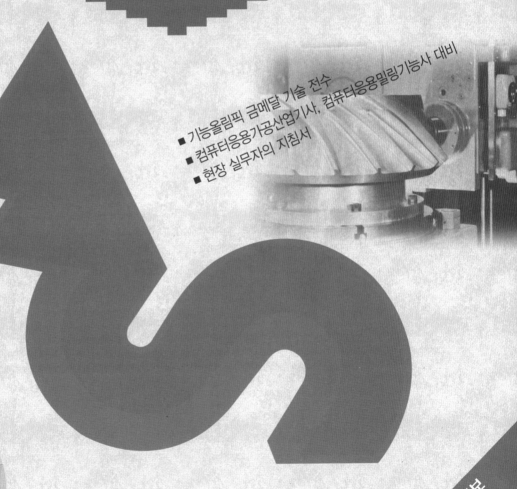

- 기능올림픽 금메달 기술 전수
- 컴퓨터응용가공산업기사, 컴퓨터응용밀링기능사 대비
- 현장 실무자의 지침서

BM (주)도서출판 성안당

CNC 사이버 정보
인터넷 홈페이지
www.cncbank.co.kr

■ 도서 A/S 안내

머 리 말

최근 급속히 확산되고 있는 공장자동화(Factory Automation)의 바람과 생산성 향상을 위하여 CNC 공작기계와 주변장치들이 소프트웨어(Soft Ware)에서 하드웨어(Hard Ware)에 이르기까지 하루가 다르게 발전되고 있다.

우리나라 CNC 공작기계는 각 공작기계 전문회사의 적극적인 국산화 노력으로 기계본체(Machine Body)와 볼스크류(Ball Screw)등 대부분의 기계장치들은 국산화 되었다. 하지만 아직도 CNC 공작기계의 핵심 부품인 CNC 장치(Controller)는 대부분 수입에 의존하고 있는 현실이다. 그 대표적인 CNC 장치가 일본 FANUC 제품이다. '80년대 초에는 FANUC-6 Series가 대부분이었고, 최근에는 FANUC-0 Series CNC 장치가 대부분을 차지하고 있다. 그러나 지금까지 개발된 교재는 FANUC-0 Series 이전의 것들이 주종을 이루고, 실제 현장경험을 통해 저술한 교재가 없는 것 같다.

본 저자는 10년전에 NC를 처음 배울때나 현재 NC 교육을 담당하면서 현장실무 교재의 필요성을 절감하고, NC를 처음 배우는 분들을 위하여 국제기능올림픽대회 훈련과정과 후배선수 지도과정에서 터득한 Know-How를 쉽게 익힐 수 있도록 강의식으로 정리하였다.

본 교재의 특징은 NC를 정확하게 이해할 수 있는 하나의 방법으로 프로그램은 물론이고 기계구조와 전자장치의 시스템을 이해할 수 있도록 경험을 통하여 확인된 내용들을 응용하여 기록했다. 나름대로의 현장실무 경험을 통하여 정리한 이론들이 NC를 배우고자하는 당신에게 조금이나마 도움이 되었으면 좋겠다.

끝으로 사단법인 한국공작기계기술학회 회장이신 윤종학 교수님, 기술지도를 맡아주신 만도기계 음재진 이사님, 선문대학교 편영식 교수님과 CNC 기계 직종 후배님들 그리고 도움을 주신 여러분들께 진심으로 감사드립니다.

저자 씀.

목 차

제 1 장 개 요

제 2 장 프로그래밍

제 3 장 응용 프로그래밍

제 4 장 조 작

제 5 장 기술자료

제 1 장

개　요

1.1 수치제어(NC)의 정의

(1) NC란

Numerical Control의 약자로서 "공작물에 대한 공구의 위치를 그것에 대응하는 수치정보로 지령하는 제어"를 말한다. 즉, 가공물의 형상이나 가공조건의 정보를 펀치한 지령테이프(NC 프로그램)를 만들고 이것을 정보처리회로가 읽어들여 지령펄스를 발생시켜 서보기구(Servo Motor)를 구동 시킴으로써 지령한대로 가공을 자동적으로 실행하는 제어방식이다.

(2) CNC란

Computer Numerical Control의 약자로서 Computer를 내장한 NC를 말한다.

NC와 CNC는 다소 차이는 있으나 최근 생산되는 CNC를 통상 NC라 부르고, NC와 CNC를 외관상으로 쉽게 구별하는 방법은 모니터가 있는 것과 없는 것으로 구별할 수 있다.

1.2 NC 공작기계의 정보처리 과정

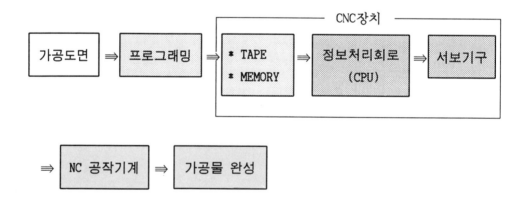

1.3 NC 공작기계의 구성

일반적으로 범용 공작기계는 사람의 두뇌로써 도면을 이해하고, 눈으로 끊임없이 공구의 끝을 감시하여 손과 발로서 기계를 운전하여 원하는 가공물을 완성한다. 그러나 NC 공작기계는 범용 공작기계에서 사람이 하는 일을 Computer가 대신한다.

아래 <그림 1-1>에서 보는바와 같이 사람의 두뇌가 하는 일을 정보처리회로에서 하며, 사람의 수족(손, 발)이 하는 일은 서보기구에서 한다.

즉, 일반 범용 공작기계에 정보처리회로와 서보기구를 붙인 것이 NC 공작기계이다.

그림 1-1 · NC 공작기계의 구성

1.4 NC의 정보처리

NC의 정보처리회로에서는 사람의 두뇌와 같이 외부에서 주어지는 모든 자료들을 계산하고 순서대로 진행시켜 원하는 가공물이 조금도 틀림 없이 가공될 수 있도록 한다.

아래 <그림 1-2>와 같이 외부에서 NC 장치로 주어지는 모든 자료들이 Data bus를 통하여 CPU(중앙제어장치 : Central Processing Unit)에 들어가면 CPU에서 정보처리를 하고, 기계의 모든 작동원리 및 순서 등을 기억하고 있는 ROM에게 어떻게 어떠한 순서대로 출력할 것인가 자문을 얻은 다음 Address bus를 통하여 정보처리된 결과를 출력한다.

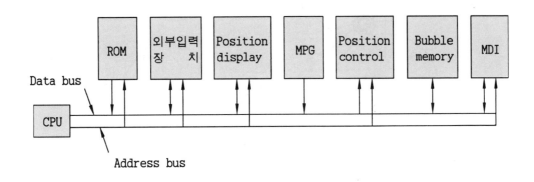

그림 1-2 NC 정보의 흐름

1.5 NC의 분류

NC는 공구 이동경로와 형상에 따라 다음 3가지로 분류할 수 있다.

(1) 위치결정 NC(Positioning NC)

공구의 최후 위치만을 제어하는 것으로 도중의 경로는 무시하고 다음 위치까지 얼마나 빠르게, 정확하게 이동시킬 수 있는가 하는 것이 문제가 된다. 정보처리회로는 간단하고 프로그램이 지령하는 이동거리 기억회로와 테이블의 현재위치 기억회로, 그리고 이 두가지를 비교하는 회로로 구성되어 있다.

(2) 직선절삭 NC(Straight Cutting Control NC)

위치결정 NC와 비슷하지만 이동중에 소재를 절삭하기 때문에 도중의 경로가 문제된다. 단, 그 경로는 직선에만 해당된다. 공구치수의 보정, 주축의 속도변화, 공구의 선택등과 같은 기능이 추가되기 때문에 정보처리회로는 위치결정 NC보다 복잡하게 구성되어 있다.

(3) 연속절삭 NC(Contouring Control NC)

S자형 경로나 크랭크형 경로 등 어떠한 경로라도 자유자재로 공구를 이동시켜 연속절삭을 한다. 위치결정 NC, 직선절삭 NC의 정보처리회로는 가감산을 할 수 있는 회로에 불과하지만 연속절삭 NC는 가감산은 물론 승제산까지 할 수 있는 회로를 갖추고 있다. 그러므로 일종의 컴퓨터가 필요하게 되었고 그러한 연산을 하면서 항상 공구의 이동을 감시하고 있으므로 S자형과 같은 복잡한 경로를 이동시킬수 있는 것이다.

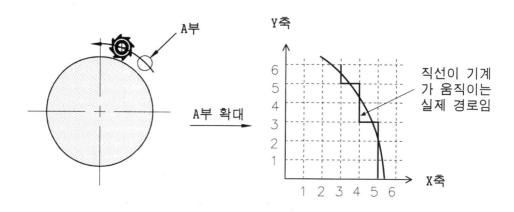

그림 1-3 연속절삭시 공구 이동(펄스 분배)

<그림 1-3>과 같은 곡면을 가공하는 경우 정보처리회로가 X축과 Y축에 펄스를 분배(기계가 연속적으로 움직이는 것 같지만 실제는 미세한 0.01 ~ 0.001mm의 직선운동을 하고 있다.)를 함으로써 공구는 X축 방향의 움직임과 Y축 방향의 움직임이 적절한 균형을 유지하며 이동할 수 있게 된다. 일반적인 CNC 장치는 연속절삭 NC에 속한다.

1.6 NC 공작기계란

종래의 범용 공작기계에서 공구의 움직임은 수동핸들 조작에 의해 이루어졌지만 NC 공작기계는 그 움직임을 가공 지령정보(NC 프로그램)에 의해 자동 제어한다. 또한 종래의 기계는 복잡한 2차원, 3차원 형상을 가공할 때는 동시에 2개 혹은 3개의 핸들을 서로 관련을 유지하면서 조작해야만 했다. 때문에 작업이 어려울 뿐 아니라 정밀도도 좋지 않고 작업시간도 많이 소모되었다.

반면에 NC 공작기계는 수동핸들 대신 서보모터(Servo Motor)를 구동시켜 2축, 3축을 동시에 제어하여 복잡한 형상도 정밀하게 단시간에 가공할 수 있게되었다. 이와 같이 프로그램에 의하여 자동으로 작동되는 공작기계를 NC 공작기계라 한다. NC 공작기계의 종류는 CNC 선반, CNC 밀링, 머시닝센타 등이 있다.

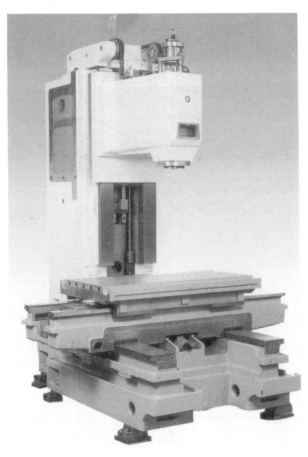

사진 1-4 NC 공작기계의 내부구조

(1) NC 공작기계의 변화

　　NC 공작기계의 초기 목적은 복잡한 형상의 것을 높은 정밀도로 가공하기 위해 밀링이나 선반등에 많이 적용되었지만, 최근에는 생산성 향상의 목적으로 NC 공작기계를 사용하며 적용 기계도 선반이나 머시닝센타외에　대부분의 공작기계에 적용된다. 특히 최근에는 Wire Cut, 방전가공기 등 특수기계에도 NC가 많이 적용되고, 이외에 Laser 가공기, Gas 절단기, 목공기계, 측정기 등 모든 산업기계 분야에 적용되는 현상이 나타나고 있다.

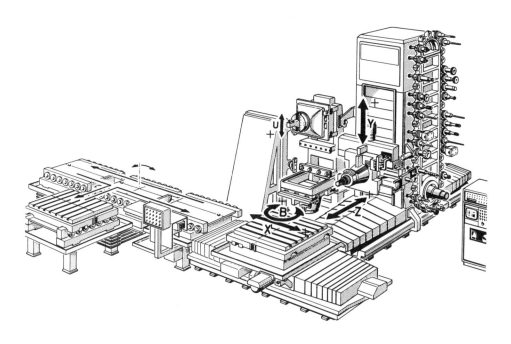

그림 1-5　5축 머시닝센타

(2) NC 공작기계의 이점

　　① 제품의 균일성을 향상시킬 수 있다.

　　② 생산능률 증대를 꾀할 수 있다.

　　③ 제조원가 및 인건비를 절감할 수 있다.

　　④ 특수공구 제작의 불필요 등 공구 관리비를 절감할 수 있다.

　　⑤ 작업자의 피로감소를 꾀할 수 있다.

　　⑥ 제품의 난이성과 비례로 가공성을 증대시킬 수 있다.

1.7 머시닝센타(Machining Center)

범용 밀링기계에 CNC 장치(Controller)가 장착된 기계를 CNC 밀링이라 하고 CNC 밀링기계에 자동 공구 교환장치(ATC : Automatic Tool Changer)를 부착하여 여러 공정의 연속적인 작업을 자동으로 공구교환하면서 공작물을 가공하는 차원 높은 공작기계를 머시닝센타라 한다. 최근에 확대되고 있는 무인화 공장(FMS)의 기초 장비로서 자동화는 물론 성력화의 필수 장비로 많이 사용되고 있다. 또한 기계의 정밀도를 높이기 위하여 특수한 구조의 베드면과 볼스크류(Ball Screw)를 이용하여 정밀한 위치결정을 할 수 있고 4축, 5축의 부가축을 설치하여 원통캠, 비행기의 프로펠라와 같은 복잡한 형상의 공작물도 쉽게 가공할 수 있다.

(1) 수직형 머시닝센타와 수평형 머시닝센타

머시닝센타는 여러 종류가 있지만 일반적으로 주축의 방향에 따라 수직형 머시닝센타(Vertical Machining Center)와 수평형 머시닝센타(Horizontal Machining Center)로 크게 구분한다. 수직형 머시닝센타는 주축(공구 방향)이 수직 방향으로

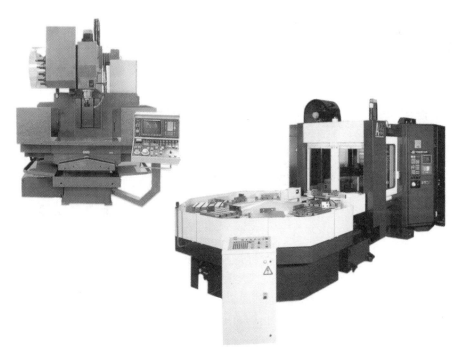

사진 1-6 수직형 머시닝센타와 수평형 머시닝센타

이동하면서 공작물의 상면을 가공하는 기계로 널리 사용되고, 수평형 머시닝센타
는 박스형(기어박스 등)과 같은 공작물을 회전 테이블 위에 고정하여 동시 4면을
한번의 셋팅으로 가공할 수 있는 머시닝센타의 대표적인 기계이다. 〈그림 1-7〉은
수직형 머시닝센타의 공구교환(Random Type) 순서를 보여준다.

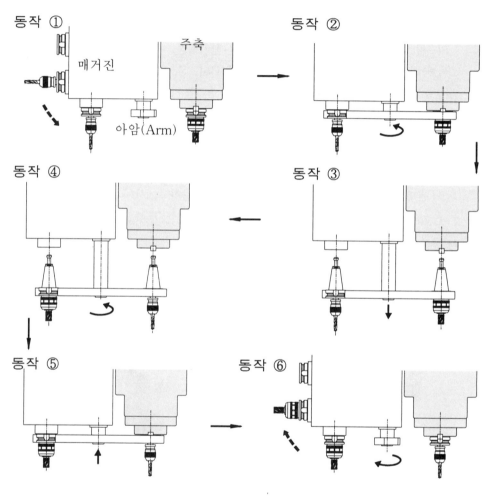

그림 1-7 Random 방식의 공구교환

동작 ① 매거진의 공구를 선택하고, 매거진 공구 Down
동작 ② Z축 제2원점(또는 기계원점) 복귀 후 Tool Changer Arm 회전
동작 ③ Tool Changer Spindle Out
동작 ④ Tool Changer Spindle 회전

동작 ⑤ Tool Changer Spindle In

동작 ⑥ Tool Changer Arm 정위치 회전 및 매거진 공구 Up

참고 1) CNC 밀링과 머시닝센타의 비교

> CNC 장치가 부착된 밀링기계에 ATC(Automatic Tool Changer : 자동 공구 교환장치) 장치를 부착한 기계를 머시닝센타라 하고, ATC 장치가 부착되지 않고 CNC 장치만 부착된 밀링기계를 CNC 밀링이라 한다.
>
> 부가축이나 APC(Automatic Pallet Changer : 자동 파렛트 교환장치) 장치 등을 부착할 수 있지만 ATC 장치가 없으면 머시닝센타라 하지 않는다.

1.8 머시닝센타의 부가장치

(1) APC(자동 파렛트 교환장치)

기계의 효율을 높이기 위하여 로보트를 이용하여 공작물을 자동으로 교환하는 방법과는 달리 테이블을 자동으로 교환하는 장치를 자동 파렛트 교환장치(APC : Automatic Pallet Changer)라 한다. 비절삭 시간을 단축하기 위하여 가공된 공작물의 테이블과 소재를 고정시킨 테이블을 교환시켜 기계 가동률을 향상시키기 위한 머시닝센타의 부가장치로서 2파렛트와 여러개의 파렛트 등 다양한 종류의 APC 장치들이 개발되어 있다. 〈사진 1-8〉는 수평형 머시닝센타에 설치된 APC 장치를 보여준다.

사진 1-8 APC 장치가 설치된 머시닝센타

(2) 인덱스 테이블과 로타리 테이블

① 인덱스 테이블(Index Table)

　머시닝센타의 부가축으로 공작물을 각도만 분할시키는 기능이다. 〈사진 1-9〉와 같이 원통의 공작물에 구멍을 뚫을 경우 부가축이 회전하여 구멍을 가공하는 형태의 기능을 수행하는 장치이다. 수평형 머시닝센타의 경우 회전 테이블과 같은 역할을 하는 것이 인덱스 테이블이다.

② 로타리 테이블(Rotary Table)

　인덱스 테이블과 마찬가지로 부가축이지만 각도 분할 뿐 아니라 회전할 때 이송속도를 지령하여 동시에 절삭가공을 할 수 있다. 원통캠 가공이나 특수한 형상의 공작물을 편리하게 가공하는 것으로 1축 로타리 테이블과 2축 로타리테이블(Tilting Table) 등이 있다.

사진 1-9 부가축을 장착한 머시닝센타

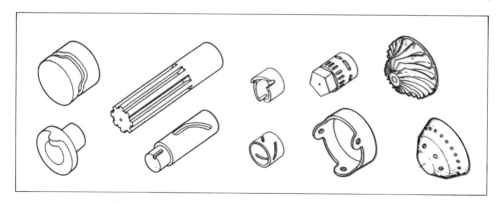

사진 1-10 로타리 테이블을 이용한 가공 예

1.9 NC 공작기계의 제어방법

　　NC 공작기계의 경우 위치검출기는 테이블(Table)등 가동부에 부착되어 있고 단위 이동량 마다 펄스나 정형파등을 발생하게 된다. 공작기계의 동작 결과는 이들이 피드백(Feed Back)을 통하여 입력측에 되돌아온 동작 결과를 계속 감시하면서 제어한다. 피드백을 하는 방법은 검출기를 부착하는 위치에 따라 다음 4가지 제어 방법으로 분류할 수 있다.

(1) 개방회로 제어방식(Open Loop 제어)

　　이 회로의 구동모터로는 스테핑 모터(Stepping Motor)가 사용된다. 1펄스에 대해 1단계 회전(예를 들면 모터축이 1° 회전)하는 것을 이용하여 테이블이나 새들(왕복대)등을 수치로 지령된 펄스 수 만큼 이동시킨다.

　　검출기나 피드백회로를 가지지 않기 때문에 구성은 간단하지만 스테핑 모터의 회전정밀도, 변속기 및 볼스크류(Ball Screw)의 정밀도 등 구동계의 정밀도에 직접 영향을 받는다.

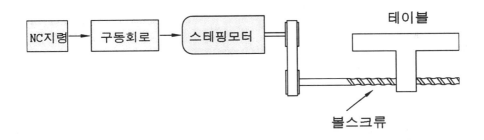

그림 1-11 개방회로 제어방식

(2) 반폐쇄회로 제어방식(Semi Closed Loop 제어)

　　이 방식의 위치검출은 서보모터의 축 또는 볼스크류의 회전각도로 한다. 즉 테이블 직선운동을 회전운동으로 바꾸어 검출한다.

　　볼스크류의 피치오차(Pitch Error)나 백래쉬(Backlash)가 있으면 테이블의 실제 이동량은 볼스크류의 회전각도에 정확히 비례하지 않고 오차가 생긴다. 그러나 최근에는 높은 정밀도의 볼스크류가 개발되어 피치오차 보정이나 백래쉬 보정 때문에 실용상에 문제 되는 정밀도는 해결되어 대부분의 NC 공작기계에 이 방식을 사용한다.

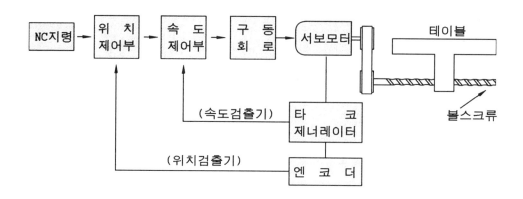

그림 1-12 반폐쇄회로 제어방식

(3) 폐쇄회로 제어방식(Closed Loop 제어)

이 방식은 테이블에 직선형 스케일(Linear Scale)을 부착하여 위치를 검출한 후 위치편차를 피드백하여 보정한다. 특별히 정도를 필요로 하는 정밀 공작기계나 대형기계에 사용된다. 정확히 따지면 이 방식은 볼스크류의 백래쉬량이 공작물의 중량에 의해 변하기도 하고 누적된 피치오차가 온도에 의해 변하기도 하는데 이와 같은 편차량 만큼 다시 모터가 회전하여 결과적으로 테이블을 정밀하게 위치결정하게 한다. 볼스크류 사용이 불가능한 대형기계의 경우는 피니언 기어로 구동이 가능하지만 위치결정의 정밀도에 문제가 있다.

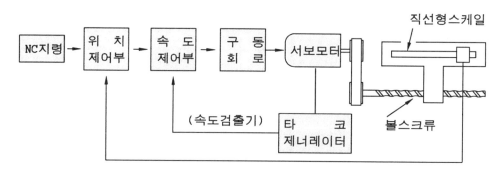

그림 1-13 폐쇄회로 제어방식

바로 이런 문제를 해결하는 것이 폐쇄회로 제어방식인데 정밀도에서는 반폐쇄회로 제어방식보다 우수하지만 위치결정 서보 안에 기계본체가 포함되기 때문에 공진주파수가 낮으면 불안전해지고 스틱슬립(Stick Slip : 미끄러짐이나 비틀림),

헌팅(Hunting : 난조-정지해야 하는 곳에 정지하지 않거나 그냥 통과하는 것을 반복하는 것)등의 원인이 되기도 한다. 때문에 공진주파수를 높이기 위해 기계의 강성을 높이고 마찰상태를 원활하게 하여 비틀림이 없는 것이 요구된다.

(4) 복합회로 제어방식(Hybrid 제어)

이 방식은 반폐쇄회로 제어방식, 폐쇄회로 제어방식을 절충한 것으로 반폐쇄회로의 높은 게인(Gain : 수신기, 증폭기등의 입력에 대한 출력의 비율)으로 제어하며 기계의 오차를 직선형 스케일(Linear Scale)에 의한 폐쇄회로로써 보정하여 정밀도를 향상시킬 수 있다. 이 폐쇄회로의 부분은 오차만 보정하면 되므로 낮은 게인으로도 충분히 오차보정이 가능하다. 대형 공작기계와 같이 강성을 충분히 높일 수 없는 기계에 적합하다.

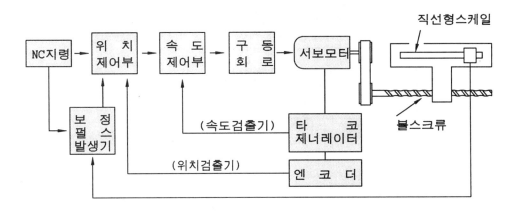

그림 1-14 복합회로 제어방식

1.10 서보기구의 구동방식

1) 전기식 -- * 전기펄스 모터
　　　　　　 * 직류(DC)서보 모터
　　　　　　 * 교류(AC)서보 모터

2) 유압식 -- * 유압 모터
　　　　　　 * 유압 실린더

3) 전기, 유압식 -- * 서보밸브와 유압 모터
　　　　　　　　 * 전기유압 펄스 모터

1.11 서보기구의 구조와 Encoder

서보기구는 범용기계와 비교해 보면 핸들을 돌리는 손에 해당하는 부분으로 머리에 해당되는 정보처리회로(CPU)의 명령에 따라 공작기계 테이블(Table)등을 움직이게 하는 모터(Motor)이다. 일반 3상 모터와는 달리 저속에서도 큰 토오크(Torque)와 가속성, 응답성이 우수한 모터로서 속도와 위치를 동시에 제어한다. 속도제어와 위치검출을 하는 장치를 엔코더(Encoder)라 하고 일반적으로 모터 뒤쪽에 붙어있다.

아래 <그림 1-15>은 서보모터의 본체와 엔코더의 구조를 보여 준다.

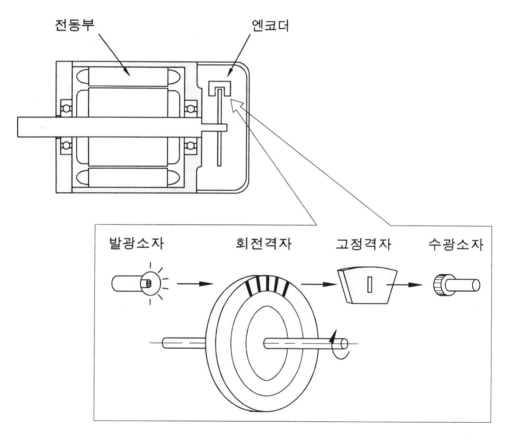

그림 1-15 광학식 엔코더의 원리

<그림 1-15>의 광학식 엔코더의 구조는 발광소자에서 나오는 빛은 회전격자와 고정격자를 통과하고 수광소자에서 검출한다. 회전격자는 유리로 된 원판에 등간

격으로 분할이 되어 있다. 분할의 갯수는 모터의 명판에 있는 펄스(Pulse)로 알수 있다.

예) 2500, 3000, 3500 Pulse 등이 많이 사용된다.

1.12 볼스크류(Ball Screw)

볼스크류란〈사진 1-16〉회전운동을 직선운동으로 바꿀때 사용된다. 그 구성은 수나사와 암나사 사이에 강구(Steel Ball)을 넣어 구를 수 있게 한 것으로 강구가 수나사와 암나사 사이를 구르면서 나사를 2회 반 또는 3회 반정도 돌다 튜브 속을 통해 시작점으로 되돌아 오는 것을 반복한다.

수나사와 암나사 사이에서 강구가 구르기 때문에 마찰계수가 적고 높은 정밀도를 갖고있다. 특히 더블너트 방식의 경우는 볼스크류 자체의 백래쉬를 줄일 수 있다.

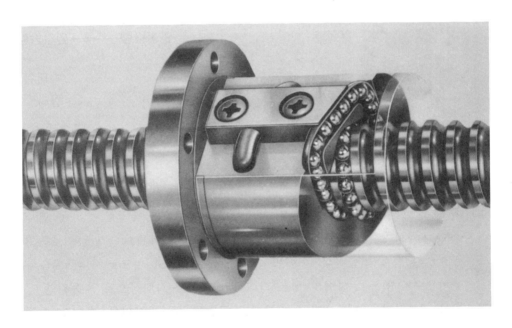

사진 1-16 볼스크류

더블너트 방식의 백래쉬 조정은 백래쉬 조정용 칼라의 두께를 정밀하게 조정 (연삭)하여 볼스크류 너트를 〈그림 1-17〉의 인장방향으로 밀착시켜 정, 역회전할 때 발생하는 백래쉬를 제거한다.

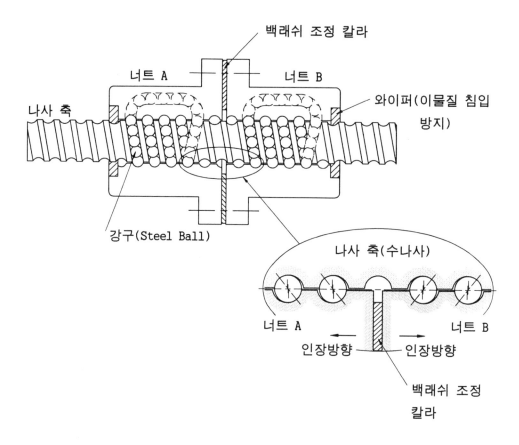

그림 1-17 더블너트 방식 볼스크류의 백래쉬 조정

1.13 동력전달 방법

　NC기계의 동력전달 방법(서보모터에서 볼스크류까지의 동력)은 보통 3가지 방법으로 동력을 전달한다. 기어방식은 소음이 심하고 마모로 인한 백래쉬 발생과 유지보수가 힘들고 타이밍 벨트 방식은 벨트의 노화현상으로 지속적인 정밀도 관리가 필요하지만 기계제작시 효과적인 공간활용이 장점이다. 그리고 최근에 많이 사용하는 커플링 방식은 서보모터와 볼스크류 축을 직결연결하여 연결부위의 백래쉬 발생을 방지하고 구조가 간단하다.

　① 기어(Gear)

　② 타이밍 벨트(Timing Belt)

　③ 커플링(Coupling) : 서보모터와 볼스크류는 일직선상에 위치한다.

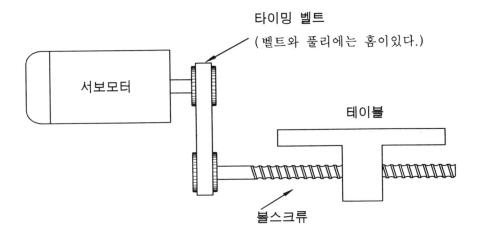

타이밍 벨트
(벨트와 풀리에는 홈이있다.)

테이블

서보모터

볼스크류

그림 1-18 타이밍 벨트 방식 동력전달

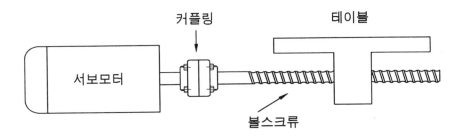

커플링

테이블

서보모터

볼스크류

그림 1-19 커플링 방식 동력전달

사진 1-20 조립된 커플링

1.14 NC의 역사

(1) 수치제어(NC)의 발달사

년 도	미 국, 유 럽	일 본	한 국	비 고
1775	범용밀링 탄생 (월킨스, 영)			
1797	범용선반 탄생 (모즈레)			
1947	NC의 발명 (JOHN T 파슨즈,미)			
1952	NC밀링 개발 (메사추세츠공대)			연구기간 3년
1952.10		사이언티픽아메리칸 잡지에 NC밀링 소개 (연구의 시초)		동경공대 동경대 공동연구
1955.6	레트로피트 개발 (하드로텔 밀링)			
1957		동경공과대학 NC선반 전시		
1957.12		NC타렛 NC펀쳐프레스 전시 (후지쯔 사)		
1958	머시닝센타 탄생 (카니트랙카 사)	NC밀링 탄생 (오사카 국제전시회 마키노 프라이스)		
1959		전기유압 펄스모터 대수연산방식 Pulse 보간회로 개발 (후지쯔 사)		
1976			NC선반 개발 (KIST)	국내 첫 NC기계
1977			NC선반 탄생 (화천기계)	NC수입 (화낙 사)
1981			머시닝센타 탄생 (통일산업)	

참고 2) 국내 CNC 공작기계의 역사

> * 화천기계 1977년 NC 공작기계 국산 1호기 NC 선반 개발, 대우중공업(주)
> 일본 도시바와 기술제휴를 맺고 1980년 부터 NC 선반 생산.
> * 1981년 통일산업에서 머시닝센타를 개발했다.

1. NC 기계 국내 총생산 : 1만4천대(90년 말까지)
2. 국산 NC 기계 총생산 : 1200여대(90년 말까지)

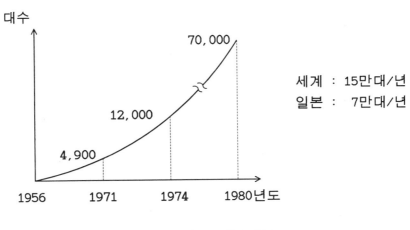

세계 : 15만대/년
일본 : 7만대/년

그림 1-21 일본 X사 NC 생산 대수

(2) 수치제어 장치의 최신 기술동향

최근의 NC 장치는 마이크로프로세서와 메모리에 의해 컴퓨터화 되었고 이를 CNC(Computerized NC 혹은 Computer NC)라고 한다. 반도체 기술이 놀라울 정도로 빠르게 발전하여 전자부품이 접적화 되어 부품의 갯수가 적어지고 신뢰성이 향상되는 동시에 각종 전자장치 자체도 소형화 되고 있다. 또 소프트웨어 기술의 발전으로 복잡한 제어나 고급 기능을 쉽게 추가할 수 있게 되었다. 따라서 최신 기술동향을 보면 다음과 같다.

① 프로그램 시간의 단축

최근의 CNC는 내부에 대량의 메모리가 있기 때문에 기존처럼 지령 테이프를 작성할 필요가 없고 작업자는 G 코드 등의 NC 언어를 이용하여 프로그램을

NC 기계에 부착된 키보드에서 입력한다. 그러나 프로그램을 작성하는 것은 그리 쉬운 일이 아니다. 또한 복잡한 가공물의 프로그램 입력에는 많은 시간이 소요되는 문제가 있다. NC 코드를 잘모르더라도 프로그램을 쉽게 작성할 수 있고 입력시간을 단축할 수 있는 대화형 프로그램 장치가 개발되었다. 이런 대화형에는 단지 G 코드로 프로그램 작성을 유도하는 단순한 것에서부터 소재형상과 마무리 가공형상의 도형을 입력하면 가공순서, 공구의 선택, 가공조건 등을 자동으로 결정하는 인공지능(Expert System)기능까지 종류가 다양하다. 또한 프로그램 작성 후 그래픽에 의해 공작물의 공구경로와 가공부의 형상을 쉽게 확인할 수 있고 프로그램 수정도 쉽게할 수 있는 장점이 있다.

② **세팅(Setting) 시간의 단축**

자동 공구교환 장치, 공작물 자동공급 장치, 가공물 자동교환 장치, 공구수명 검출 장치등이 있고 그외 센서 기술을 이용한 자동 공구보정, 공작물 좌표계원점의 자동설정 기능이 있다.

사진 1-22 측정장치

③ 절삭가공의 고속 고정밀화

고속연산 마이크로프로세서의 이용과 서보제어 기술 및 각종 보정제어 기술에 의해 고속 고정밀화가 가능하게 되었다. 2개의 공구를 동시에 이동시키는 복합 가공 기술도 실용화되어 있다.

④ 보전 기능의 충실

자기진단 기능에 의해 고장부분을 작업자에게 알려주는 것과 보수할 때 안내 화면이 표시되어 수리방법을 유도하는 것이 있다. 또 "리모트(Remote) 진단"이 라고하여 전화회선을 이용하여 NC 장치의 상태나 기계의 상태를 외부에서 체크 하는 기능이 연구되고 있다.

⑤ FA화의 대응

외부 컴퓨터나 로봇, 자동 반송장치등 주변장치와의 통신기능은 공장 자동화 나 컴퓨터에 의한 생산관리에 반드시 필요한 기능이다. 최근에는 통신 방법의 표준화나 고속통신을 추진하는 경향이 있다.

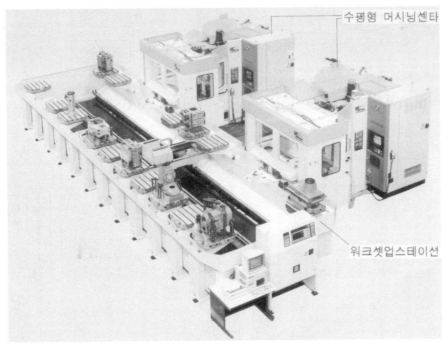

사진 1-23 간이 자동화 시스템

1.15 시스템의 구성

(1) CNC 시스템 구성

초기의 NC는 개별 전자부품으로 조립된 전자회로로 구성되어 있었으나 그후 소형 컴퓨터를 내장하여 NC 기능을 소프트웨어로 실현하게 되었다. 이러한 컴퓨터를 내장한 NC를 CNC라 부르며 반도체 기술이 발달함에 따라 소형화되고 고속화되었다.

CNC의 기본 구성은 다음과 같다.

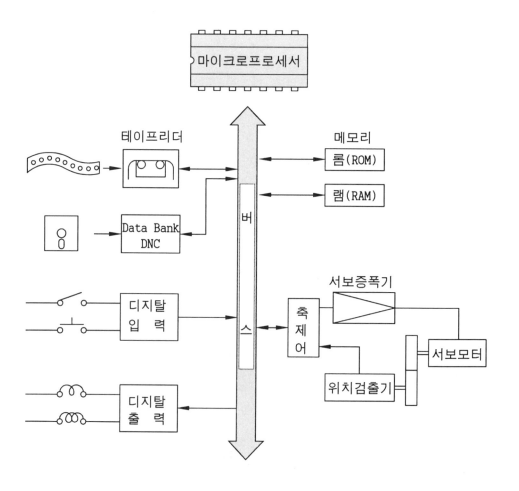

그림 1-24 CNC 시스템의 기본 구성

(2) 외부 기억장치

① 천공 테이프

NC 공작기계로 공작물을 가공하기 위해서는 그 가공에 필요한 프로그램을 외부에서 입력해야 한다. NC 프로그램은 천공 테이프에 기억시키고 테이프 판독기(Tape Reader)로 입력한다. NC 테이프는 〈그림 1-25〉와 같이 폭 1인치 8트랙의 천공 테이프가 사용되고 있으며 그 코드로는 EIA 코드 방식과 ISO 코드 방식이 있다. 우리나라에서는 일본과 같이 관습상 EIA 코드를 널리 사용하고 있으나 KS에는 ISO와 같이 규정되어 있으므로 ISO 코드도 점차 사용이 증가될것이다. 최근에는 CNC 장치의 내부 기억장치의 확장과 개인용 컴퓨터에서 DNC를 통하여 NC 프로그램을 전송하고 관리하는 기술의 발달로 천공 테이프는 그 사용이 점차 줄어들고 있다.

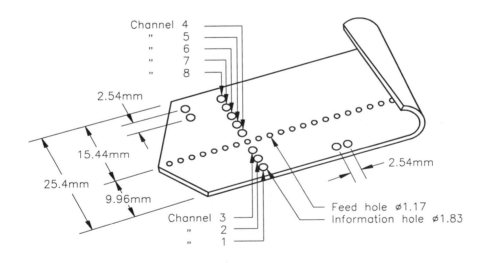

그림 1-25 천공 테이프의 규격

ⓐ EIA Code

미국 전기규격협회(EIA : Electronic Industries Association)의 약칭으로 테이프에 천공되는 가로 방향의 구멍 갯수가 홀수이다.(단, 이송 공(Feed Hole)은 제외)

ⓑ **ISO Code**

국제 표준화기구(ISO : International Organization of Standardization)의 약칭으로 테이프에 천공되는 가로 방향의 구멍 갯수가 짝수이다.(단 이송 공(Feed Hole)은 제외)

② **Diskette Data 입력**

수동이나 CAM[1] 또는 자동 프로그램 작성기[2] 에서 작성된 NC 프로그램을 Data Bank, DNC(컴퓨터와 NC 장치의 통신용 Soft Ware)를 통하여 프로그램을 신속하고 정확하게 내부 기억장치에 등록시킨다. 최근에 많이 사용하는 방법으로 프로그램의 크기에 제한 받지 않고 보관 및 관리가 편리하다.

아래 <그림 1-26>는 외부 기억장치에서 NC 장치(내부 기억장치)로 프로그램을 입, 출력하는 방법을 보여준다.

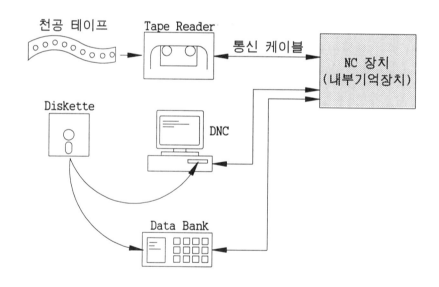

그림 1-26 외부 기억장치에서 프로그램 입력

---

1) CAM : 컴퓨터를 이용한 제조생산 시스템으로 여기서 설명하는 것은 CAD를 이용하여 도형을 만든 형상을 자동으로 NC 프로그램을 생성하는 시스템이다.

2) 자동 프로그램 작성기 : 자동 프로그램 언어를 이용한 NC 프로그램 작성기

참고 3) NC 장치와의 통신 조건

NC의 외부 기억장치(천공 테이프, Diskette)를 통하여 NC 프로그램을 내부 기억장치와 입, 출력하기 위해서는 다음과 같은 조건(파라메타)을 설정한다.

1) 전송속도(Baud Rate)

1초에 전송가능한 최대 비트(BIT)수를 BPS(Bits Per Second)로 나타낸다.

NC 장치의 통신에 많이 사용하는 전송속도는 1200, 2400, 4800, 9600BPS 등 이다. 일반적으로 **4800**BPS의 속도를 많이 사용한다.

2) Interface의 종류

① **RS232C**

RS232C는 총 25핀으로 구성되어 있으며, RS232C가 사용하는 전송속도는 0~20000BPS 이고 사용가능한 거리는 15m 이내로 권장한다.

② RS422

RS232C로 전송하기 먼곳으로 약 100m 까지 전송한다.

3) 패리티 비트(Parity Bit)

통신중 외적인 요인에 의하여 정확한 데이타를 전달하지 못할 수 있다. 이렇게 잘못 전달되는 것을 발견하기 위하여 패리티 비트를 첨가하여 전송한다. 패리티 비트를 무시하는 것이 "NONE" 이고, 전체 8비트에서 1의 갯수가 짝수가 되도록 설정하는 것이 "EVEN" 이며, 전체 8비트에서 1의 갯수가 홀수가 되도록 설정하는 것이 "ODD" 이다. 보통 **"NONE"** 으로 설정하면 된다.

4) 데이타 비트(Data Bit)

데이타 비트는 7비트와 8비트 두 가지가 있다. 텍스트 파일 또는 ASCII 문자를 전송하는 경우는 **7비트**를 사용하고, 프로그램 파일(Binary File)이나 한글 텍스트 파일을 전송하는 경우는 8비트를 사용한다.

5) 정지 비트(Stop Bit)

통신에서 데이타의 정지 비트를 선택하는 기능으로 데이타의 끝을 알리는 기능이다. 보통 **"1"** 로 설정하면 된다.

※ 통신에서 중요한 것은 입, 출력을 할 때 받고자하는 쪽에서 입력준비를 하고 보내는 쪽에서 출력기능을 실행시킨다.

먼저 보내는 쪽에서 실행하면 앞쪽의 일부 데이타가 없어지는 경우도 있다.

(3) 내부 기억장치

① 램(RAM : Random Access Memory)

읽기(Read) 및 쓰기(Write)가 가능한 메모리이며 입, 출력 정보나 계산결과를 기록하는데 쓰인다. 일반적으로 작업자가 작성하는 NC 프로그램, 파라메타 (Parameter), Offset 등이 RAM 반도체 칩에 저장된다.

② 롬(ROM : Read Only Memory)

제조 공장에서 소프트웨어를 입력시켜 기억시킬 수 있으나 단지 읽고(Read) 행할 뿐 사용자가 그 내용을 변경할 수 없는 반도체 메모리를 말한다.

기계 제작회사에서 NC 내부 프로그램, PLC 프로그램등을 입력한다.

사진 1-27 RAM과 ROM

1.16 자동화 시스템

(1) DNC(Direct Numerical Control)

① 여러대의 NC 공작기계를 한대의 컴퓨터에 결합시켜 제어하는 시스템으로 개개의 NC 공작기계의 작업성, 생산성을 개선함과 동시에 그것을 조합하여 NC 공작기계 군으로 운영을 제어, 관리하는 것이다.

② 컴퓨터에서 NC 공작기계로 직접 프로그램을 전송하면서 가공하는 것으로 금형 가공 프로그램등 프로그램 용량이 많은 경우(한개의 프로그램이 NC 장치에 기억시킬 수 있는 메모리 양보다 클 때)에 주로 사용한다.

컴퓨터와 DNC용 소프트웨어(컴퓨터에서 NC 장치로 Data 전송)가 필요하다.

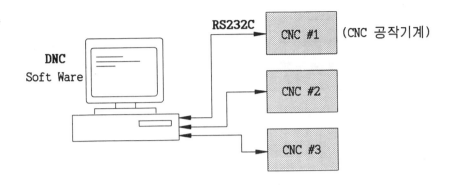

사진 1-28 DNC 통신

(2) FMS(Flexible Manufacturing System)

CNC 공작기계와 산업용 로봇, 자동반송 시스템, 자동창고 등을 총괄하여 중앙의 컴퓨터로 제어하면서 소재의 공급 투입으로부터 가공, 조립, 출고까지 관리하는 생산방식으로 공장전체 시스템을 무인화하여 생산관리의 효율을 높이는 차원 높은 유연생산 시스템이다.

사진 1-29 FMS 공장 전경

* 무인운전을 위해 NC 장비가 갖추어야 할 사항

① 고정 지그의 표준화

② 공구의 집중관리 및 표준화

③ 절삭자료의 표준화

④ 자동 칩 제거장치

⑤ 자동 계측 보정기능

⑥ 자동 과부하 검출기능

⑦ 자동운전상태 이상유무 검출기능

⑧ 자동 공작물 반입장치

⑨ 자동 화재 진압장치

(3) CAD/CAM

① CAD(Computer Aided Design)

컴퓨터를 이용한 설계로서 컴퓨터의 빠른 계산능력과 방대한 메모리 등을 이용하여 설계하고자 하는 형상을 구체적으로 모니터에 묘사한다. 확대, 축소, 회전, 채색 등을 이용하여 형상을 쉽게 구상할 수 있고 구조물의 강도해석, 열 유동해석 등 사람이 수동으로 계산하기 복잡한 것들을 아주 빠르고 정확하게 처리할 수 있는 기능과 보조장치와 연결하여 설계된 도면을 자동으로 그려낼 수 있다.

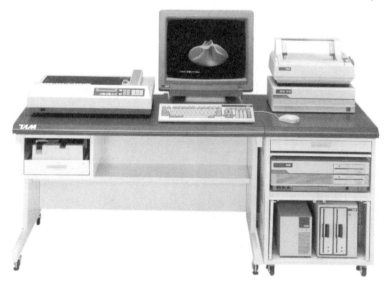

사진 1-30 CAD/CAM 시스템

② **CAM(Computer Aided Manufacturing)**

컴퓨터에 의하여 Design된 Model을 이용 가공 및 생산에 필요한 여러가지 자료를 얻어내고 실행시키는 기능으로 NC에서는 공작기계를 제어하여 원하는 제품을 만들어내기 위한 프로그램을 작성하는데 이용된다.

이밖에도 CAM의 이용은 자동 공정 계획수립, 공정별 표준 작업시간 산출, 생산일정 계획, 자재수급 계획, 공장의 흐름제어 등을 수립하는데 이용된다. NC에서 CAM이라 하는 것은 자동 프로그램장치를 포함한 자동 NC 프로그램 작성기를 말한다.

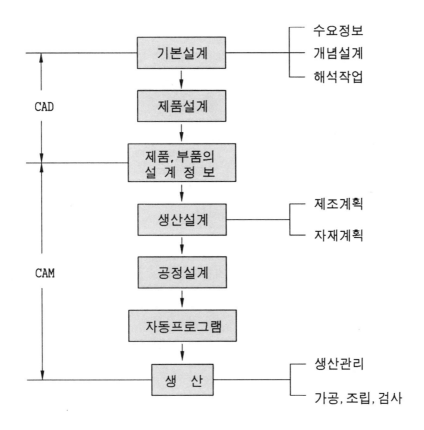

그림 1-31 CAD/CAM의 구조

③ **CAD/CAM의 용도**

여러 설계 제조업무 분야에 도입되고 있고, 공장자동화 구축을 위한 하나의 요건이 되었다. CAD는 기본 설계부터 시작해서 제도판(Draft Table) 대신 컴퓨터를 이용하여 그래픽 화면상에서 제품 설계작업을 하고 구조해석과 도면작성을 한다. CAD에서 만들어진 설계자료를 토대로 CAM에서는 부품전개나 각 부품의 가공공정 해석, NC가공 프로그램 작성(자동프로그램), NC 가공까지 일련의 과정을 컴퓨터 내부처리로 자동화 한다.

1.17 NC 프로그램의 개요

일반적인 공작기계의 조작은 인간이 행하는 것으로 기계만 있으면 누구나 충분히 작동할 수 있다. 그러나 NC 공작기계는 작동이 대부분 자동적이고 그 작동지령은 NC 프로그램에 의하여 주어진다. 따라서 NC 프로그램 없이는 NC 기계를 원활히 사용할 수 없다. 그러므로 NC 공작기계를 사용하기 위해서는 부품 도면으로 부터 NC 프로그램을 작성하는 새로운 작업이 필요하게 된다. 이 작업을 프로그래밍(Programming)이라 하고 이 일을 하는 사람을 Programmer라고 부른다.

* 프로그램을 작성하는 방법은 다음과 같이 2가지가 있다.

(1) 수동 프로그래밍(Manual Programming)

수동 프로그래밍은 부품도면으로 부터 NC 프로그램 작성까지의 과정을 사람의 손으로 일일이 작업하는 방식을 말한다.

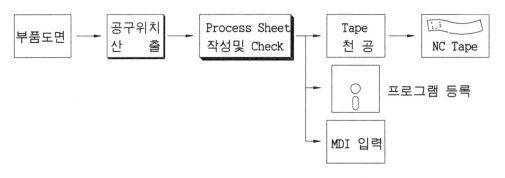

그림 1-32 프로그램 작성 및 입력

〈그림 1-32〉와 같이 수동 프로그래밍은 Programmer가 부품도면을 보고 공구위치를 하나하나 계산하여 Process Sheet를 작성하고 잘못을 확인한 다음 NC 테이프 펀칭기에서 테이프 천공을 하여 또 다시 오타를 체크하고 수정해야만 비로소 천공 테이프 하나가 제작되는, 노력과 시간을 많이 필요로 하는 까다로운 프

로그램 방법이다. 최근에는 간단한 프로그램은 천공 테이프를 만들지 않고 바로 NC 장치에 수동으로 입력하는 경우가 많다.

(2) 자동 프로그래밍(Auto Programming)

수동 프로그래밍에서는 부품의 형상이 복잡해지면 공구위치의 산출 및 프로그래밍에 많은 노력이 필요하게 된다. 또 계산의 잘못이나 테이프의 편칭 잘못도 있기 때문에 정확한 프로그램을 작성하는데 많은 시간이 소요된다. 이와 같은 수동 프로그래밍의 단점을 보완하기 위하여 컴퓨터 및 소프트웨어를 사용하는데 이것이 바로 자동 프로그래밍이다. 일반적으로 자동 프로그램 작성용 소프트웨어를 "CAM"이라 하고 CAM 소프트웨어는 종류와 사용방법이 다른 것들이 많이 있다.

* 자동 프로그래밍의 이점
① NC 프로그램 작성까지의 노력과 시간을 단축할 수 있다.
② 신뢰도가 높은 NC 프로그램을 작성할 수 있다.
③ 수동 프로그램으로 해결하기 어려운 복잡한 계산을 요하는 프로그램도 쉽게 작성할 수 있다.
④ 프로그램 작성과 연관된 여러가지 계산을 병행할 수 있다.

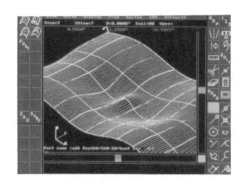
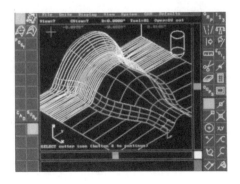

사진 1-33 CAM 시스템

1.18 NC 사양(참고)

주기) B:표준
O:선택사양

항 목	사 양	비고
제어축	3축	B
동시 제어축	동시 3축(급속, 절삭이송)	B
위치결정	G00 지령으로 X,Y,Z축 각각 독립으로 급속이 가능하다.	B
원호보간	G02, G03에서 F-코드로 지령된 이송속도로 0°~ 360° 까지 임의의 원호보간을 지령할 수 있다.	B
반경 R지령	원호보간에 있어서 반경을 반경치 R로 직접 지정할 수 있다.	B
Dwell	G04 지령으로 다음 블록의 동작으로 이동하는 것을 지령 시간만큼 정지시킬 수 있다.	B
금지영역 설정 (Stored Stroke Check)	파라메타나 프로그램으로 설정한 영역의 내, 외부를 금지 영역으로 하여 그 영역에 들어가면 축의 동작을 감속정 지 하고 Overtravel을 표시한다.	B
원점복귀	G28로 자동적으로 기계원점으로 이동할 수 있다. 수동 으로 공구를 기계원점에 이동할 수 있다. G30으로 자동 적으로 제 2원점까지 이동할 수 있다.	B
자동좌표계 설정	수동으로 원점복귀할 때 원점복귀 완료시 자동적으로 파 라메타에 미리 설정된 공작물 좌표계가 설정된다.	B
공구경 보정	G40,G41,G42로 공구경 보정무시, 좌측, 우측보정을 한다.	B
보정량 프로그램 입력	G10으로 프로그램에서 보정량을 입력할 수 있다.	O
보정량의 증분치 입력	보정량을 증분치로 입력할 수 있다.	B

항 목	사 양	비고
공작물 좌표계 설정	G92로 X, Y, Z축의 현재공구 위치를 입력된 수치로 공작물 좌표계 설정을 한다.	B
상대좌표 Reset	간단한 조작으로 현재의 상대좌표 위치를 0(Zero)으로 할 수 있다.	B
주축기능	주축속도를 S-Code로 직접 지령한다. (예 S1200)	B
공구기능	T2단 지령으로 공구번호를 지령한다. (예 T02)	B
보조기능	M2단의 숫자로 기계측 ON/OFF 조작을 지령할 수 있다.	B
설정단위	최소설정 단위 0.001 mm, 0.0001 inch 까지 지령한다.	B
Inch 입력	G20/G21지령으로 Inch/Metric계로 선택할 수 있다.	B
최대 지령치	± 8 자리 (예 ±99999.999mm, ±9999.9999inch)	B
소숫점 입력	소숫점을 사용하여 숫치를 입력할 수 있다. 소숫점 사용 가능한 어드레스는 X,Y,Z,A,B,C,I,J,K,R,F등 이다.	B
절대/증분지령	G90, G91 지령으로 각각 절대, 증분지령을 한다.	B
보조 프로그램	보조 프로그램(Sub Program)을 작성하고 주 프로그램(Main Program)에서 보조 프로그램을 호출할 수 있다.	B
가변 블록형식	한 블록의 워드수는 제한이 없다.	B
시퀀스 번호 화면표시	어드레스 N과 4단 숫자로 시퀀스(Sequence) 번호(블록이름)를 사용할 수 있다.	B
위치표시	기계좌표계, 공작물좌표계, 상대좌표계의 좌표 및 잔여량을 CRT에 표시한다.	B
프로그램 기억 편집	최대 200개(총 530mm)까지 프로그램을 등록, 기억하고 필요할 때 간단하게 수정, 편집, 사용할 수 있다.	B

항 목	사 양	비고
워드 찾기	편집 모드의 프로그램 화면에서 문자열 검색을 할 수 있다.	B
프로그램 Protect	조작판상의 프로그램 Protect Key를 ON하지 않으면 프로그램을 등록, 편집을 할 수 없다.	B
가동시간 표시	전원 ON시간, 주축회전시간, 자동운전 시간을 표시한다.	B
자기진단기능	다음과 같은 내용을 Check한다. (검출계통, 위치제어부, Servo계, 과열, CPU, ROM, RAM 이상 등.)	B
급속이송 Override	4단계의 급속속도를 사용할 수 있다.	B
Dry Run	프로그램으로 지령된 이송 속도를 무시하고 지령된 JOG 속도로 이송 동작을 한다.	B
Single Block	프로그램을 자동실행중 한 블록 단위로 실행 후 정지한다	B
Optional Block Skip	프로그램상의 "/"(Slash)를 포함한 Block에서 "/"부터 EOB까지의 지령을 무시(Skip)할 수 있다.	B
Machine Lock	기계(이동 축)를 이동시키지 않고 마치 기계가 동작하는 것과 같이 NC 장치는 정상적인 동작하고, 축의 이동은 동작하지 않는다.	B
Auxiliary Function Lock	축 이동은 실행할 수 있지만 M, S 및 T기능은 지령이 내려져도 실행하지 않는다.(단 M00, M01, M02, M30, M98, M99는 실행 한다.)	B
Feed Override	지령된 이송속도에 Override를 시킬 수 있다. (0~150%까지 가능하다.)	B
Spindle Override	지령된 주축회전 속도에 Override를 시킬 수 있다. (50~120%까지 가능하다.)	B
Override Cancel	지령된 Override(Feed)를 Cancel 하며 100%에 고정시킨다.	B

항 목	사 양	비고
Feed Hold (자동정지)	전축의 이동을 일시적으로 멈출 수 있다. 다시 자동개시 버튼을 누르면 재개한다.(단 탭, 나사절삭시 예외)	B
수동 연속이송	버튼을 눌러 축의 수동 연속이송을 할 수 있다. (이송속도는 0~1260mm/min까지 사용 가능하다.)	B
Manual Absolute	자동운전중에 수동이동을 개입했을 때 수동이동량을 좌표치로 가산할 것인가 하지 않을 것인가 선택할 수 있다.	B
MDI 개입	자동운전중(단 Single Block 완료후 정지상태)에 MDI(반자동) 조작 개입을 할 수 있다.	B
Overtravel	기계 각축의 Stroke 끝에 도달한 신호를 받아 축의 동작을 감속 정지하며 Alarm 상태로 된다.	B
Backlash 보정	각 축에 있는 Backlash를 보정하는 기능이다. (보정 Data는 파라메타로 보정량을 설정한다.)	B
Pitch 오차보정	이송나사의 기계적인 마모에 따른 Pitch 오차를 보정하는 것이며 가공정도의 향상과 수명을 연장시킨다. (보정 Data는 파라메타로 설정한다.)	O
수동 Pulse 발생기	기계측 조작판에 수동 Pulse 발생기가 있고, 기계의 미세이동이 가능하다. 1회 회전으로 100개의 Pulse를 발생하고 한 Pulse 당 이동량은 파라메타로 설정한다.	O
외부 Cycle Start	외부 자동개시 스위치(Cycle Start Switch)에 의하여 자동개시를 할 수 있다.	O

MEMO

제 2 장

프로그래밍

2.1 프로그래밍의 기초

NC 프로그래밍이란 사람이 이해하기 쉽도록 되어 있는 도면을 NC 장치가 이해할 수 있도록 NC 언어(G00 G01 M02 X100. Y150. 등)를 이용하여 표현 방식을 바꾸어 주는 작업을 말한다.

(1) 가공 계획

부품의 도면이 주어졌을 때 가장 먼저 필요한 것이 가공 계획을 작성하는 것이다. 이것은 NC 프로그램을 작성할때 필요한 조건을 미리 결정하는 것이며 다음과 같다.

① NC 기계로 가공하는 범위와 사용하는 공작기계의 선정
② 소재의 고정 방법 및 필요한 지그의 선정
③ 공정 순서(공정의 분할, 공구 출발점, 황삭과 정삭의 절입량과 공구경로 등)
④ 절삭 공구, Tool Holder의 선정 및 클램핑 방법의 결정(Tooling Sheet의 작성)
⑤ 절삭 조건의 결정(주축 회전속도, 이송속도, 절삭유의 사용 유무 등)
⑥ 프로그램의 작성

(2) 프로그래밍의 순서

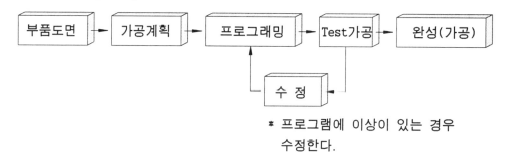

* 프로그램에 이상이 있는 경우 수정한다.

(3) 좌표계

축(Axis)의 구분은 수직형 머시닝센타(CNC 밀링)의 경우 주축 방향(공구 방향)과 평행한 축이 Z축이고, 기계 정면 방향에서 Z축과 직교한 축이 X축이다. 이 X축과 평면 상에서 90도 회전된 축을 Y축이라 한다.

또한 머시닝센타에서 많이 사용되는 부가축은 A, B, C축으로 나누어지고 A축

은 X축을 중심으로 회전하는 축이고 B축은 Y축을, C축은 Z축을 중심으로 회전
하는 축을 가르킨다.

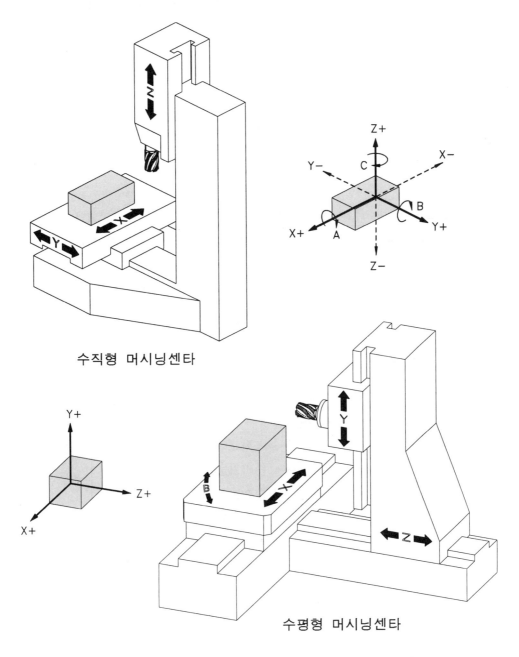

수직형 머시닝센타

수평형 머시닝센타

그림 2-1 수직형 머시닝센타와 수평형 머시닝센타의 좌표축 방향

2.2 프로그램의 구성

(1) 워드(Word)의 구성

NC 프로그램의 기본 단위이며 어드레스(Address)와 수치(Data)로 구성된다. 어드레스는 Alphabet(A~Z) 중 1개로 하고, 어드레스 다음에 수치를 지령한다.

주)① 워드의 선두에는 대문자 Alphabet을 하나만 사용할 수 있다. Alphabet소문자나 Alphabet 2개 이상을 지령하면 에러(Error)가 발생된다. 단, 특수 문자는 하나의 워드로 인식한다.

② 어드레스 다음 수치의 갯수는 "어드레스와 지령치 범위"편을 참고 하십시오.

(2) 블록(Block)의 구성

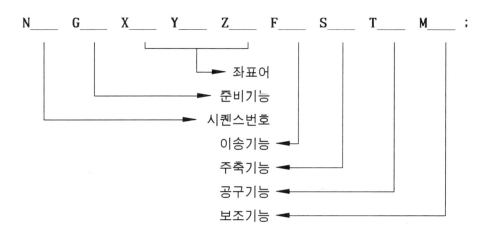

주)① 한 블록에서의 워드의 갯수는 제한이 없다.(가변 워드방식)

② 시퀀스(Sequence) 번호는 생략 가능하며 순서에 제한이 없다.

③ 한 블록 내에서 같은 내용(기능)의 워드를 두개 이상 지령하면 앞에 지령된 워드는 무시되고 뒤에 지령된 워드가 실행된다. (예 : N01 G00 X10. M08 M09 ; 가 실행되면 M08은 무시되고 M09가 실행된다.)

④ 프로그램을 작성할 때는 "(2) 블록의 구성"에 나열한 워드 순으로 프로그램을 작성하므로서 도중에 워드를 빼먹는 경우가 없고 다음에 수정할 때 정확하고 쉽게 수정할 수 있는 이점이 있다.

⑤ 기타 사용하는 R, I, J, K, P, Q등의 워드는 G기능을 이해하면서 Z와 F사이에 입력할 수 있다.

(3) 프로그램(Program)의 구성

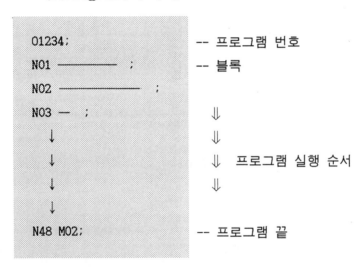

주)① 프로그램의 실행은 블록 단위로 이루어지며 한 블록의 실행이 완료되면 다음 블록을 실행한다. 즉, 프로그램은 블록 단위의 순차적인 실행순으로 작성하면 된다.

② 하나의 프로그램은 어드레스 "O____"부터 "M02"까지이며 블록의 갯수는 제한이 없다.

③ 일반적으로 프로그램의 마지막에는 M02를 사용하지만 M30이나 M99를 사용할 수 있다.

단. 보조 프로그램의 마지막에는 M99 이외는 사용할 수 없다.

(4) 보조 프로그램(Sub Program)의 구성

프로그램을 간단히 하는 기능으로 가공할 형상이 반복되는 경우 이 반복되는 가공부분을 하나의 프로그램으로 작성하고(이것을 보조 프로그램(Sub Program)이라 한다.) 원래의 프로그램(주 프로그램(Main Program))에서 보조 프로그램 형태의 가공이 있을 때 호출하여 반복되는 가공을 간단하게 할 수 있다. 이와 같이 반복되는 부분의 가공 프로그램을 "O___"부터 "M99"까지를 작성하는데 주 프로그램(Main Program)에서 볼 때 이것을 보조 프로그램(Sub Program)이라 한다. 보조 프로그램은 M99를 제외하고 제한되는 기능은 없다. 예를 들면 공구교환이나 좌표계 설정등을 보조 프로그램에서 할 수 있다.

* 보조 프로그램을 사용하는 방법은 다음과 같다.

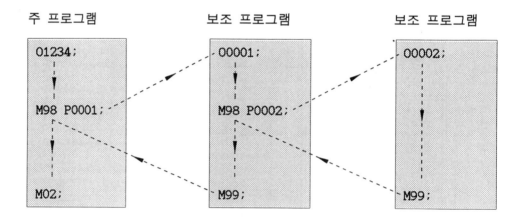

주)① 보조 프로그램의 마지막에는 M99가 필요하다.

② 보조 프로그램에 M99가 없으면 알람이 발생한다.

③ 보조 프로그램과 주 프로그램의 작성 방법에는 특별한 제한이 없다.

　　예) 공작물 좌표계 설정이나 공구교환등 모든 지령을 보조 프로그램에서도 지령할 수 있다.

④ 보조 프로그램에서 또 다른 보조 프로그램 호출할 수 있고, 복귀할 때는 역순으로 주 프로그램으로 되돌아간다.

⑤ 보조 프로그램 활용 예제는 보조 기능 M98, M99편에 있습니다.

2.3 기본 어드레스 및 지령치 범위

(1) 기본 어드레스의 의미

어드레스	기 능	의 미
O	프로그램(Program) 번호	프로그램 번호(이름)
N	시퀜스(Sequence) 번호	시퀜스 번호(블록의 이름)
G	준비기능	동작의 조건(직선, 원호등)을 지정
X, Y, Z	좌표어	좌표축의 이동 지령
A, B, C	부가축의 좌표어	부가축의 이동 지령
R	원호의 반경 좌표어	원호 반경
I, J, K	원호의 중심 좌표어	원호중심 까지의 거리
F	이송기능	이송속도의 지정
S	주축기능	주축 회전속도 지정
T	공구기능	공구번호 지정
M	보조기능	기계의 보조장치 ON/OFF 제어지령
H, D	보정번호 지정	공구길이, 공구경 보정 번호
P, X	Dwell(정지시간 지정)	Dwell 시간의 지정
P	보조 프로그램 호출번호	보조 프로그램 번호 및 횟수 지정
P, Q, R	파라메타	고정 싸이클 파라메타

(2) 어드레스와 지령치 범위

기 능	어드레스	MM 입력단위	INCH 입력단위
프로그램 번호	O	0001~9999	0001~9999
시퀜스 번호	N	1~9999	1~9999
준비기능	G	0~99	0~99
좌표어	X,Y,Z,A,B C,R,I,J,K	±99999.999 mm	±9999.9999 inch
분당이송	F	1~100000 mm/min	0.01~400.00 inch/min
주축기능	S	0~9999	0~9999
공구기능	T	0~99	0~99
보조기능	M	0~99	0~99
Dwell	X, P	0~99999.999 sec	0~99999.999 sec
반복기능	P, K	1~9999	1~9999
보정 번호	H, D	1~200	1~200

2.4 준비 기능(G 기능)

2.4.1 준비 기능의 개요

G 기능이라고 하며 어드레스 "G" 이하 2단의 수치로서 구성되어 그 블록의 명령이나 어떤 의미를 지시한다.

1) G-코드의 종류

구 분	의 미	구 별
One Shot G-코드	지령된 블록에 한해서만 유효한 기능	"00" 그룹
Modal G-코드	동일 Group의 다른 G-코드가 나올때까지 유효한 기능	"00" 이외의 그룹

2) One Shot G-코드와 Modal G-코드의 사용 방법

```
G01   X100. F100. ;
      Y50. ;              ┐
      X150. Y100. ;       ┘ -- 이 범위에서는 G01 유효
G00   X200. Y50. Z20. ;  -- G00 유효
G04   P1000 ;             -- 이 블록에서만 G04 유효(One Shot G-코드)
      X100. Y0. Z100. ;  -- G00을 지령하지 않아도 G00 상태이다.
```

주기) S:표준
O:선택 사양

3) G-코드 일람표

G-코 드	그룹	기 능	구 분
★ G00		급속 위치결정 (급속이송)	S
G01	01	직선보간 (직선가공)	S
G02		원호보간 CW (시계방향 원호가공)	S
G03		원호보간 CCW (반시계방향 원호가공)	S
G04		드웰(Dwell)	S
G07	00	가상축 보간	O
G09		Exact Stop	O

G-코드	그룹	기 능	구 분
G10 G11	00	Data 설정 Data 설정 모드 무시	O O
★ G15 G16	17	극좌표 지령 무시 극좌표 지령	O O
★ G17 G18 G19	02	X-Y 평면 지정 Z-X 평면 지정 Y-Z 평면 지정	S S S
G20 G21	06	Inch Data 입력 Metric Data 입력	O O
G22 ★ G23	09	금지영역 설정 ON 금지영역 설정 OFF	S S
★ G25 G26	08	주축속도 변동 검출 OFF 주축속도 변동 검출 ON	O O
G27 G28 G30 G31	00	원점복귀 Check 자동원점 복귀(제 1원점 복귀) 제 2원점 복귀 Skip 기능	S S S S
G33	01	나사절삭	S
G37	00	자동 공구길이 측정	O
★ G40 G41 G42	07	공구경 보정 무시 공구경 좌측 보정 공구경 우측 보정	O O O
G43 G44	08	공구길이 보정 "+" 공구길이 보정 "-"	S S

G-코드	그룹	기 능	구 분
G45	00	공구위치 보정 1배 신장	S
G46		공구위치 보정 1배 축소	S
G47		공구위치 보정 2배 신장	S
G48		공구위치 보정 2배 축소	S
★ G49	08	공구길이 보정 무시	S
★ G50	11	스켈링 무시	O
G51		스켈링	O
G52	00	로칼 좌표계 설정	O
G53		기계 좌표계 선택	O
★ G54	14	공작물 좌표계 선택 1	O
G55		공작물 좌표계 선택 2	O
G56		공작물 좌표계 선택 3	O
G57		공작물 좌표계 선택 4	O
G58		공작물 좌표계 선택 5	O
G59		공작물 좌표계 선택 6	O
G60	00	한방향 위치결정 .	O
G61	15	Exact Stop 모드	O
G62		자동 코너오버라이드 모드	O
G63		탭핑 모드	O
★ G64		연속절삭 모드	O
G65	00	Macro 호출	O
G66	12	Macro Modal 호출	O
★ G67		Macro Modal 호출 무시	O
G68	16	좌표회전	O
★ G69		좌표회전 무시	O

G-코드	그룹	기 능	구 분
G73		고속심공 드릴 싸이클	S
G74		역 탭핑 싸이클(왼나사)	S
G76		정밀보링 싸이클	S
★ G80		고정 싸이클 무시	S
G81		드릴 / Spot 드릴 싸이클	S
G82		드릴 / 카운트 보링 싸이클	S
G83	09	심공 드릴 싸이클	S
G84		탭핑 싸이클	S
G85		보링 싸이클	S
G86		보링 싸이클	S
G87		백보링 싸이클	S
G88		보링 싸이클	S
G89		보링 싸이클	S
★ G90	03	절대지령	S
★ G91		증분지령	S
G92	00	공작물 좌표계 설정	S
G93		Inverse Time 이송	O
★ G94	05	분당이송	S
G95		회전당 이송	S
G96	13	주속 일정제어	O
★ G97		주속 일정제어 무시	S
★ G98	10	고정 싸이클 초기점 복귀	S
G99		고정 싸이클 R점 복귀	S

주)① ★ 표시 코드는 전원투입시 ★ 표시 코드의 기능 상태로 된다.

② G-코드 일람표에 없는 G-코드를 지령하면 알람(Alarm)이 발생한다.

③ G-코드는 그룹이 서로 다르면 몇개라도 동일 블록에 지령할 수 있다.

④ 동일 그룹의 G-코드를 같은 블록에 두개이상 지령한 경우 뒤에 지령된 G-

코드가 유효하다.

⑤ G-코드는 각각 그룹번호 별로 표시되어 있다.

참고 4) G-코드 암기 방법

> NC 프로그램을 빨리 이해하기 위해서는 G-코드를 암기해야 한다. 예를 들면 G00은 급속 위치결정, G01은 직선보간등과 같이 암기하고, 그룹은 One Shot G-코드("00"그룹)만 암기하고 Modal G-코드는 암기를 하지 않아도 프로그램을 이해하면서 자동적으로 그룹별로 구분할 수 있다. 같은 그룹이란 동시에 실행할 수 없는 기능들로 이루어져 있다. G00과 G01 기능은 급속위치 결정과 직선절삭 기능으로 동시에 실행할 수 없는 것을 쉽게 알 수 있다. 결과적으로 G00과 G01은 같은 그룹임을 알 수 있다.

2.4.2 좌표계의 종류

(1) 기계 좌표계

* 기계의 원점을 기준으로 정한 좌표계

* 기계 좌표의 설정은 전원투입 후 원점 복귀 완료시 이루어진다.

  (최근에 생산되는 기계는 원점복귀에 관계없이 기계원점을 기억하고 있는 종류도 있다.)

* 기계에 고정되어 있는 좌표계이고 금지영역(Stored Stroke Limit, Over Travel, 제 2원점)등의 설정 기쥰이 되며 기계원점에서 기계 좌표치는 X0, Y0, Z0 이다.

* 공구의 현재 위치와 기계원점과의 거리를 알려고 할 때 사용할 수 있다.

(2) 절대 좌표계(공작물 좌표계)

* 가공 프로그램을 쉽게 작성하기 위하여 공작물 임의의 점을 원점으로 정한 좌표계이다.

* 좌표어는 X, Y, Z를 표시한다.

* G92를 이용해서 각 공작물마다 설정.(공작물 좌표계 설정편 참고하십시오.)

● 절대 좌표계 원점 표시

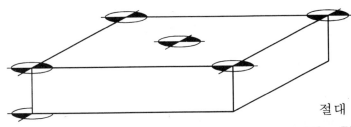

그림 2-2 절대 좌표계의 원점

절대 좌표계 원점(X0. Y0. Z0.)프로그램을 작성하기 쉬운 임의의 어떤 지점에도 설정할 수 있다. 도면 표시된 이외에도 설정할 수 있다.

* 절대 좌표계의 기준점과 부호 방향

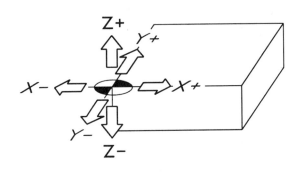

절대 좌표계 원점은 프로그램을 작성하는 사람이 프로그램을 쉽게 작성하기 위하여 임의 점을 지정한다. 이렇게 지정된 절대 좌표계 원점은 절대지령의 기준점이 되고, 절대좌표(G90) 값으로 X0. Y0. Z0. 라 한다. 수직 머시닝센타에서 오른손 좌표계의 경우 절대 좌표계 원점에서 X축은 오른쪽, Y축은 뒤쪽, Z축은 위쪽이 "+" 부호이고, 그 반대쪽 방향은 "-" 부호가 적용된다.

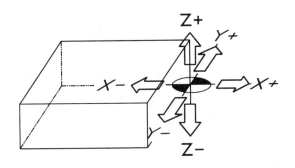

그림 2-3 오른손 좌표계의 기준점과 부호 방향

(3) 상대 좌표계

* 일시적으로 좌표를 "0"(Zero)로 설정할 때 사용한다.
* 좌표어는 X, Y, Z를 표시한다.
* 셋팅(Setting), 간단한 핸들 이동, 좌표계 설정등에 이용된다.

* 좌표계 화면

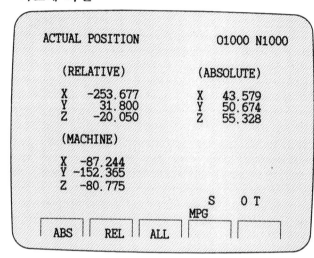

* RELATIVE(상대좌표)
* ABSOLUTE(절대좌표)
* MACHINE(기계좌표)

* ABS, REL의 좌표는 아
래 Soft Key를 누르면
좌표가 크게 표시된다.

(4) 잔여 좌표계

* 자동 실행중(자동, 반자동, DNC 모드) 표시된다.
* 잔여 좌표에 나타나는 수치는 현재 실행중인 블록의 나머지 이동 거리를 표시한다.
* 공작물 셋팅(Setting) 후 시제품을 가공할 때 셋팅의 이상 유무를 확인하는 방법으로 활용한다.(활용 방법은 조작 편을 참고하십시오.)

※ NC 프로그램을 쉽게 이해하기 위해서는 좌표계의 종류를 정확하게 구분해야 한다. 기계 좌표계는 기계원점이 기준점 이고, 절대 좌표계는 공작물 좌표계 원점이 기준이된다. 그리고 상대 좌표계는 현재위치가 기준점이 된다. 이들 좌표계 중 프로그램 작성은 절대 좌표계가 사용된다.

참고 5) 프로그램을 쉽게 이해하기 위하여

① 기계 구조에 따라서 테이블이 이동하는 것과 공구가 이동하는 경우가 있다. 그렇다고 프로그램 작성 방법이 바뀌는 것은 아니다. 그래서 프로그램을 작성할 때는 기계 구조를 생각하지 말고 항상 공구가 이동하면서 가공을 한다고 생각하면 프로그램을 이해하기 쉽다. 〈사진 2-4〉는 책상 위에서 수동 프로그램을 작성할 때의 좌표계 방향을 보여준다.

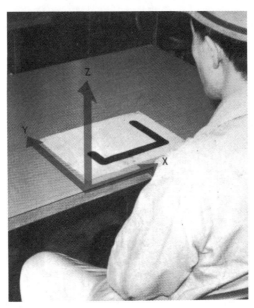

사진 2-4 수동 프로그램 작성의 좌표계와 부호 방향

② 공정이 많은 공작물을 가공하기 위하여 여러개의 공구를 사용한다. 각각의 공구길이는 차이가 있지만 프로그램을 작성할 때는 길이를 생각하지 않고 프로그램을 작성하고 셋팅에서 공구 길이를 측정, 입력하여 사용한다.

③ 프로그램 Test 중 알람이 발생하면 알람번호를 기록하고 취급설명서의 알람 일람표를 확인하여 원인을 찾아야 한다. 대부분의 초보자는 알람이 발생하면 해제(Reset) 버튼을 먼저 누르는 경향이 있다. 이 방법은 좋지 못한 방법이다. 왜냐 하면 알람번호를 모르면 잘못된 부분을 쉽게 찾을 수가 없기 때문이다. 그리고 알람 내용을 많이 접하면 NC 프르램을 빨리 배울 수 있다.

(기계좌표계와 공작물 좌표계를 사용한 프로그램 비교)

A에서 B, C, D번 위치로 프로그램 한다.

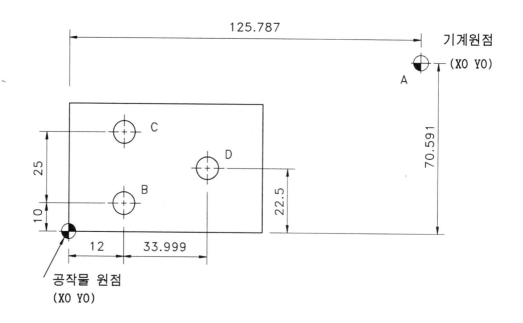

* **기계좌표계를 사용한 프로그램**

(기계원점을 기준하여 프로그램의 치수가 지령된다.)

	* 기계원점에서 B, C, D 점까지의 거리를 지령한다.
A ⇒ B G00 G90 X-113.787 Y-60.591 ;	-- B점 X좌표는(125.787－12)이고, Y좌표는(70.591－10)이다.
	(X, Y에 "－"부호가 되는것은 기계원점에서 X축의 기계좌표계는 오른쪽이 "+"이고, 왼쪽이 "－"이다. Y축은 윗쪽이"+"이고, 아랫쪽이 "－"가 된다.)
B ⇒ C G00 G90 X-113.787 Y-35.591 ;	-- C점 X좌표는 A점과 동일하고, Y좌표는(70.591－35)이다.
C ⇒ D G00 G90 X-79.788 Y-48.091 ;	-- D점 X좌표는(125.787－45.999)이고, Y좌표는(70.591－22.5)이다.

* 공작물 좌표계를 사용한 프로그램
(임의의 공작물 원점을 기준하여 프로그램을 작성한다.)

	* 공작물 원점에서 B, C, D 점까지의 좌표를 지령한다.
A ⇒ B G00 G90 X12. Y10. ;	-- B점 X좌표는 12이고, Y좌표는 10이다.(X, Y에 "+"부호가 되는것은 공작물 원점에서 X축의 절대좌표계는 오른쪽이 "+"이고, 왼쪽이 "-"이기 때문이다. Y축은 윗쪽이"+"이고, 아랫쪽이 "-"가 된다. 프로그램에서 "+"는 생략한다.)
B ⇒ C G00 G90 X12. Y35. ;	-- C점 X좌표는 A점과 동일하고, Y좌표는(10+25)이다.
C ⇒ D G00 G90 X45.999 Y22.5 ;	-- D점 X좌표는(12+33.999)이고, Y좌표는 22.5이다.

※ 위에 작성된 두가지의 프로그램을 비교해 보면 기계좌표계를 사용한 방법은 기계원점에서 이동하고자 하는 공작물 좌표계 원점까지의 거리를 먼저 알아야 프로그램을 작성할 수 있다. 하지만 공작물 좌표계를 사용한 방법은 공작물의 임의의 원점(공작물 원점)을 기준으로 프로그램을 작성하기 때문에 도면치수를 보면서 프로그램을 쉽게 작성할 수 있다. 기본적으로 **기계좌표계를 사용한 프로그램은 사용하지 않는다.** 공작물 좌표계의 편리함을 설명하기 위하여 예로서 설명하였다.

2.4.3 지령 방법의 종류

(1) 절대지령과 증분지령

① 절대지령(Absolute : G90)

이동 종점의 위치를 절대 좌표계의 위치(공작물 좌표계 원점을 기준한 위치)로 지령하는 방식이며 보정치 유무에 상관없이 지령 가능하다. **지령하는 G 기능은 G90을 사용한다.**

* 지령방법 | **G90** | **좌표지령** |

이동 지령의 예) G90 G00 X10. Y25. Z32.8 ;

* 공구경로

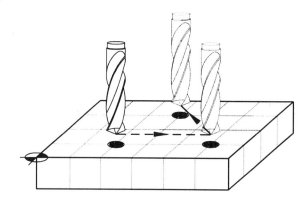

* X, Y 평면도

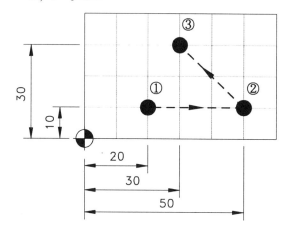

(X, Y 평면도의 프로그램)
①번 구멍 위치로 이동
  G90 G00 X20. Y10. ;
②번 구멍 위치로 이동
  G90 G00 X50. Y10. ;
③번 구멍 위치로 이동
  G90 G00 X30. Y30. ;

그림 2-5 절대지령의 방법

② 증분지령(Incremental : G91)

   이동 시작점부터 종점까지의 이동량(거리)으로 지령하는 방식이며 절대지령
과 같은 방법으로 보정치 유무에 상관없이 지령 가능하다. **지령하는 G기능은**
G91을 사용한다.(상대지령으로 표시된 교재도 있다.)

* 지령방법   G91   좌표지령

   이동 지령의 예) G91 G00 X10. Y25. Z32.8 ;

* 공구경로

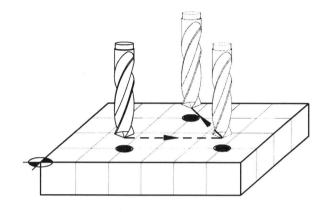

* X, Y 평면도

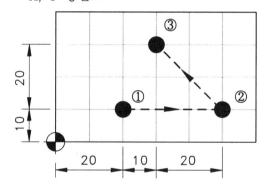

(X, Y 평면도의 프로그램)

① ⇒ ② **G91** G00 X30. Y0. ;
　　　　①에서 ②번 까지의 거리

② ⇒ ③ **G91** G00 X-20. Y20. ;
　　　　②에서 ③번 위치까지의 거
　　　　리이고 X축은 "－" 방향이
　　　　다.

그림 2-6 증분지령의 방법

참고 6) 절대지령과 증분지령

절대지령은 공작물 좌표계 원
점에서 이동하고자 하는 위치를
지령하는 것이고, 증분지령은 현
재 위치에서 이동하고자 하는 지
점까지의 거리를 지령한다. (절
대지령은 G90을 사용하고 증분지
령은 G91을 사용한다.)

(예제 1)

①에서 ②,③,④ 지점으로 이동하는 절대
지령과 증분지령 프로그램을 비교하시오.

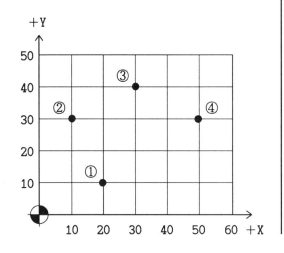

(해답 1)

1. 절대지령

① ⇒ ② **G90** G00 X10. Y30. ;

② ⇒ ③ **G90** G00 X30. Y40. ;

③ ⇒ ④ **G90** G00 X50. Y30. ;

2. 증분지령

① ⇒ ② **G91** G00 X-10. Y20. ;

② ⇒ ③ **G91** G00 X20. Y10. ;

③ ⇒ ④ **G91** G00 X20. Y-10. ;

(예제 2)

①에서 ②,③,④ 지점으로 이동하는 절대
지령과 증분지령 프로그램을 비교하시오.

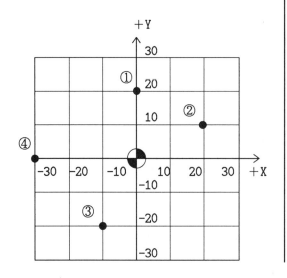

(해답 2)

1. 절대지령

① ⇒ ② **G90** G00 X20. Y10. ;

② ⇒ ③ **G90** G00 X-10. Y-20. ;

③ ⇒ ④ **G90** G00 X-30. Y0. ;

2. 증분지령

① ⇒ ② **G91** G00 X20. Y-10. ;

② ⇒ ③ **G91** G00 X-30. Y-30. ;

③ ⇒ ④ **G91** G00 X-20. Y20. ;

※ 예제 1, 예제 2 에서 중요한 것은 공작물 좌표계 원점(절대 좌표계 원점)의 위치를 정확하게 확인한다. 그리고 **절대지령은 공작물 좌표계 원점에서의 위치를 지령하고 증분지령은 현재 위치에서의 이동 거리를 지령한다.** 이 내용은 NC 프로그램을 이해하는 기초 지식이고 대단히 중요한 내용이다.

참고 7) 밀링, 선반계의 절대, 증분지령 비교

---

* 밀링계의 프로그램은 절대(G90), 증분(G91)지령을 G-코드로 선택하는 방식 이다.

　　예) **G90** G00 X100. Y100. Z100. ; -- 절대지령

　　　　G91 G00 X100. Y100. Z100. ; -- 증분지령

* 선반계의 프로그램은 절대, 증분, 절대 증분 혼합방식(한 블록에 절대지령과 증분지령을 동시에 지령할 수 있다.)으로 밀링계의 프로그램 방식과는 차이가 있다.

　　예) G00 **X100. Z100.** ; -- 절대지령

　　　　G00 **U100. W100.** ; -- 증분지령

　　　　G00 **X100. W100.** ; -- 절대 증분 혼합지령

2.4.4 보간 기능

(1) 급속 위치결정(G00)

X, Y, Z에 지령된 위치(종점)를 향해 급속속도로 이동한다. (부가축이 있는 경우 A, B, C축 지령도 할 수 있다.) 단, 본 교재에서는 부가축의 지령을 생략한다.

* 지령방법　　G00 $\begin{cases} \text{G90} \\ \text{G91} \end{cases}$ X___ Y___ Z___ ;

* 지령 워드의 의미

　　G90, G91 : 절대, 증분지령(두개중 하나만 지령하고, 모달지령으로 생략이 가능하다.)

　　X, Y, Z : X, Y, Z축 급속이동 종점

* 공구경로

　통상 비직선 보간형(각 축이 독립적으로 종점까지 이동)으로 위치결정 되며, 출발점과 종점에서 자동 가감속을 하여 종점에서 Inposition Check를 한다.

* <그림 2-7>의 급속 위치결정 예

　　방법 ① N01 G00 G90 X50. Y30. ;

　　　　　N02 Z10. ;

　　　　　X, Y축 이동후 Z축 이동경로를 일반적으로 많이 사용한다.

　　방법 ② N01 G00 G90 X50. Y30. Z10. ;

　　　　　X, Y, Z축 3축 동시 이동

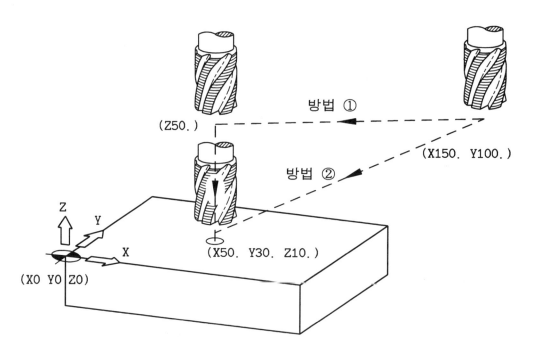

그림 2-7 급속 위치결정의 예

* 급속속도 : 파라메타에 입력된 기계 최고속도이고, 1분간(동안)에 이동할 수 있는 거리를 이송속도로 표시한다.

　　　　　예) 12m/min (1분동안 12m 이동하는 속도), 24m/min, 30m/min

* **직선형 위치결정과 비직선형 위치결정**

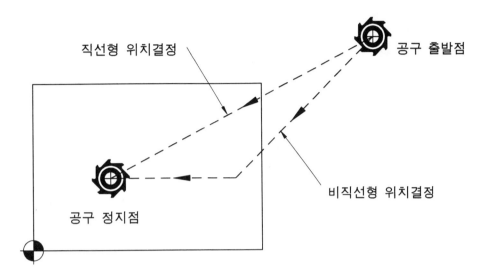

그림 2-8 직선형 위치결정과 비직선형 위치결정

① **직선형 위치결정**

　　출발점에서 종점의 이동량을 NC 내부에서 계산하여 각 축의 이송속도가 결정
된다.

② **비직선형 위치결정**

　　출발점에서 종점의 이동이 각축 독립적으로 최대 이송속도로 이동한다.

※ **통상적으로 급속 위치결정의 이동 방식은 기계 제작시 비직선형 방식으로 파라
메타를 설정한다.**

참고 8) 급속속도

> 　　　　급속속도는 기계설계시 기계 제작회사에서
> 결정하고, 기계의 정밀도와 수명에 많은 영
> 향을 주기 때문에 작업자는 급속속도의 파라
> 메타를 수정해서는 안된다.
> ※ 필요한 경우 기계 제작회사와 상담 하십
> 시오.

(급속 위치결정의 예제 1)

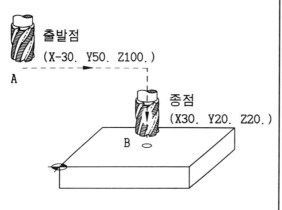

1. 절대지령

N01 G90 G00 X30. Y20. ;

N02 G90 G00 X30. Y20. Z20. ;

　　▨ 부위 모달지령으로 생략

　　가능

2. 증분지령

N01 G91 G00 X60. Y-30. ;

N02 G91 G00 X0. Y0. Z-80. ;

　　▨ 부위 모달지령으로 생략

　　가능

A점에서 B점까지의 위치결정 프로그램에서 한 블록으로 지령하면 N1 G00 G90 X30. Y20. Z20. ; 으로 된다. 하지만 두 블록으로 나누어 지령하면 X, Y축이 위치결정하고 Z축이 이동한다. 이 방법이 안전한 공구경로의 프로그램이다. 반대로 종점에서 시작점으로 이동하기 위해서는 Z축이 먼저 이동하고 X, Y축이 이동하는 것이 좋다.

참고 9) Inposition Check란

NC 기계는 자동 작업을 시작하면 현재 실행되고 있는 블록의 다음 한 블록 이상을 먼저 읽어 들인 상태에서 현재 블록이 정확하게 종점에 도달하기 전에 다음 블록으로 이동하려는 기능을 가지고 있다. 이와 같이 먼저 다음 블록으로 이동하려는 기능 때문에 발생하는 위치의 편차가 있는데 이 편차의 폭 내에 있는지를 확인하고 다음 블록으로 진행하는 기능이다.

Inposition Check의 량은 파라메타에 입력되어 있고 보통 0.02 mm를 설정한다. 이 기능은 절삭 보간에는 적용되지 않고, 급속이송에서 급속이송이 있는 블록에서만 적용된다.

참고 10) 자동 가감속

어떤 물체를 정지 상태에서 순간적으로 이동시키거나 이동하는 물체를 순간적으로 정지시키려면 그 물체는 많은 하중과, 관성을 받으므로 정지시키려고 하는 위치에 정확히 멈추게 하는 것이 쉽지 않을 것이다.

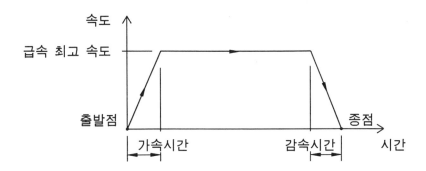

그림 2-10 자동 가감속의 속도와 시간의 그래프

이와 같은 이론은 공작기계의 테이블에도 적용된다. 급속으로 테이블을 가공하고자 하는 위치까지 이동시키면 정밀한 위치에 정지했다고 생각할 수 없다. 이와 같은 문제점을 보완하기 위해서 정지점 앞에서 감속을 하므로써 보다 높은 정밀도의 위치결정을 할 수 있다. 이동할 때는 가속하고, 정지할 때는 감속하는 기능을 자동 가감속기능이라 한다. 기계의 위치정밀도를 향상시키기 위하여 기계의 종류와 크기에 따라서 설정하는 파라메타 값은 다르다.

(2) 한 방향 위치결정(G60)

기계를 많이 사용하면 볼스크류와 베드면등이 마모하여 백래쉬(Backlash)가 발생된다. 이와 같이 발생된 백래쉬를 무시하여 정밀한 위치결정으로 드릴 가공이나 보링작업을 할 수 있다. G60 지령은 급속이송(G00)으로 위치결정을 한다. (G00 지령이 포함되어 있다.) 〈그림 2-11〉에서 출발점 A의 위치에서 이동하여 종점에 정지하지 않고 지나침 량만큼 이동하여 종점으로 이동한다. 출발점 B의 경우는 바로 종점으로 이동한다. 결과적으로 종점의 위치결정은 A점에서 출발한 경우와 B점에서 출발한 위치결정이 같은 방향이 되게 하여 기계 자체의 백래쉬를 무시하는 정밀한 위치결정을 할 수 있다. 그러나 일반적인 가공은 백래쉬보정 기능이 기계 자체에 있기 때문에 5 미크론 이하의 정밀한 공작물에만 적용하는 것이 좋다.

* **지령방법**

* **지령 워드의 의미**

    G90, G91 : 절대, 증분지령(두개중 하나만 지령하고, 모달지령으로 생략이 가능하다.)

    X, Y, Z : X, Y, Z축 급속이동 종점

* **공구경로**

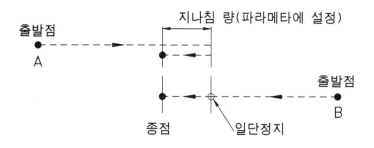

그림 2-11 한 방향 위치결정

※ 지나침 량과 방향은 파라메타에 설정하고 변경할 수 있다.

(한 방향 위치결정의 예제 1)

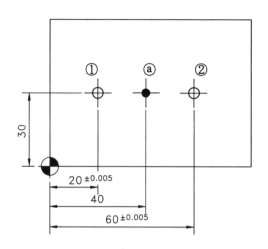

* 프로그램

ⓐ ⇒ ① N01 **G60** G90 X20. ;

ⓐ ⇒ ② N02 **G60** G90 X60. ;

파라메타에 입력된 지나침 방향과 량에 따라서 점 ①과 점 ②의 이동방향이 반대이지만 같은 방향으로 이동 정지하여 정밀한 위치결정을 한다.

참고 11) 소숫점 사용에 관하여

NC 프로그램을 작성할 때 소숫점을 어디에 어떻게 사용해야 할지 소숫점 사용에 관하여 살펴보면 소숫점을 사용할 수 있는 어드레스(Address)는 **X, Y, Z, A, B, C, I, J, K, R, F**이다. (이들 이외의 어드레스에 소숫점을 사용하면 에러가 발생된다.)

소숫점 사용 예)

X10. = 10mm

X100 = 0.1mm (최소 지령단위가 0.001mm 이므로 소숫점이 없으면 뒤쪽에서 3번째 앞에 소숫점이 있는 것으로 간주한다.)

S2000. -- 알람 발생(소숫점 입력 에러)

＊ 계산기식 소숫점 입력

소숫점을 사용할 수 있는 어드레스에 소숫점을 생략하면 마지막에 소숫점이 있는 것으로 간주하는 기능이다. 파라메타를 수정하여 종래 소숫점 입력 방식과 계산기식 소숫점 입력방식으로 선택하여 사용한다. 일반적으로 종래 소숫점 입력방식을 많이 사용하지만 계산기식 소숫점 방식을 사용하면 소숫점을 빼먹은 경우 충돌하는 실수를 줄일 수 있다.

소숫점 사용 예)

X10　 = 10mm

X10.　 = 10mm

X10.05　 = 10.05mm

(3) 직선 보간(G01)

지령된 종점으로 F의 이송속도에 따라 직선으로 가공한다. 구배(두축 동시)절삭 가공도 직선 보간에 적용된다.

* 지령방법　 $G01 \begin{Bmatrix} G90 \\ G91 \end{Bmatrix} X\_\_\_ \quad Y\_\_\_ \quad Z\_\_\_ \quad F\_\_\_ \; ;$

* 공구경로

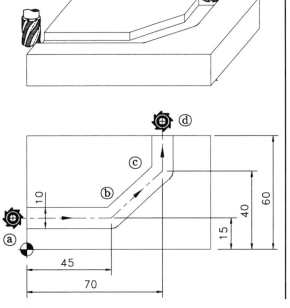

* 프로그램

ⓐ점 X-7. Y15.

ⓐ⇒ⓑ G01 G90 X45. F80 ;

ⓑ⇒ⓒ X70. Y40. ;

ⓒ⇒ⓓ Y72. ;

그림 2-12 직선 보간

* 지령 워드의 의미

   G90, G91 : 절대, 증분지령

   X, Y, Z : X, Y, Z축 가공 종점의 좌표

   F : 이송속도 (이송속도에는 분당이송과 회전당이송이 있다. 분당이송과 회전당이송의 상세한 설명은 G94, G95 기능 편에서 설명한다.)

이송속도 지령 예)

   G95 G01 X40 F0.25 ; -- 주축 1회전당 0.25mm 이동 지령(CNC 선반에서 주로 사용한다.)

   G94 G01 X40 F120 ; -- 1분 동안 120mm 이동하는 속도(일반적으로 분당이송 속도에는 소수점을 사용하지 않지만 소수점을 사용해도 이송속도는 같다. F100 = F100.)

참고 12) 시퀀스(Sequence) 번호

> 시퀀스(Sequence) 번호는 블록(Block)의 이름이다. 프로그램 이름과는 달리 생략이 가능하고 순서에 제한을 받지 않는다. 예를 들면 다음 프로그램과 같이 N01 블록이 중복되거나 N02 블록 이후에 N01 블록이 있거나 번호를 생략해도 관계없다.
>
>   **O1234 ;**
>
>   **N01 G28 G91 X0. Z0. Y0. ;**
>
>   **N02 G92 G90 X200. Y200. Z300. ;**
>
>   **N01 G30 G91 Z0. T01 M06 ;**
>
>   **G00 G90 X40. Y-20. ;**
>
>   **N07 G43 Z20. H01 S1400 M03 ;**
>
>   가능하면 시퀀스 번호는 생략하는 것이 입력하는 시간 단축과 NC 장치의 메모리(Memory) 용량을 많이 확보할 수 있는 이점이 있다.

(직선 보간의 예제 1)

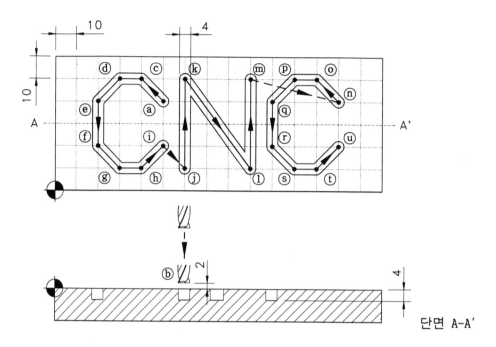

단면 A-A'

* 프로그램

N01 G90 G00 X50. Y40. ;	-- ⓐ점에 X,Y축 위치 이동
N02 Z2. ;	-- ⓑ점으로 Z축 이동
N03 G01 Z-4. F25 ;	-- Z-4.mm까지 F25 이송속도로 절입
N04 X40. Y50. F40 ;	-- ⓒ점까지 이송속도 F40으로 절삭
N05 X30. ;	-- ⓓ점까지 절삭
N06 X20. Y40. ;	-- ⓔ점까지 절삭
N07 Y20. ;	-- ⓕ점까지 절삭
N08 X30. Y10. ;	-- ⓖ점까지 절삭
N09 X40. ;	-- ⓗ점까지 절삭
N10 X50. Y20. ;	-- ⓘ점까지 절삭
N11 G00 Z2. ;	-- ⓙ점까지 이동하기 위하여 Z축 도피
N12 X60. Y10. ;	-- ⓙ점까지 이동
N13 G01 Z-4. F25 ;	-- Z-4.mm까지 절입
N14 Y50. F40 ;	-- ⓚ점까지 절삭
N15 X90. Y10. ;	-- ⓛ점까지 절삭

```
N16 Y50. ;                    -- ⓜ점까지 절삭
N17 G00 Z2. ;                 -- ⓝ점까지 이동하기 위하여 Z축 도피
N18 X130. Y40. ;              -- ⓝ점까지 이동
N19 G01 Z-4. F25 ;            -- Z-4.mm까지 절입점까지 절삭
N20 X120. Y50. F40 ;          -- ⓞ점까지 절삭
N21 X110. ;                   -- ⓟ점까지 절삭
N22 X100. Y40. ;              -- ⓠ점까지 절삭
N23 Y20. ;                    -- ⓡ점까지 절삭
N24 X110. Y10. ;              -- ⓢ점까지 절삭
N25 X120. ;                   -- ⓣ점까지 절삭
N26 X130. Y20. ;              -- ⓤ점까지 절삭
N27 G00 Z2. ;                 -- Z축 도피
```

(4) 임의 면취, 코너 R 기능(옵션기능)

임의의 직선과 직선 사이에 면취와 코너 R 지령을 할 수 있다. C와 R 어드레스 앞에 콤마(Comma : ,)를 사용하여 프로그램을 작성한다.

① 임의 면취 지령

〈그림 2-13〉과 같이 직선 $\overline{AO}$와 $\overline{OB}$ 사이의 면취 프로그램에서 교점을 계산하지 않고 ",C" 지령으로 프로그램을 작성할 수 있다.

* **지령방법**
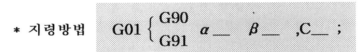

$$G01 \begin{Bmatrix} G90 \\ G91 \end{Bmatrix} \alpha\_\_ \quad \beta\_\_ \quad ,C\_\_ ;$$

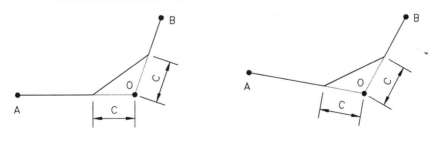

그림 2-13 임의 면취

* **지령 워드의 의미**

α, β : 평면 선택 기능에 따른 기본 두축을 지령한다. G17 평면인 경우 X, Y 축이 된다.

,C : 면취량(콤마를 "C" 앞쪽에 지령한다.)

② 임의 코너 R 지령

〈그림 2-14〉와 같이 직선 $\overline{AO}$와 $\overline{OB}$ 사이 코너 R의 교점을 계산하지 않고 ",R" 지령으로 프로그램을 작성할 수 있다.

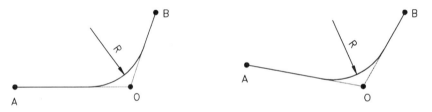

* 지령방법 $G01 \begin{Bmatrix} G90 \\ G91 \end{Bmatrix} \alpha\_\_ \quad \beta\_\_ \quad ,R\_\_ ;$

* 지령 워드의 의미

α, β : 평면 선택 기능에 따른 기본 두축을 지령한다. G17 평면인 경우 X, Y 축이 된다.

,R : 코너 R(콤마를 "R" 앞쪽에 지령한다.)

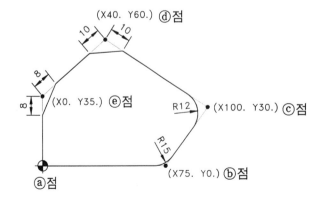

그림 2-14   임의 코너 R

주)① 직선과 직선 사이에만 지령할 수 있다.

② 반드시 (,) 콤마 다음에 C또는 R을 지령한다.

③ 자동운전 모드에서만 사용할 수 있다. (싱글블록, 사용 불가)

(임의 면취 코너 R 지령 예제 1)

✱ 프로그램

```
N01 G00 G90 X0. Y0. ;              -- ⓐ점 위치
N02 G01 X75. ,R15. F120 ;          -- G01 지령으로 ⓑ점 위치와 코너 R15.
                                      지령
N03 X100. Y30. ,R12. ;             -- ⓒ점 위치와 코너 R12. 지령
N04 X40. Y60. ,C10. ;              -- ⓓ점 위치와 면취 C10. 지령
N05 X0. Y35. ,C8. ;                -- ⓔ점 위치와 면취 C8. 지령
N06 X0. Y0. ;                      -- ⓐ점 지령
```

참고 13) 블록을 나누는 조건

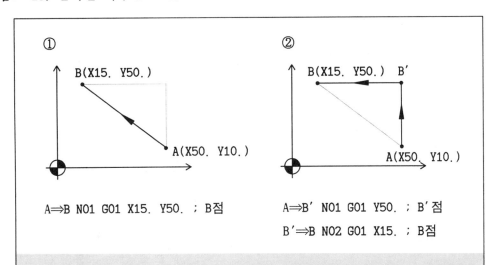

①

B(X15. Y50.)

A(X50. Y10.)

A⇒B N01 G01 X15. Y50. ; B점

②

B(X15. Y50.) B′

A(X50. Y10.)

A⇒B′ N01 G01 Y50. ; B′점
B′⇒B N02 G01 X15. ; B점

　　위 그림에서 A점에서 B점으로 이동하는 방법은 ①과 ② 방법 2가지를 생각하면 ①의 방법은 구배가공이 되고, ②의 방법은 직각을 가공하는 형상이다. 이와 같이 블록을 나누는 것과 나누지 않는 것은 많은 차이를 가진다. 블록을 나누는 기준은 일반적으로 공구가 움직이는 순서에 따라서 결정된다. ①의 방법은 A지점에서 B지점으로 바로 이동하고(N01 G01 X15. Y50.;과 같이 한 블록에 X, Y지령을 동시에 한다.) ②의 방법은 A지점에서 B′지점으로 이동하고 다음에 B지점으로 이동한다.

　　N01 G01 X50. ;

　　N02 G01 Y15. ; 와 같이 블록을 나누어 지령한다.

　절삭가공의 블록을 나누는 조건은 공구경로에 따라서 결정된다.

참고 14) 워드(Word)생략에 관하여(Modal 지령 생략에 관하여)
아래 도형의 프로그램을 설명한다.

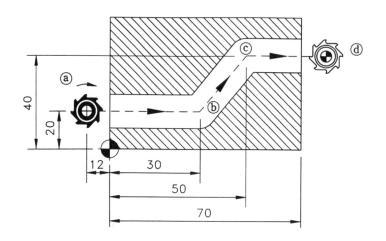

＊ 프로그램

X-12. Y20. ;	-- ⓐ점(가공 시작점)
N01 G01 G90 X30. (Y20.) F120 ;	-- 직선보간 X30mm Y20mm 지점까지 F120 이송속도로 가공, Y20. 지령은 생략한다. (현재 이동할 축만을 지령한다.)
N02 (G01) (G90) X50. Y40. (F120);	-- G01, G90은 Modal G-코드 이므로 같은 그룹의 G-코드가 나올 때까지 생략한다. 이송속도도 Modal 지령이므로 생략할 수 있다. (X, Y축을 한 블록에 동시 지령하면 2축이 동시 이동하면서 구배가공을 한다.)
N03 (G01) (G90) X82. (Y40.) (F120) ;	-- X축만 이동하기 때문에 Y축 지령은 생략한다.

※ Modal 지령이나 동일한 좌표를 다시 지령해도 잘못된 프로그램은 아니지만 기본적으로 생략하는 것이 프로그램 입력 시간을 단축하고 메모리 용량을 작게 사용하는 장점이 있다.

(5) 원호 보간(G02, G03)

① 평면 원호가공

지령된 시점에서 종점까지 반경 R크기로 시계방향(Clock Wise)과 반시계방향 (Counter Clock Wise)으로 원호가공 한다.

* 가공방향 : G02 -- 시계방향 원호가공 (CW)

　　　　　　G03 -- 반시계방향 원호가공 (CCW)

* 회전방향 구분

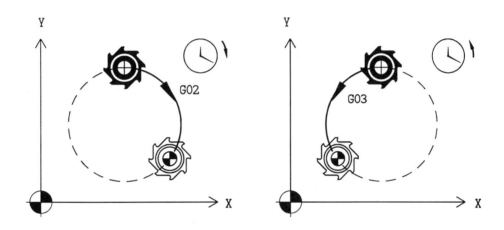

그림 2-15 G02, G03 회전 방향

* 지령방법 ⓐ $\quad \begin{matrix} G17 \\ G18 \\ G19 \end{matrix} \Big\{ \begin{matrix} G02 \\ G03 \end{matrix} \Big\{ \begin{matrix} G90 \\ G91 \end{matrix} \quad \alpha \_\_ \quad \beta \_\_ \quad R\_\_ \quad F\_\_ ;$

* 지령 워드의 의미

　　α, β : 원호가공 종점의 좌표(G02, G03 다음에 두축의 좌표만 기록한다.

　　　　　　G02 G03 다음에 X, Y, Z 3축을 동시에 지령하면 헬리칼보간 기

　　　　　　능이 된다. 헬리칼보간 편을 참고하십시오.)

원호보간에서의 평면선택	
G17 평면	X, Y축 원호보간
G18 평면	Z, X축 원호보간
G19 평면	Y, Z축 원호보간

R : 원호 반경

F : 이송속도

※ 회전 방향의 구분은 **원호가공 시작점에서 원호가공 종점으로 이동하는 방향을 기준한다.**

* 원호가공에서 R지령의 부호 관계

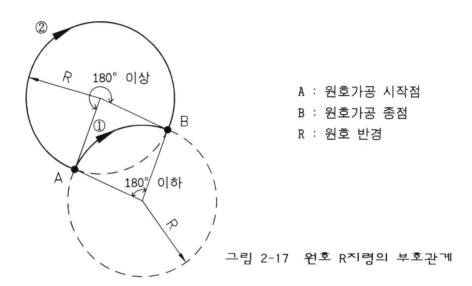

A : 원호가공 시작점
B : 원호가공 종점
R : 원호 반경

그림 2-17 원호 R지령의 부호관계

〈그림 2-17〉에서 ①번 원호(180° 이하)와 ②번 원호(180° 이상)는 시작점과 종점이 같고, R크기가 같지만 R지령(R+, R-)에 따라서 가공 형상이 다르다. **180° 이상의 원호시령은 R-시령을 하고, 180° 이하의 원호지령은 R+로 지령한다.**

(프로그램)

　　G17 G90 G02 X20. Y12.5 R10. ;　--- ①번 원호와 같이 180° 이하의 지령
　　G17 G90 G02 X20. Y12.5 R-10. ;　--- ②번 원호와 같이 180° 이상의 지령

※　180° 이상의 원호를 가공할 때 어드레스 R에 "-"부호가 누락되면 형상 불량이 발생된다. 주의하십시오.

* **지령방법 ⓑ** $\begin{array}{c} G17 \\ G18 \\ G19 \end{array} \Big\{ \begin{array}{c} G02 \\ G03 \end{array} \Big\{ \begin{array}{c} G90 \\ G91 \end{array}$ $\alpha\_\ \beta\_\ \alpha'\_\ \beta'\_\ F\_\ ;$

* **지령 워드의 의미**

 α, β : 원호가공 지령 방법 ⓐ과 같다.

 α', β' : R 지령 대신에 사용하며 평면선택 기능에 따라 원호의 시점에서
     중심까지의 거리를 I, J, K 중 두개의 어드레스로 선택적으로 지
     령한다.

 F : 이송속도

 지령 방법 ⓐ는 원호반경을 R 어드레스로 지령한 방법이고, 지령 방법 ⓑ는
원호반경 값을 I, J, K 중 평면선택 기능에 따라 두개의 어드레스를 선택하여
지령한 방법이다.

* **원호 보간에서 I, J, K 지령과 부호 결정 방법**

 원호 보간에서 I, J, K의 어드레스는 X축 방향의 값을 I로 지령하고, Y축 방
향을 J, Z축 방향을 K로 지령한다. I, J, K의 부호 및 값을 결정하는 방법은 **원
호 시점에서 원호의 중심이 (＋) 방향인가 (－)방향인가에 따라 부호가 결
정**되며 **원호 시점에서 원호 중심까지의 거리가 값**이 된다.

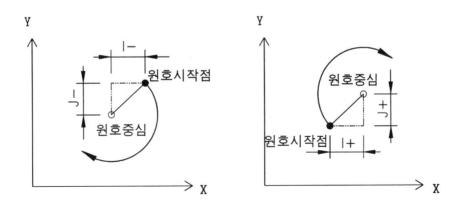

그림 2-18 원호 보간에서 I, J, K 부호 결정 방법

* 평면선택 기능에 따른 원호방향 구분

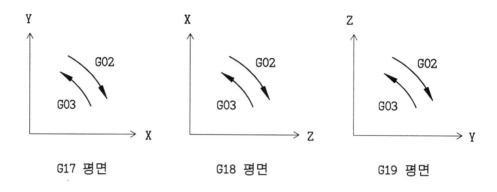

그림 2-19 평면선택 기능과 원호 방향

(평면선택 기능에 따른 원호보간 지령 예)

G17 G02 X20. Y40. R20. F100 ;　　-- 정상적인 프로그램

G18 G02 X30. Y10. R25. F100 ;　　-- 잘못된 프로그램(G18 평면에서의 원호
　　　　　　　　　　　　　　　　　　　　보간은 Z축과 X축이 지령되어야 한
　　　　　　　　　　　　　　　　　　　　다.)

참고 15) 원호 보간에서 R지령과 I, J, K 지령의 차이

> R 지령은 시점에서 종점까지를 반
> 경 R량 만큼 연결시켜 주는 가공이
> 되고 I, J, K 지령은 시점과 종점좌
> 표및 원호의 중심점을 서로 연결하여
> 내부적으로 원호가 성립 되는지를 판
> 별하여 가공한다. 만약 원호가 성립
> 되지 않을 경우 알람을 발생시킨다.
> 다시 말해서 R 지령을 할 경우 시점
> 과 종점의 좌표가 정확하지 않으면
> 눈으로 확인하기 어려운 R형상의 불
> 량이 발생된다. R 지령과 I, J, K 지
> 령은 시점과 종점의 좌표가 같으면
> 가공 정밀도는 동일하다.

(원호가공 예제 1) A 지점에서 B, C,
D 지점으로 가공하는 원호보간 R과
I, J, K 지령 방법의 프로그램을 비
교 하시오.

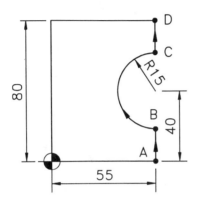

(해답 1)

① R 원호보간 지령

A점 : X55. Y0. ;
A⟹B N01 G01 G90 Y25. F100 ;
B⟹C N02 G17 G02 X55. Y55. R15. ;
C⟹D N03 G01 Y80. ;

② I, J, K 원호보간 지령

A점 : X55. Y0. ;
A⟹B N01 G01 G90 Y25. F100 ;
B⟹C N02 G17 G02 X55. Y55. I0. J15. ;
C⟹D N03 G01 Y80. ;

※ ▨ 부의 지령은 생략할 수 있다.
　I0.경우 이동량이 없는 "0"(Zero)
　이기 때문에 생략 가능하다.

(원호가공 예제 2)

다음 도형의 프로그램을 작성하시오.

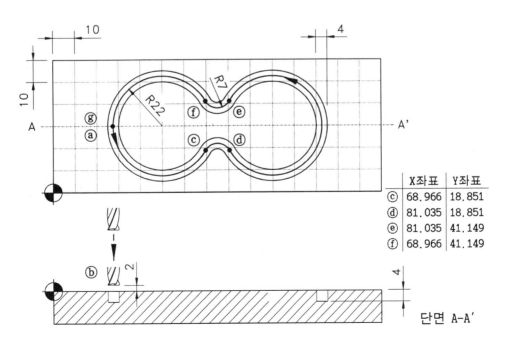

	X좌표	Y좌표
ⓒ	68.966	18.851
ⓓ	81.035	18.851
ⓔ	81.035	41.149
ⓕ	68.966	41.149

단면 A-A′

＊ 프로그램

```
N01 G00 G90 X28. Y30. ;          -- ⓐ점(X, Y축 가공 시작점)
N02 Z2. ;                        -- ⓑ점(Z축 가공 시작점)
N03 G01 Z-4. F30 ;               -- Z-4mm 절입
N04 G03 X68.966 Y18.851 R22. ;   -- ⓒ점까지 반시계방향 원호가공
N05 G02 X81.035 R7. ;            -- ⓓ점까지 시계방향 원호가공
N06 G03 Y41.149 R-22. ;          -- ⓔ점까지 반시계방향 원호가공
                                    (180° 이상의 원호이므로 R"-"
                                    지령을 한다.)
N07 G02 X68.966 R7. ;            -- ⓕ점까지 시계방향 원호가공
N08 G03 X28. Y30. R22. ;         -- ⓖ점까지 반시계방향 원호가공
N09 G00 Z10. ;
```

② 360° 원호가공

〈그림 2-20〉과 같이 360°의 정원을 보링하지 않고 엔드밀을 이용하여 쉽고 정밀하게 가공할 수 있다. 360° 원호가공은 시작점과 종점이 같기 때문에 X, Y, Z의 종점좌표는 생략한다.

$$\text{＊ 지령방법} \quad \begin{matrix} \text{G17} \\ \text{G18} \\ \text{G19} \end{matrix} \left\{ \begin{matrix} \text{G02} \\ \text{G03} \end{matrix} \right. \left\{ \begin{matrix} \text{G90} \\ \text{G91} \end{matrix} \right. \quad \alpha' \_ \quad \beta' \_ \quad F\_ \ ;$$

＊ 공구경로

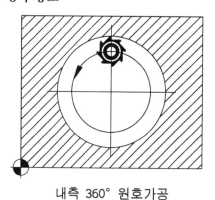

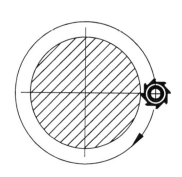

내측 360° 원호가공　　　　　　　외측 360° 원호가공

그림 2-20　360° 원호가공 형상

* 지령 워드의 의미

    α', β' : 원호의 시점에서 중심까지의 거리(G02, G03 다음에 평면선택 기
             능에 따라 I, J, K 중 두축의 좌표만 기록한다.)

    F : 이송속도

(360° 원호가공 예제 1)

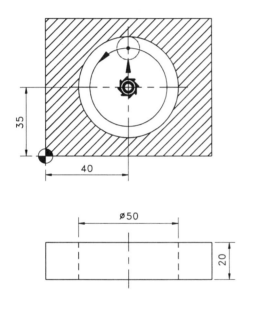

* 사용공구 ∅20 2날 엔드밀

* 프로그램

N01 G00 G90 X40. Y35. ;

N02 Z-22. ;

N03 G01 Y50. F70 ;

N04 G03 J-15. ;

N05 G00 Y3S. ;

※ 360° 원호가공은 R 지령으
로 프로그램 할 수 없다.

참고 16) 360° 원호가공의 공구 절입

> 정밀한 진원을 가공하기 위하여 360° 원호가공 예제 1과 같이 공구를 절입시켜 360° 원호를 가공하면 원호의 시작점과 끝점은 2번 가공되기 때문에 정밀한 진원을 가공할 수 없다. 따라서 〈그림 2-21〉과 같이 공구를 절입하고 도피시키면 보다 정밀한 진원(연결면)을 얻을 수 있다. 내측, 외측 원호가공 및 직선 가공도 같은 원리가 적용된다. 하지만 황삭가공이나 정밀하지 않은 형상을 가공할 때 이와 같은 방법을 사용할 필요는 없다. 왜냐 하면 가공된 형상의 편차가 아주 작기 때문이다. 정밀한 진원을 요하는 구멍가공(예 : 베어링 캡 등)에는 엔드밀 공구로 원호 보간을 하는 것보다 보링(Boring) 가공을 하는 것이 정밀한 가공을 할 수 있다.

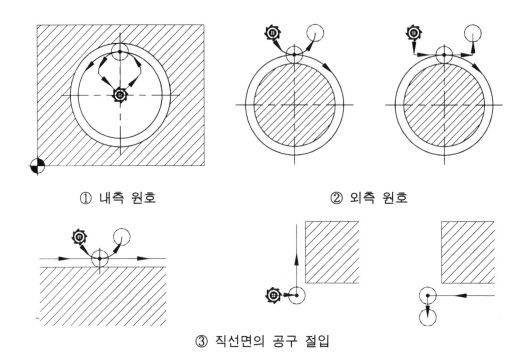

① 내측 원호   ② 외측 원호

③ 직선면의 공구 절입

그림 2-21 공구의 절입과 도피 방법

③ 헬리칼(Helical) 보간(G02, G03)

임의의 선택된 평면(G17, G18, G19)에서 두축은 원호가공을 하고 나머지 한축은 직선 보간을 동시에 실행하는 가공 방법이다. 원통캠 가공과 나사절삭 가공에 많이 사용한다. 〈그림 2-22〉는 G17 평면에서의 헬리칼 보간 공구경로이다.

* 지령방법
$$
\begin{matrix} G17 \\ G18 \\ G19 \end{matrix} \left\{ \begin{matrix} G02 \\ G03 \end{matrix} \right. \left\{ \begin{matrix} G90 \\ G91 \end{matrix} \right. X\_\ Y\_\ Z\_ \left\{ \begin{matrix} R\_ \\ \alpha'\ \ \beta' \end{matrix} \right. F\_ ;
$$

헬리칼 보간의 평면선택	
G17 평면	X, Y축 원호보간 Z축 직선보간
G18 평면	Z, X축 원호보간 Y축 직선보간
G19 평면	Y, Z축 원호보간 X축 직선보간

* **지령 워드의 의미**

    X, Y, Z : 평면선택에 따라 결정된 두축은 원호가공 종점좌표를 지령하고
                나머지 한축은 직선 보간의 종점좌표를 지령한다.

    R : 원호반경

    α', β' : 평면선택에 따라 결정된 두축(I, J, K)을 R 지령 대신에 사용하며
                원호의 시점에서 중심까지의 거리(반경 지정)를 지령한다.

    F : 이송속도

* **공구경로**

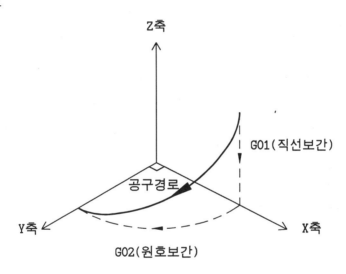

그림 2-22 G17 평면에서의 헬리칼 보간

사진 2-23 헬리칼 보간을 이용한 나사 가공

(헬리칼 보간 예제 1)

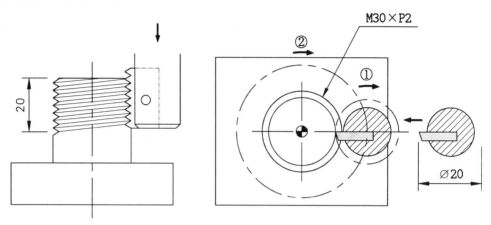

나사 가공용 커터 공구가 ①방향으로 회전(자전)하고, ②의 나사원주 방향으로 회전(공전)하면서 Z축을 1피치 직선이동 시킨다. 공구의 회전방향은 커터의 종류에 따라서 결정되고, 원호절삭의 회전방향(오른나사, 왼나사)도 결정된다.

＊ 프로그램

```
    (X40. YO. Z-18.);           -- (가공 시작점)
N01 G01 G90 G41 X13.81 D05 F50 ;  -- 공구보정하면서 나사 X축 측면에 절
                                     입 X13.81의 값은(X15-피치 2 나사
                                     산의 높이(1.19) 이다.) D05는 공구보
                                     정번호
N02 G17 G02 Z-20. I-13.81 ;       -- 시계방향으로 돌면서 Z축 2mm (Z-
                                     18에서 Z-20) 직선이동
N03 G00 G40 X40. ;                -- 공구보정 말소하면서 X축 이동
                                   * 공구경보정 기능과 말소 기능은 공
                                     구경보정 편을 참고하십시오.
```

＊ 공구경 보정 기능을 사용하지 않은 경우의 프로그램

```
N01 G01 G90 X23.81 F50 ;        -- X축 초기점 (15+10)-1.19
N02 G17 G02 Z-20. I-23.81 ;     -- 360° 원호가공
N03 G00 X40. ;
```

(헬리칼 보간 예제 2)

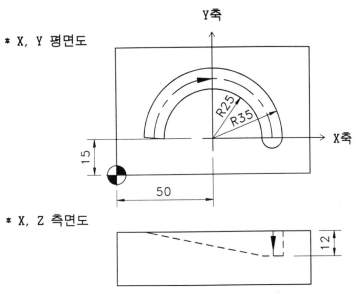

* X, Y 평면도

* X, Z 측면도

* 사용공구 : 2날 엔드밀

＊ 프로그램

```
N01 G01 G90 X20. Y15. ;

N02 Z20. ;

N03 G01 Z0. F50 ;

N04 G17 G02 X80. Z-12. I30. ;        -- 헬리칼 가공

N05 G00 Z20. ;
```

2.4.5 보정 기능

프로그램을 작성할 때 공구의 길이와 형상을 고려하지 않고 프로그램을 작성하게 된다. 그러나 실제 가공할 때는 각각의 공구가 길이와 직경의 크기에 차이가 있으므로 이 차이의 량을 보정화면에 등록하고 공작물을 가공할 때 호출하여 자동으로 위치 보상을 받을 수 있게 하는 기능을 보정 기능이라 한다. 이 각각의 공구길이의 차이와 직경의 크기 등을 측정하여 미리 보정화면에 등록하여 둔다. 이 량을 측정하는 것을 공구셋팅(Tool setting) 이라 하며 이 방법에 관해서는 제

4장 조작편 "공구길이 측정 방법"에서 상세히 설명한다.

(1) 공구경 보정(G40, G41, G42)

공구의 측면 날을 이용하여 가공하는 경우 공구의 직경 때문에 공구 중심(주축 중심)이 프로그램과 일치하지 않는다. 이와 같이 공구반경 만큼 발생하는 편차를 쉽게 자동으로 보상하는 기능으로 공구의 측면을 이용하는 작업(엔드밀, 페이스 커터 등)에 많이 사용된다.

(프로그램을 처음 배우는 초보자가 이해하기 어렵고 실제 가공에서 실수와 에러가 많이 발생되는 기능이기 때문에 정확하게 이해할 수 있도록 해야 한다.)

* 각 코드의 의미

G-코드	의 미	공 구 경 로 설 명
G40	공구경 보정 무시	공구 중심과 프로그램 경로가 같다.
G41	공구경 좌측 보정 (하향절삭)	공작물을 기준하여 공구진행 방향으로 보았을때 공구가 공작물의 좌측에 있다.
G42	공구경 우측 보정 (상향절삭)	공작물을 기준하여 공구진행 방향으로 보았을때 공구가 공작물의 우측에 있다.

* 공구경로

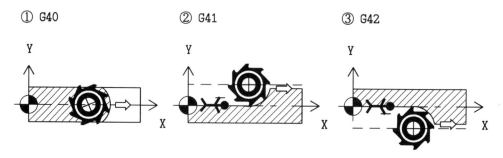

① G40   ② G41   ③ G42

(위 그림은 주축에서 공작물을 바라 본 상태임)

그림 2-24 내측 공구경 보정의 방향

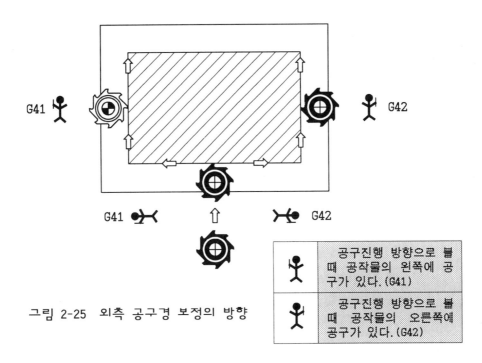

그림 2-25 외측 공구경 보정의 방향

🧍	공구진행 방향으로 볼 때 공작물의 왼쪽에 공구가 있다. (G41)
🧍	공구진행 방향으로 볼 때 공작물의 오른쪽에 공구가 있다. (G42)

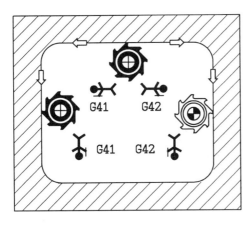

그림 2-26 내측 공구경 보정의 방향

* **지령방법**
$$\left.\begin{array}{l} G17 \\ G18 \\ G19 \end{array}\right\} (G00,\ G01) \left\{\begin{array}{l} G40 \\ G41 \\ G42 \end{array}\right.\ \alpha\underline{\quad}\ \beta\underline{\quad}\ D\underline{\quad} ;$$

* **지령 워드의 의미**

   α, β : 평면선택 기능에 따라 X, Y, Z중 기준 두축의 좌표를 지령한다.

   (G17 평면선택인 경우 X, Y축 방향에 공구경 보정이 적용되고,

- 91 -

G18 평면에서는 Z, X축, G19 평면선택은 Y, Z축 방향에 공구경 보
정이 적용된다.)

D : 공구경 보정 번호(보정 번호)

* Start Up 블록

공구경 보정 무시(G40) 상태에서 공구경 보정(G41, G42)을 지령한 블록을
Start Up 블록이라 한다.

    N01 G41 G01 X0. D01 F100 ; -- Start Up 블록

    N02 Y50. ;

    N03 X55. ;

* 공구경 보정 및 무시 방법

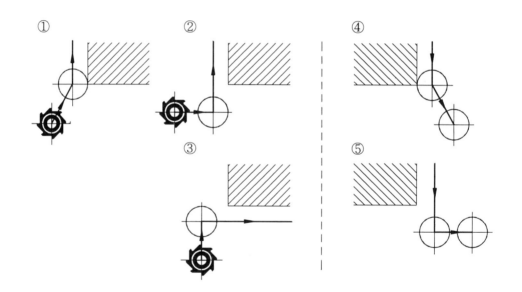

그림 2-27 공구경 보정 및 무시 예

공구경 보정은 가능하면 다음 블록에 직각인 방향으로 보정하고 무시할 때는
현재 보정이 되어 있는 축을 직각 방향으로 이동시키면서 무시지령을 하는 것이
좋다. 〈그림 2-27〉에서 ②, ③번이 ①번 방법보다 좋고, ④번 보다 ⑤번 방법을
권장한다. (①번과 ④번이 잘못된 것은 아니다.)

(잘못된 공구경 보정의 예제 1)

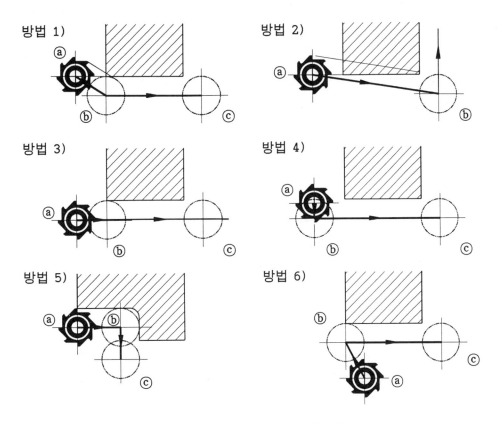

그림 2-28 잘못된 공구경 보정의 예

　　NC 장치는 현재 실행하는 블록의 2~3 블록을 먼저 읽어 들여 프로그램 내용을 중앙정보처리 회로(CPU)에서 분석한다. 이와 같이 먼저 읽는 것을 Buffer 한다고 하며, Buffer를 하는 근본적인 목적은 블록과 블록 사이에서 정지하는 현상을 방지하는 것이다. 만약 Buffer를 하지 않고 현재 블록을 실행한 후 다음 블록을 읽어들여 실행하면 블록과 블록 사이에서 정지하는 현상 때문에 연결된 곡면 가공과 미소 블록을 실행할 때 좋지 않은 현상이 나타난다. 또, 다른 기능으로 공구경 보정 기능에서 Buffer 기능이 적용된다. 공구경 보정은 현재 이동하는 다음 블록에 직각인 벡터(Vector)를 형성한다.(다음 블록의 직각인 위치에 공구가 정지한다.) 상세하게 설명하면 다음 블록의 방향을 NC 장치가 알아야 정확한 공구경 보정을 할 수 있다.

〈그림 2-28〉 방법 1)은 알람은 발생하지 않지만 ⓑ점으로 이동하면서 오버커팅(Over Cutting) 현상이 발생한다. 방법 2)의 경우는 ⓑ점으로 하면서 공구경 보정을 완료한다. 결과적으로 절삭가공하기 전에 보정이 완료되어야 한다. 방법 3)은 Y축 방향으로는 보정이 안된 상태이다. 방법 4)는 Start Up 블록과 다음 블록의 방향이 반대 방향이다. 방법 5)는 코너 R 크기가 공구반경보다 작은 경우이다. 또 방법 6)은 Start Up 블록과 다음 블록이 예각으로 되어 있다.

* 공구경 보정과 공구경 보정 없는 프로그램 비교

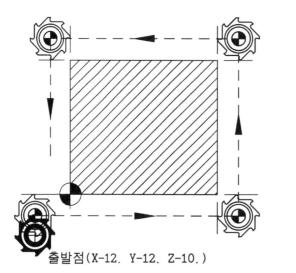

출발점(X-12. Y-12. Z-10.)

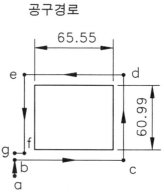

공구경로

* 엔드밀 직경 17.98mm

* 공구경 보정 기능을 사용하지 않은 프로그램

```
(G00 G90 X-12. Y-12. Z-10.)
N01 G01 Y-8.99 F120 ;                -- 공구반경 만큼 작게 이동시킨다.
                                        (17.98÷2)=8.99
N02 X73.54 ;                         -- X65.55+8.99
N03 Y69.98 ;                         -- Y60.99+8.99
N04 X-8.99 ;                         -- X0-8.99(-좌표 값)
N05 Y-2. ;
N06 G00 X-12. ;
```

＊ 공구경 보정 기능을 사용한 프로그램

```
(G00 G90 X-12. Y-12. Z-10.)
N01 G42 G01 Y0. D01 F120 ;        -- 공구경 우측 보정(공구반경 값은 보
N02 X65.55 ;                          정 번호 01번에 8.99가 입력되어 있
N03 Y60.99 ;                          다.)
N04 X0. ;
N05 Y-2. ;
N06 G40 G00 X-12. ;
```

※ 공구경 보정을 하지 않고 작성된 프로그램을 실행하여 가공된 공작물을 측정한 결과 공차치수 보다 큰 경우나 작은 경우는 프로그램의 좌표를 수정하여 가공을 해야 한다. 그러나 공구경 보정 기능을 사용한 프로그램은 공구반경의 보정 값만 바꾸어 주면 된다. 이 방법을 이용하여 정삭여유를 남겨 두고 황삭가공의 프로그램을 쉽게 작성할 수 있다. 결과적으로 NC 기계는 눈이 없기 때문에 엔드밀의 직경이 얼마인지를 모른다. <u>가상으로 작은 직경을 크게 보정값을 입력하면 측면에 정삭여유를 남길 수 있다. 반대로 정삭가공 할 때 보정값을 공구반경보다 작게 지령하면 그 크기만큼 많이 절삭한다.</u>

＊ 공구경 보정시 주의 사항

① 공구경 보정 지령이 되어 있는 상태에서 또다시 같은 공구경 보정 지령을 하면 두배 보정이 된다.

지령 예 1)

```
G42 G01 X20. D02 F130 ;



G42 G01 Y50. ;    -- 우측보정이 지령된 상태에서 또 우측보정 지령을 했
                     다. 보정 무시 지령(G40)이나 좌측보정(G41) 지령후
                     우측보정 지령을 해야 한다.
```

② 공구경 보정 실행중 X, Y 지령(G17 평면선택인 경우)의 이동 지령을 2블록

이상 연속하여 지령하지 않으면 정상적인 보정이 안된다.

지령 예 2) 잘못된 프로그램

    N01 G41 G01 X0. D01 F100 ;

    N02 Y50. ;

    N03 G04 X2. ;

    N04 M08 ;

    N05 X100. ;

    N01 블록에 공구경 좌측 보정이 실행된 상태에서 N03, N04 블록이 X, Y축의 이동 지령이 안된 블록을 연속해서 2블록 이상 지령했다.

지령 예 3) 정상적인 프로그램

    N01 G41 G01 X0. D01 F100 ;

    N02 Y50. ;

    N03 G04 X2. ;

    N04 X100. ;

    N05 M08 ;

    N06 X120. Y30. ;

③ Start Up 블록에서의 이동량은 공구반경 값과 같거나 커야 한다.

④ 원호 보간(G02, G03)에서 Start Up 블록을 지령할 수 없다. 기본적으로 G01또는 G00 지령 블록이 Start Up 블록이 된다.

지령 예 4) 잘못된 프로그램

    N01 **G41 G02** X20. Y20. R25. D01 F100 ; -- 원호보간 지령 블록에 공구경 보정 지령을 할 수 없다.

(공구경 보정 예제 1)

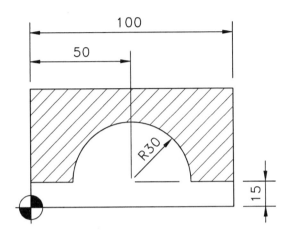

절 삭 조 건	
엔드밀 직경	∅20
보정번호	D2번
이송속도	F120

* 절입깊이 10mm

① 좌측보정(G41)	② 우측보정(G42)
A점(출발점)	A점(출발점)
* 프로그램	* 프로그램
G00 G90 X115. Y-15. Z10. ;--A점	G00 G90 X-15. Y-15. Z10. ;--A점
Z-10. ;	Z-10. ;
G41 G01 Y15. D2 F120 ;--공구경 보정	G42 G01 Y15. D2 F120 ;--공구경 보정
X80. ;	X20. ;
G03 X20. R30. ;	G02 X80. R30. ;
G01 X-15. ;	G01 X115. ;
G40 Y-15. ;--공구경 보정 말소	G40 Y-15. ;--공구경 보정 말소

(공구경 보정 예제 2)

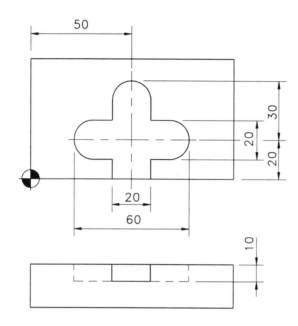

절 삭 조 건	
엔드밀 직경	∅16
보정번호	D01번
이송속도	F100

* 프로그램

```
(G00 G90 X50. Y-12. Z-10.)
N01 G41 G01 X60. D11 F100 ;        -- 공구경 좌측 보정(보정 번호 11번, S
N02 Y10. ;                            ENTROL 보정 번호 01번) 직각 방향
N03 X70. ;                            으로 보정
N04 G03 Y30. R10. ;
N05 G01 X60. ;
N06 Y40. ;
N07 G03 X40. R10. ;
N08 G01 Y30. ;
N09 X30. ;
N10 G03 Y10. R10. ;
N11 G01 X40. ;
N12 Y-10. ;
N13 G40 G00 X50. ;                 -- 직각 방향으로 보정 무시
```

(2) 공구위치 보정(G45, G46, G47, G48)

공구경 보정(G41, G42) 기능이 없을 때 개발된 기능으로 공구경 보정을 One Shot 코드로 지령해야 한다. 하지만 최근에는 사용되지 않고 옛날 방식으로(공구 위치 보정 기능) 작성된 프로그램을 수정하지 않고 그대로 사용할 수 있도록 준비되어 있다. 아래 〈그림 2-29〉은 보정 방법을 설명한다.

* 각 코드의 의미

G-코드	의 미
G45	공구반경 신장(보정량 만큼 신장)
G46	공구반경 축소(보정량 만큼 축소)
G47	공구직경 신장(보정량 2배 만큼 신장)
G48	공구직경 축소(보정량 2배 만큼 축소)

* 지령방법 $\begin{matrix} G00, G01 \\ G02, G03 \end{matrix} \begin{Bmatrix} G45 \\ G46 \\ G47 \\ G48 \end{Bmatrix} \alpha\_\_ \beta\_\_ D\_\_ ;$

* 지령 워드의 의미

G00, G01, G02, G03 : 이동 지령과 같이 보정을 실행한다.

α, β : 평면선택 기능에 따라 X, Y, Z중 기준 두축의 좌표를 지령한다.

D : 공구경 보정 번호

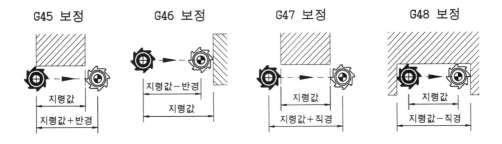

그림 2-29 공구위치 보정

(공구위치 보정 예제 1)

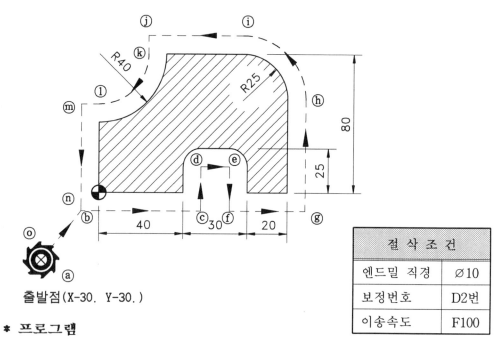

출발점(X-30. Y-30.)

절삭조건	
엔드밀 직경	⌀10
보정번호	D2번
이송속도	F100

＊ 프로그램

(G00 G90 X-30. Y-30.)	-- ⓐ점(가공 시작점)
N03 G01 G46 X0. Y0. D2 F100 ;	-- 공구반경 만큼 작게 이동하면서 ⓑ 점으로 이동(D2 보정번호)
N04 G47 X40. ;	-- ⓒ점(공구반경의 2배 +)
N05 Y25. ;	-- ⓓ점
N06 G48 X70. ;	-- ⓔ점(공구반경의 2배 -)
N07 Y0. ;	-- ⓕ점
N08 G47 X90. ;	-- ⓖ점(공구반경의 2배 +)
N09 G45 Y55. ;	-- ⓗ점
N10 G03 G45 X65. Y80. R25. ;	-- ⓘ점(원호가공)
N11 G01 G45 X35. ;	-- ⓙ점
N12 G46 Y80. ;	-- ⓚ점(공구반경 -)
N13 G02 X0. Y45. R35. ;	-- ⓛ점(R40-공구반경으로 원호가공)
N14 G45 X0. ;	-- ⓜ점(공구반경 +)
N15 G01 G47 Y0. ;	-- ⓝ점(공구반경의 2배 +)
N16 G00 G46 X-30. Y-30. ;	-- ⓞ점(공구반경 -)

2.4.6 나사절삭(G33)

일정 Lead의 나사를 가공한다. 나사 바이트를 조절하면서 반복 절삭으로 나사 가공을 완성한다.

* **지령방법**   G33 Z___ F___ ;

* **지령 워드의 의미**
   Z : 나사 가공의 종점 좌표
   F : 나사의 Lead

※ **나사 절삭의 시작은 Position Coder로부터 시작점을 검출하기 때문에 몇번의 나사 절삭을 해도 나사의 시작점은 변하지 않는다.**

주)① 나사 가공시 이송속도 Override는 100%로 고정된다.(나사 불량 방지)
   ② 자동정지(Feed Hold)는 나사 가공 도중에는 무효(나사 불량 방지)

* **공구경로**

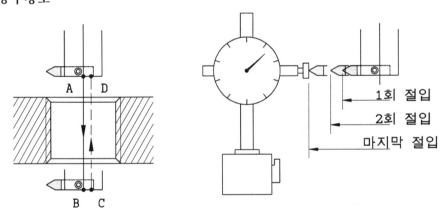

A ⇒ B : G33 나사절삭 지령(Z축 방향으로 나사 가공)
B점   : 주축 정위치 정지(M19)
B ⇒ C : G00 나사바이트 반대 방향으로 후퇴(X 또는 Y축)
C ⇒ D : G00 지령(Z축 나사가공 시작점 복귀)
D ⇒ A : G00 지령(나사 중심으로 복귀)

그림 2-30 나사절삭 공구경로

(나사절삭 예제 1) 아래 도면을 보고
나사 가공 프로그램을 작성
하시오.

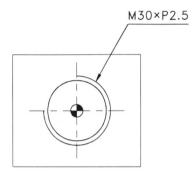

M30×P2.5

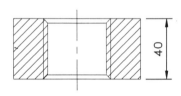

40

※ 나사바이트 조정을 위하여 시
작점을 10mm 위쪽에 지정했다.
(절입량의 결정은 나사 절삭
Data를 참고하십시오.)

(해답 1)

N01 G00 G90 X0. Y0. ;

N02 Z10. S100 M03 ;

N03 G33 Z-42. F2.5 ;   -- 1회 절삭

N04 M19 ;

N05 G00 X3. ;

N06 Z10. ;

N07 X0. ;

N08 M00 ;   -- 절입량 조정

N09 M03 ;

N10 G33 Z-42. ;   -- 2회 절삭

N11 M19 ;

N12 G00 X3. ;

N13 Z10. ;

N14 X0. ;

N15 M00 ;   -- 절입량 조정

N16 M03 ;

N17 G33 Z-42. ;   -- 3회 절삭

N24 M00 ;   -- 절입량 조정

N25 M03 ;

N26 G33 Z-42. ;   -- 마지막 절삭

N27 M19 ;

N28 G00 X3. ;

N29 Z10. ;

참고 17) 나사가공

> 머시닝센타에서 나사가공은 탭가공과 나사절삭(G33 기능, 헬리칼가공)이
> 있다. 탭가공은 작은 암나사 가공에 적합하고, 외경나사와 큰 암나사를 가
> 공하는 방법으로 G33 기능과 헬리칼가공 기능이 사용된다. 특히 최근에는
> 나사절삭 공구의 개발로 G33 기능은 사용하지 않고 헬리칼가공으로 대부분
> 의 나사를 가공한다.

2.4.7 이송 기능

(1) 분당이송(G94)

공구를 분당 얼마만큼 이동하는가를 F로서 지령한다. 주축이 정지 상태에도 공
구를 이송 시킬 수 있으며 밀링계의 종류에 많이 사용한다.

* **지령방법**   **G94   F____ ;**

* **지령 워드의 의미**

F : 1분간에 해당하는 이동량.
* **이송단위** : mm/min
* **지령범위** : F1 ～ F100000 mm/min

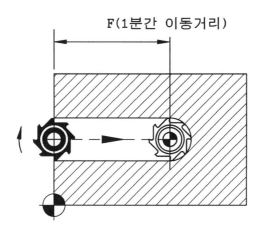

F(1분간 이동거리)

그림 2-30 분당이송

주) 전원을 투입하면 밀링계는 분당이송(G94), 선반계는 회전당이송(G95) 이 자동으로 선택된다.

(2) 회전당이송(G95)

공구를 주축 1회전당 얼마만큼 이동하는가를 F로 지령한다. 일반 범용선반과 같은 방법으로 주축이 회전하지 않으면 이송축은 이동하지 않는다. 피치가 작은 나사가공과 같이 생각할 수 있다.

* 지령방법   G95   F＿＿ ;

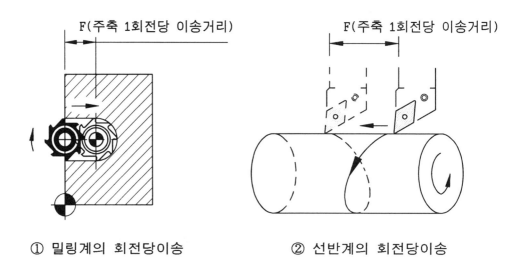

① 밀링계의 회전당이송   ② 선반계의 회전당이송

그림 2-31 회전당이송

* 관계식 : F = f × N

    F : 분당이송(mm/min)

    f : 회전당이송(mm/rev)

    N : 주축 회전수(rpm)

* 지령 워드의 의미

    F : 1회전에 해당하는 이동량.

* 이송단위 : mm/rev
* 지령범위 : F0.0001 ～ F500. mm/rev

※ 주축 Position Coder에서 회전수를 검출하여 실제 회전수를 인식함과 동시에 이송속도를 결정하게 된다. 같은 F값으로 지령해도 주축 회전수가 다르면 가공속도(가공시간)는 다르다.

참고 18) 분당이송(G94) 기능의 응용

프로그램에서 최초 절삭지령이 실행 되기전 G94, G95의 선택이 있어야 한다. 하지만 일반적으로 현장에서 작성되는 프로그램을 보면 G94, G95 기능이 없는 경우가 많다. 그래도 프로그램이 정상적으로 실행되는 것은 전원을 투입하면 밀링계에서는 자동적으로 G94 기능이 실행되기 때문이다. 그래서 프로그램에는 G94 기능을 생략해도 지령한 것과 같은 상태로 된다. 경우에 따라서 작업중 반자동 모드에서 G95 기능을 실행하여 사용하는 경우가 있는데 G94 기능을 바꾸지 않고 자동작업을 할 때 최초 절삭지령에 G94가 없으면 G95상태의 이송속도로 인식하게 되어 알람이 발생된다. 이와 같은 실수를 하지 않기 위해서 최초 절삭지령 앞에 G94 기능을 사용하는 것이 초보자인 경우에 필요하다.

(3) 자동코너 오버라이드(G62)

절삭공구 측면 날을 사용하여 내측코너를 절삭하는 경우(엔드밀, 페이스커터 등) 공구 중심경로의 이송속도와 실제 절삭되는 공구 원주에서의 이송속도는 큰 차이가 있다. 〈그림 2-32〉와 같이 프로그램에 지령된 이송속도는 공구 중심경로를 따라 이동하지만 내측코너 부의 공구 원주부위 이송속도가 빨라지게 되어 정상적인 절삭이 되지 않는다. 이때 G62 기능을 지령하면 내측코너 부의 이송속도를 자동으로 감속시켜 좋은 절삭면을 얻을 수 있는 기능이다.(감속 비율은 파라메타에 설정되어 있다.)

* 지령방법   G62 (원호절삭 지령) F___ ;

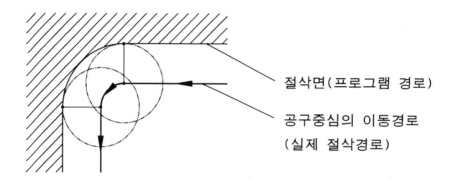

그림 2-32 자동코너 오버라이드

(4) Exact Stop(G09), Exact Stop 모드(G61)

블록과 블록의 절삭가공에서 정확한 종점의 위치에 도달한 것을 확인하고 다음 블록으로 이동하게 하는 기능을 Exact Stop(G09) 기능과 Exact Stop 모드(G61) 기능이라 한다. Exact Stop 기능은 One-shot G-코드이므로 지령된 블록에서만 유효하고, Exact Stop 모드(G61) 기능은 Modal G-코드이므로 연속절삭 모드(G64) 기능이 지령될 때까지 유효한 기능이다.

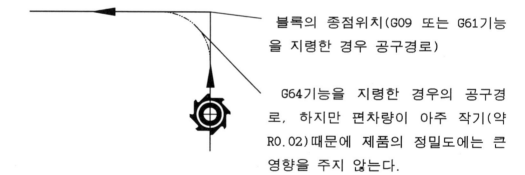

블록의 종점위치(G09 또는 G61기능을 지령한 경우 공구경로)

G64기능을 지령한 경우의 공구경로, 하지만 편차량이 아주 작기(약 RO.02)때문에 제품의 정밀도에는 큰 영향을 주지 않는다.

그림 2-33 Exact Stop 모드의 공구경로

(5) 연속절삭 모드(G64)

절삭가공에서 Exact Stop 모드를 지령하면 블록과 블록에서 종점을 확인하고 다음 블록으로 절삭하기 때문에 곡면의 연결된 교점 부위에 미세한 정지 현상으로 가공면이 좋지 않고, 공구의 마모와 가공시간이 길어진다. 이와 같은 문제점을 해결하는 방법으로 연속절삭 모드 기능을 지령하면 된다. 일반적인 절삭가공에 사용하는 기능으로 Exact Stop 모드(G61)와 자동코너 오버라이드(G62) 기능을 말소시킨다.

참고 19) Leading Zero 생략

> 워드(Word)에 지령된 어드레스 다음 Data 지령
> 에서 앞쪽에 지령된 "0"(Zero)에 대해서는 프로그
> 램을 간단히 하기 위하여 생략할 수 있다.
>
>   예) G00 ⇒ G0
>
>   G02 ⇒ G2
>
>   M03 ⇒ M3
>
>   T01 ⇒ T1 등과 같은 방법으로 프로그램 할
> 수 있다.

(6) Dwell Time 지령(G04)

지령된 시간동안 프로그램의 진행을 정지시킬 수 있는 기능이다. Dwell Time 을 실행하면 작동 중인 기능은 계속 유지된다. 예를 들면 주축 회전 지령과 절삭유 작동 등은 Dwell Time 지령 블록에서도 계속 실행된다.

* **지령방법** $G04 \begin{cases} X\underline{\quad} ; \\ P\underline{\quad} ; \end{cases}$ **2개중 선택**

* **지령 워드의 의미**

  X : 소수점을 이용하여 정지 시간을 지령한다.

  P : 정지 시간에 소수점을 사용할 수 없다.

  2초간 정지 지령 예)

    G04 X2. ;

    G04 P2000 ;

* **최대지령 시간** : 99999.999초

(Dwell Time 지령 예제 1)

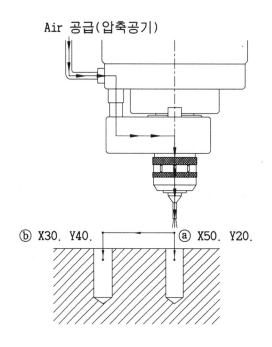

Air 공급(압축공기)

ⓑ X30. Y40.   ⓐ X50. Y20.

그림과 같이 드릴가공한 구멍의 칩을 제거하기 위하여 Air를 분사하여 칩과 이물질을 청소한다. Dwell Time 지령은 일반적인 머시닝센타 프로그램에서는 많이 사용되지 않고 응용하여 사용한다.

＊ 프로그램

```
        ⋮
G90 G00 Z20. ;
X50. Y20. ;                 -- ⓐ점 위치결정
Z-5. ;
M17 ;                       -- 보조기능(Air Blast ON)
G04 X2. ;                   -- 정지시간 2초 지령
M09 ;                       -- Air Blast OFF(절삭유 OFF)
Z20. ;
X30. Y40. ;                 -- ⓑ점 위치결정
Z-5. ;
M17 ;                       -- Air Blast ON
G04 X2. ;                   -- 정지시간 2초 지령
M09 ;                       -- Air Blast OFF(절삭유 OFF)
Z20. ;
        ⋮
```

2.4.8 기계원점(Reference Point)

기계원점이란 기계상에 고정된 임의의 지점이고, 간단한 조작으로 쉽게 이 지점에 복귀시킬 수 있으며 기계제작시 기계 제조회사에서 위치를 설정한다. 프로그램 및 기계조작시 기준이 되는 위치이므로 제조회사의 A/S Man 이외는 위치를 변경하지 않는 것이 좋다. 전원을 투입하고 최초 한번은 기계 원점복귀를 해야만 기계좌표계가 성립된다. 최근에 생산되는 기계는 전원을 차단해도 기계 좌표와 절대좌표를 기억하는 기계도 있다.

(1) 기계 원점복귀(Reference Point Return)

① 수동 원점복귀

모드 스위치를 "원점복귀"에 위치시키고 JOG 버튼을 이용하여 각축을 기계원점으로 복귀시킬 수 있다. 보통 전원투입 후 제일 먼저 실시하며 비상정지 스위치(Emergency Stop Switch)를 눌렀을 때도(ON, OFF 후에도) 마찬가지로 기계원점 복귀를 해야 한다.

② 자동 원점복귀(G28)

모드 스위치를 "자동" 혹은 "반자동"에 위치시키고 G28을 이용하여 각축을 기계원점까지 복귀시킬 수 있다. 급속이송으로 중간점을 경유 기계원점까지 자동 복귀한다. 단, Machine Lock 스위치 ON 상태에서는 기계원점 복귀할 수 없다.

* **지령방법**
$$G28 \begin{Bmatrix} G90 \\ G91 \end{Bmatrix} X\_\ \ Y\_\ \ Z\_\ ;$$

* **지령 워드의 의미**

X, Y, Z : 기계 원점복귀를 하고자 하는 축을 지령하며, 어드레스 뒤에 지령된 Data는 중간점의 좌표가 된다. G91지령(증분지령)은 현재 위치에서 이동거리이고 G90지령(절대지령)은 공작물 좌표계 원점으로 부터의 위치이므로 절대지령의 방식은 주의를 해야 한다.(G28 G90 X0. Y0. Z0. ;를 지령하면 공작물 좌표계의 X0. Y0. Z0.까지 이동하고 기계원점으로 복귀한다.)

(자동 원점복귀 프로그램 예)

① G28 **G90** X0. Y0. Z0. ; -- A점에서 B점을 경유하여 원점복귀

② G28 **G91** X0. Y0. Z0. ; -- A점에서 원점복귀

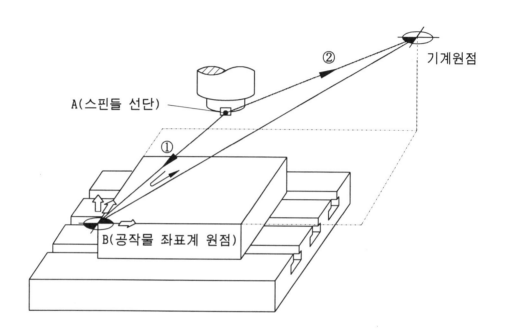

그림 2-34 자동 원점복귀

참고 20) 자동 원점복귀 방법

자동 원점복귀는 두가지로 구분할 수 있다. 자동, 반자동 운전에서 G28 G91 X0. Y0. Z0. ;를 지령하면 전원 투입후 원점복귀 했는지 하지 않았는지에 따라서 원점복귀 방법이 달라진다.

① 전원 투입후 원점복귀를 하지 않은 경우

수동 원점복귀 방법과 같이 급속으로 이동하다가 원점 스위치(DOG)를 Touch하면(ON) 감속한다. 계속 감속속도로 이동하다가 원점 스위치의 신호가 떨어지면(OFF) 서보모터 Encoder의 원점이 나올 때까지 이동하고 Encoder의 원점신호가 입력되면 기계원점 복귀가 완료된다. <그림 2-35>는 원점복귀 동작을 보여준다.

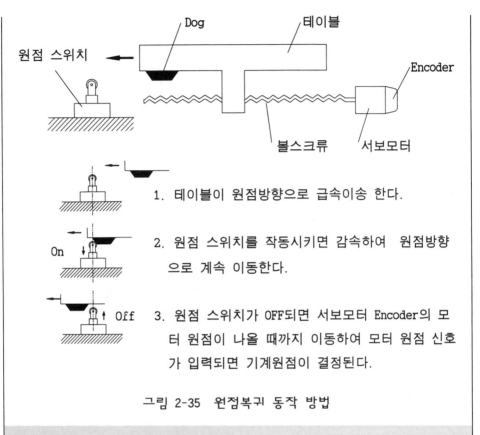

1. 테이블이 원점방향으로 급속이송 한다.

2. 원점 스위치를 작동시키면 감속하여 원점방향
   으로 계속 이동한다.

3. 원점 스위치가 OFF되면 서보모터 Encoder의 모
   터 원점이 나올 때까지 이동하여 모터 원점 신호
   가 입력되면 기계원점이 결정된다.

그림 2-35 원점복귀 동작 방법

② 전원 투입후 원점복귀를 했을 때

　　수동 원점복귀 방법과는 다르게 먼저 원점복귀를 했기 때문에 기계원
점을 NC 장치가 알고 있다. 급속으로 기계원점의 위치로 감속을 하지
않고 복귀한다. 이 방법은 프로그램에 지령된 G28 기능의 자동 원점복
귀 시간을 절약할 수 있게 되어 있다.

③ 원점복귀 Check(G27)

　　기계원점에 복귀하도록 작성된 프로그램이 정확하게 기계원점에 복귀했는지를
Check하는 기능이다. 지령된 위치가 원점이 되면 원점복귀 Lamp가 점등하고
지령된 위치가 원점 위치에 있지 않으면 알람이 발생된다.

* **지령방법** $G27 \begin{cases} G90 \\ G91 \end{cases} X\_\ \ Y\_\ \ Z\_\ ;$

* **지령 워드의 의미**

X, Y, Z : 원점복귀를 하고자 하는 축을 지령하며 어드레스 뒤에 지령된 Data
는 중간점의 좌표가 된다. G91지령(증분지령)은 현재 위치에서 이동
거리이고 G90지령(절대지령)은 공작물 좌표계 원점에서의 위치이므
로 절대지령의 방식은 주의를 해야 한다. (중간점의 내용은 기계원
점복귀 기능과 같다.)

④ **제2, 제3, 제4 원점복귀 (G30)**

중간점을 경유하여 파라메타에 설정된 제2원점의 위치로 급속속도로 복귀한
다.

* **지령방법** $G30 \begin{cases} G90 \\ G91 \end{cases}$ P__ X__ Y__ Z__ ;

* **지령 워드의 의미**

P2, P3, P4 : 제2, 3, 4원점을 선택하고 P를 생략하면 제2원점이 선택된다.
X, Y, Z : 원점복귀를 하고자 하는 축을 지령하며, 어드레스 뒤에 지령된
Data는 중간점의 좌표가 된다.
G91지령(증분지령)은 현재 위치에서 이동거리이고 G90지령(절
대지령)은 공작물 좌표계 원점에서의 위치이므로 절대지령의 방
식은 주의를 해야 한다.(중간점의 내용은 기계 원점복귀 기능과
같다.)

주)① G30 기능은 기계 원점복귀 완료 후 사용 가능하다. 왜냐하면 제2원점의 파라
메타는 기계원점을 기준하여 제2원점까지의 거리를 입력하기 때문이다.
② 통상 공구교환 지점으로 활용한다.
③ G27, G28, G30 기능은 싱글블록(Single Block) 운전인 경우 중간점에서 정지
한다. (먼저 중간점으로 이동하고 기계원점이나 제2원점에 이동한다.)
④ G27, G28, G30에서 중간점의 축지령이 된 축만 원점 또는 제2원점복귀한다.
예) G28 G91 X0. ; -- X축만 원점복귀한다.
G30 G91 X0. Y0. ; -- X축과 Y축이 제2원점으로 복귀한다.

참고 21) 파라메타(Parameter)에 관하여

파라메타는 NC 장치와 기계를 결합함에 있어서 그 기계가 최고의 성능을 갖도록 어떤 값을 맞추어 주는 것이다. 예를 들면 같은 NC 장치를 사용하여 소형기계와 대형기계를 제작한다고 하자. 소형기계와 대형기계의 기계구조를 비교해보면 소형기계는 테이블이 작고 대형기계는 테이블이 크다. 테이블이 작고 큰 차이는 중량과도 비례한다. 작은 테이블과 큰 테이블을 급속 이동할 때 작은 테이블은 빠르게 이동시킬 수 있고 큰 테이블은 천천히 이동해야 한다. 이와 같은 속도의 조건들을 그 기계에서 제일 좋은 조건이 될 수 있도록 변화시킬 수 있는 것을 파라메타라고 한다. 파라메타의 종류를 보면 Setting, 축제어, 서보, 프로그램, 공구보정 관계등 많은 내용들이 있다. 파라메타의 내용을 모르고 잘못 수정하면 중대한 기계의 결함이 발생될 수 있다. 따라서 필요한 경우 기계제작회사의 전문가와 상담을 해야한다.

1) 파라메타의 형태

① 실수형 파라메타

```
번호 700 ----------          500
번호 705 ----------         -320000
```

위와 같이 실수값을 입력하는 방법이다.

주) 파라메타에는 소숫점을 사용할 수 없기 때문에 소숫점 아래 수치를 버리면 안된다.

예) 500의 수치는 0.5mm 이고
    -320000의 수치는 -320.000mm 이다.

② 비트(Bit)형 파라메타

파라 메타 번호 ＼ Bit번호	7 Bit	6 Bit	5 Bit	4 Bit	3 Bit	2 Bit	1 Bit	0 Bit
010	0	0	1	0	0	0	0	0
040	0	0	0	1	0	0	0	1

위와 같이 2진수(0과 1)로 표시하고 "0"일 때와 "1"일 때는 서로 상반되는 의미를 가진다.

주) Data를 입력할 때는 숫자의 갯수를 오른쪽(0 Bit)에서부터 맞추어 입력한다.

예) 번호 010과 같이 입력하기 위해서는 다음과 같이 등록한다.

00100000 입력한다.

만약에 0010000을 입력하면 00010000 이 되는 것을 주의 하십시오. (오른쪽이 기준으로 등록된다.)

2) 파라메타의 수정 방법

① 반자동(MDI) 모드 선택후 ⇒ | PARAM DGNOS | 버튼을 사용하여 파라메타를 선택한다.

PAGE 버튼을 사용하여 Setting 2 화면을 찾아서 PWE 에 Cursor(캄박캄박하는 막대 모양의 표시)를 이동시킨다. 숫자 "1"을 타자하고 | INPUT | 버튼을 누른다.

* 파라메타 화면

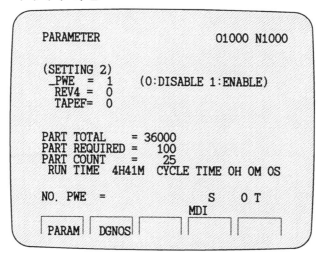

이때 P/S 100번 알람이 발생된다. 해제 방법은 | CAN | 버튼과 | RESET | 버튼을 동시에 누른다.

다시 | PARAM DGNOS | 버튼을 누르고 | NO V J Q P | 버튼을 누른 후 수정하고자 하는 파라메타 번호를 타자하고,

| INPUT | 버튼을 누르면 Cursor가 선택한 번호의 위치로 이동한다. 이때 수정하고자 하는 수치를 입력하면 된다. 수정을 완료하면 다시 PWE를 "0"으로 수정한다.

2.4.9 공작물(Work) 좌표계 설정

(1) 공작물 좌표계 설정(G92)

프로그램 작성시 도면이나 제품의 기준점을 설정하여 그 기준점으로부터 가공 위치를 지령하므로서 간단하게 프로그램을 작성할 뿐 아니라 실수를 줄일 수 있다. 그러나 공작물의 기준점이 어느 위치에 있는지 NC 기계는 모르고 있으므로 이 기준점을 NC 기계에 알려주는 기능이 G92이며 이 작업을 공작물 좌표계 설정이라 한다.

* 지령방법   **G92   G90   X__   Y__   Z__ ;**

* 지령 워드의 의미

X, Y, Z : 설정하고자 하는 절대좌표계(공작물 좌표계)의 현재위치

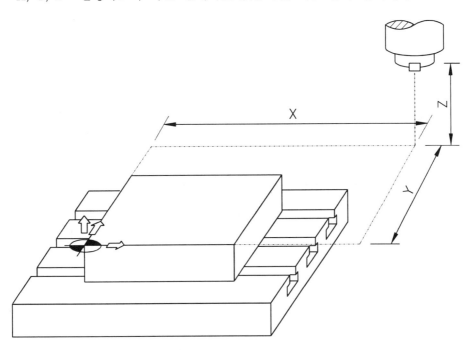

그림 2-36 공작물 좌표계 원점

※ 〈그림 2-36〉의 경우 현재 공구의 위치가 공작물 원점으로 부터 X225.457 Y150.338 Z150.536인 지점에 떨어져 있을 경우 이 값을 G92로 설정한다. 반자동

(MDI) 모드나 자동(AUTO) 모드에서 G92 G90 X225.457 Y150.338 Z150.538 ; 으로 지령한다. 결과적으로 공작물 좌표계 설정이란 스핀들 중심의 선단위치가 공작물 좌표계 원점위치에서 떨어져있는 거리를 G92 기능으로 지령하는 것이다.

간단하게 생각하면 〈그림 2-37〉과 같이 스핀들 중심의 선단을 공작물 좌표계 원점 위치에 이동시켜 놓고 G92 G90 X0. Y0. Z0. ;를 실행하면 정확한 공작물 좌표계 원점이 설정된다. 하지만 이와 같은 방법으로는 정밀한 공작물 좌표계 원점을 찾을 수 없기 때문에 〈그림 2-36〉과 같은 방법을 응용하는 것이다. 공작물의 기준점이 바뀌면 공작물 좌표계 설정을 다시 해야한다.

공작물 좌표계 설정방법은 제4장 조작 편의 "공작물 좌표계 설정"을 참고하십시오.

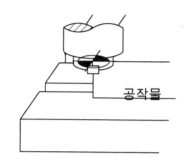

그림 2-37 스핀들 중심 선단과
공작물 좌표계 원점 일치

(2) 공작물 좌표계 선택(G54~G59)

이미 설정된 공작물 좌표계(워크보정 화면에 입력한다.)를 선택할 수 있다. 워크보정 화면에 입력하는 값은 기계원점에서 공작물 좌표계 원점까지의 거리를 입력한다.

G-코드	내 용
G54	공작물 좌표계 1번
G55	공작물 좌표계 2번
G56	공작물 좌표계 3번
G57	공작물 좌표계 4번
G58	공작물 좌표계 5번
G59	공작물 좌표계 6번

* 지령방법 $\left.\begin{matrix} G54 \\ ⟨ \\ G59 \end{matrix}\right\}$ G90 X__ Y__ Z__ ;

* 지령 워드의 의미

   X, Y, Z : 절대좌표계(공작물 좌표계)의 위치

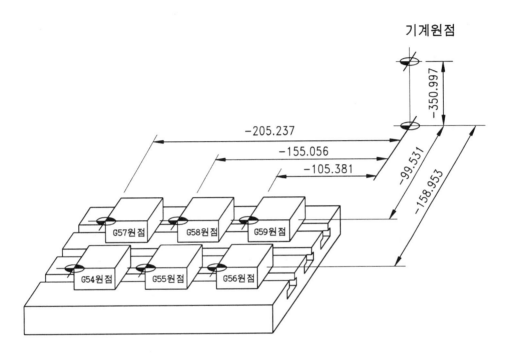

그림 2-38   공작물 좌표계 선택 기능

* 워크보정 화면

```
WORK COORDINATES              01000 N1000

   NO.      DATA         NO.       DATA
   00  X      0.000      02  X  -155.056
       Y      0.000          Y  -158.953
       Z      0.000          Z  -350.997



   01  X  -205.237       03  X  -105.381
       Y  -158.953           Y  -158.953
       Z  -350.997           Z  -350.997

   ADRS.
    12:32:18              MDI
   ┌──────┬──────┬──────┬──────┬──────┐
   │OFFSET│MACRO │      │ WORK │      │
   └──────┴──────┴──────┴──────┴──────┘
```

공작물 좌표계 선택 번호	G-코드	내 용
00	-	공작물 좌표계 Shift 량
01	G54	공작물 좌표계 1번
02	G55	공작물 좌표계 2번
03	G56	공작물 좌표계 3번
04	G57	공작물 좌표계 4번
05	G58	공작물 좌표계 5번
06	G59	공작물 좌표계 6번

주) 공작물 좌표계 Shift량은 공작물 좌표계 번호 01~06번 까지 입력된 좌표값에 Shift량을 가산하는 기능이다. 예를 들면 01번에 입력된 X-205.237 Y-153.953 Z-350.997 공작물 좌표계 Shift량을 X-20. Y-15.2를 입력하면 공작물 좌표계 01~06번까지의 전체 공작물 좌표계 원점이 X-20. Y-15.2 만큼 이동된다.

사진 2-39 공작물 셋업 형상

* **공작물 좌표계 설정 기능과 공작물 좌표계 선택 기능의 프로그램 비교**

  생산성을 향상하기 위하여 테이블 위에 같은 공작물(다른 종류의 공작물도 가능)을 여러개 동시에 고정하여 가공할 경우 아래 셋업값으로 G92 기능과 G54~G59 기능을 이용한 프로그램을 비교한다.

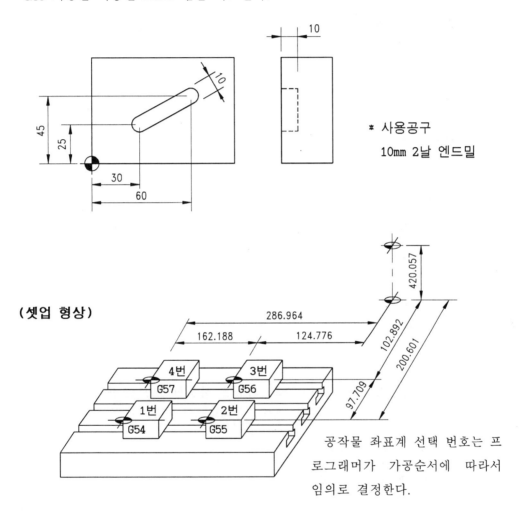

* 사용공구
  10mm 2날 엔드밀

(셋업 형상)

공작물 좌표계 선택 번호는 프로그래머가 가공순서에 따라서 임의로 결정한다.

* **공작물 좌표계 설정(G92) 기능을 사용한 프로그램**

```
01191 ;
N01 G40 G80 ;
N02 G28 G91 X0. Y0. Z0. ;
N03 G92 G90 X286.964 Y200.601 Z420.057 ; -- 1번 공작물 좌표계 설정
N04 G30 G91 Z0. T01 M06 ;
N05 G00 G90 X30. Y25. ;
```

```
N06 G43 Z10. H01 S730 M03 ;
N07 Z2. M08 ;
N08 G01 Z-10. F30 ;
N09 X60. Y45. F80 ;
N10 G00 Z20. ;
N11 X162.188 Y0. ;          -- 2번 공작물 좌표계 설정을 위하여 2번 공작물 원
                               점까지 이동(1번 원점에서 2번 원점까지의 거리)
N12 G92 X0. Y0. ;           -- 2번 공작물 좌표계 설정
N13 G00 X30. Y25. ;
N14 Z2. ;
N15 G01 Z-10. F30 ;
N16 X60. Y45. F80 ;
N17 G00 Z20. ;
N18 X0. Y97.709 ;           -- 3번 공작물 좌표계 설정을 위하여 3번 공작물 원
                               점까지 이동(2번 원점에서 3번 원점까지의 거리)
N19 G92 X0. Y0. ;           -- 3번 공작물 좌표계 설정
N20 G00 X30. Y25. ;
N21 Z2. ;
N22 G01 Z-10. F30 ;
N23 X60. Y45. F80 ;
N24 G00 Z20. ;
N25 X-162.188 Y0. ;         -- 4번 공작물 좌표계 설정을 위하여 4번 공작물 원
                               점까지 이동(3번 원점에서 4번 원점까지의 거리)
N26 G92 X0. Y0. ;           -- 4번 공작물 좌표계 설정
N27 G00 X30. Y25. ;
N28 Z2. ;
N29 G01 Z-10. F30 ;
N30 X60. Y45. F80 ;
N31 G00 Z20. M09 ;
N32 G49 Z400. M19 ;
N33 M02 ;
```

* 공작물 좌표계 선택(G54~G59) 기능을 사용한 프로그램

```
O1201 ;
N01 G40 G80 ;
N02 G30 G91 Z0. T01 M06 ;
N03 G54 G90 G00 X30. Y25.    -- 1번 공작물 좌표계 선택(G54), 좌표계 선택과 가
N04 G43 Z20. H01 S730 M03 ;     공 시작점의 X, Y좌표를 동시에 지령했다.
N05 Z2. M08 ;
N06 G01 Z-10. F30 ;
N07 X60. Y45. F80 ;
N08 G00 Z20. ;
N09 G55 X30. Y25. ;         -- 2번 공작물 좌표계 선택(G55), G90과 G00 지령
N10 Z2. ;                      은 모달 기능이므로 생략 했다.
N11 G01 Z-10. F30 ;
N12 X60. Y45. F80 ;
N13 G00 Z20. ;
N14 G56 X30. Y25. ;         -- 3번 공작물 좌표계 선택(G56)
N15 Z2. ;
```

```
N16 G01 Z-10. F30 ;
N17 X60. Y45. F80 ;
N18 G00 Z20. ;
N19 G57 X30. Y25. ;        -- 4번 공작물 좌표계 선택(G57)
N20 Z2. ;
N21 G01 Z-10. F30 ;
N22 X60. Y45. F80 ;
N23 G00 Z20. ;
N24 G49 Z400. M19 ;
N25 M02 ;
```

공작물 좌표계 선택 기능을 정상적으로 사용하기 위해서는 가공 실행전 워크보정 화면에 기계원점에서 각 공작물 좌표계 원점까지 거리를 입력해야 한다.

일반적으로 현장에서는 G92 기능을 많이 사용하고 있다. 그 이유는 G54~G59 기능이 옵션기능이기 때문이다. 하지만 최근에는 기계를 구입할 때 이 기능을 추가하여 널리 보급되어 있고, 이 기능을 사용하는 것이 편리하게 프로그램을 작성하는 하나의 방법이 된다. "제4장 조작편 공작물 좌표계 설정"을 참고하십시오.

* 수평형 머시닝센타의 공작물 좌표계 선택

수평형 머시닝센타(Horizontal Machining Center)에서 회전 테이블 위에 설치된 공작물을 회전시키면서 공작물을 가공한다. 이때 공구 전면의 공작물 가공면을 G54~G59 기능을 사용하여 프로그램을 작성하고, 각각의 가공면에 대하여 공작물 좌표계를 설정한다.

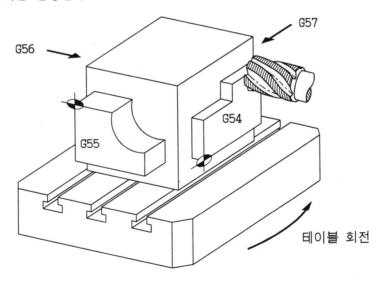

그림 2-40 수평형 머시닝센타의 셋업 형상

(3) 로칼(Local) 좌표계 설정(G52)

프로그램을 쉽게 작성하기 위하여 이미 설정된 공작물 좌표계에서 임의의 지점에 로칼 좌표계를 설정할 수 있다. 아래 〈그림 2-41〉과 같이 임의의 지점에 원점을 설정하여 원래의 원점에서 좌표값을 계산하는 번거로움 없이 쉽게 프로그램을 작성할 수 있다.

* 지령방법

> G52 G90 X__ Y__ Z__ ;
>
> G52 X0. Y0. Z0. : -- 로칼 좌표계 무시

* 지령 워드의 의미

    X, Y, Z : 현재의 공작물 좌표계에서 설정하고자 하는 로칼(구역 좌표) 좌표계의 원점위치

(로칼 좌표계 지령의 예제 1)

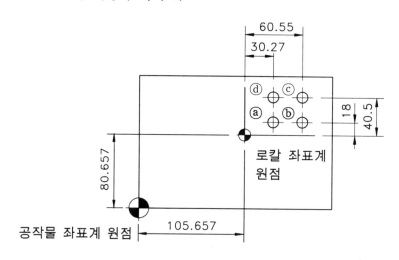

그림 2-41 로칼 좌표계 원점

❊ 프로그램

```
      ↓
  G52 G90 X105.657 Y80.657 ;      -- 로칼 좌표계 원점 지정
  G00 X30.27 Y18. ;               -- ⓐ점으로 급속위치 결정
      ↓
  G52 X0. Y0. ;                   -- 로칼 좌표계 무시
```

(4) 기계 좌표계 선택(G53)

공작물 좌표계와 관계없이 기계원점에서 임의 지점으로 급속이동(G00 기능 포함) 시킨다. 자동공구 측정장치가 설치된 위치까지 이동시킬 때나 기계원점에서 항상 일정한 지점까지 위치결정하는 방법으로 많이 사용한다.

* 지령방법　　G53　G90　X__　Y__　Z__ ;

* 지령 워드의 의미

X, Y, Z : 기계원점에서 이동지점까지의 기계좌표를 지령한다. 절대지령(G90)에서만 실행되고 증분지령(G91)에서는 무시된다.

(기계 좌표계 선택 지령의 예제 1)

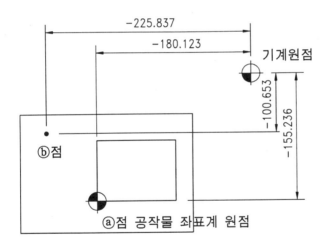

ⓑ점 : 임의 위치

* 프로그램

ⓐ점에 공구 중심을 이동시킨다.(X, Y축)

　G53 G90 X-180.123 Y-155.236 ;

　(G92 G90 X0. Y0. ;) -- 기계원점에서 공작물 좌표계 원점까지 이동시키고
　　　　　　　　　　　　공작물 좌표계 설정을 하는 방법이다.

ⓑ점에 공구 중심을 이동시킨다.(X, Y축)

　G53 G90 X-225.837 Y-100.653 ;

- 123 -

2.4.10 Inch, Metric 변환(G20, G21)

도면 전체의 치수가 Inch 시스템으로 되어 있을 때나 Metric 시스템으로 되어 있을 때가 있다. 이때 기계의 이동단위를 Inch나 Metric 시스템으로 변환하여 간단하게 프로그램을 작성할 수 있다.

G20 ; -- Inch 입력	
G21 ; -- Metric 입력	

* 지령방법

* 최소 설정단위

G - 코드	단 위 계	최소 설정단위
G20	Inch	0.0001 inch
G21	Metric	0.001 mm

* 단위계의 변화

Inch, Metric 기능을 변경할 경우 다음과 같은 내용들의 단위가 바뀐다.

ⓐ 이송속도

ⓑ 위치에 관한 좌표 (단, 기계좌표계는 변하지 않는다.)

ⓒ 보정량 (Offset 량)

ⓓ MPG(핸들) 눈금의 단위

ⓔ 파라메타의 일부

주)① 전원 투입시는 전원 차단시의 단위계 상태이다. (예 : G20기능 상태에서 전원을 OFF하고 ON하면 OFF전의 G20기능 상태로 되고 G21기능 상태에서 전원을 OFF하고 ON하면 OFF전의 G21기능 상태로 나타난다.)

② 단위계의 변환은 프로그램 선두에 좌표계 설정을 하기 전에 단독 블록으로 지령해야 한다. 한 프로그램 안에서 Inch, Metric을 변경하는 것은 좋지 않다. 도면 일부가 Inch, Metric으로 되어 있는 경우는 환산하여 지령한다.

③ 보정량의 표시는 단위계 변환시에도 소수점 이동만 하고 수치는 그대로 표시되기 때문에 보정량의 설정은 단위계 변환 후 입력해야 한다.

2.4.11 주축 기능

(1) 주속 일정제어 ON(G96)

능률적인 절삭가공을 위해 자동으로 주축속도(회전수)를 변화시켜, 절삭속도를 일정하게 유지하여 공구수명도 길게하고 절삭시간을 단축시킬 수 있는 기능이다. G97 기능으로 주속 일정제어를 무시할 수 있다. 보통 CNC 선반에서 많이 사용하고 밀링계는 옵션(Option) 으로 C축을 추가하여 보링공구로 보링가공과 직각을 이루는 단면을 가공할 때 응용할 수 있다.

* **지령방법**　**G96　S＿　;**

* **지령 워드의 의미**

　　S : 절삭속도(m/min)

　　　　(S값은 rpm지령이 아니고 절삭속도의 값이다.)

* **절삭속도** : 공구와 공작물(소재)의 상대속도를 말한다.

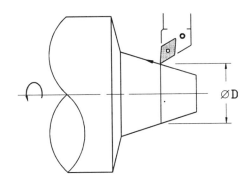

그림 2-42 선반계의 주속 일정제어

* **관계식**

$$V = \frac{\pi \times D \times N}{1000}$$

V : 절삭속도 (m/min)
D : 소재직경 (mm)
N : 주축회전수 (rpm)

$$N = \frac{1000 \times V}{\pi \times D}$$

(2) 주속 일정제어 OFF(G97)

G96(주속 일정제어)기능과 다르게 지령된 회전수로 일정하게 유지된다. 전원을 투입하면 자동으로 G97 기능 상태로 되고, 특히 밀링계에서는 대부분의 가공은 주속 일정제어 OFF 상태에서 이루어진다.

* **지령방법**   **G97 S__ ;**

* **지령 워드의 의미**

    S : 주축 회전수(rpm)

(3) 주축 최고 회전수 지정(G92)

G92 S___ ; 와 같이 G92 블록에 지령된 회전수 값으로 주속 일정제어(G96)나 주속 일정제어 OFF(G97) 에서 지령된 회전수를 제한할 수 있다. 실수에 의한 과대한 회전수 지령을 안전하게 제어한다.

* **지령방법**   **G92   S__ ;**

* **지령 워드의 의미**

    S : 주축 최고 회전수 지정(rpm)

주) 주축 최고 회전수 지정은 G92 기능과 같은 블록에 지령해야 한다.
   예) **G92 X0. Y0. Z350. S3800** ; -- 최고 회전수 3800 rpm 지정
        S4000 M03 ;   -- 4000 rpm으로 지령 했지만 3800 rpm 이상
                                  회전하지 않는다.

※ 일반적으로 작성되는 대부분의 밀링계 프로그램(머시닝센타 포함)은 G96, G97 기능을 지령하지 않는다. 왜냐 하면 전원을 투입하면 자동적으로 G97 기능이 실행되기 때문에 생략한다. 선반계의 프로그램은 필요에 따라서 G96, G97 기능을 선택하여 지령한다.

2.4.12 공구길이 보정(G43, G44, G49)

(1) 공구길이 보정(G43, G44)

일반적으로 프로그램을 작성할 때는 공구길이를 생각하지 않고 프로그램을 작성하지만 실제 가공에 필요한 여러 종류의 공구들은 길이가 일정하지 않다. 이렇게 차이가 나는 공구길이를 측정하여 보정(Offset) 화면에 미리 등록하고 필요한 경우 프로그램에서 각각의 공구길이를 호출하여 보정하는 기능이다. 공구길이 측정방법은 제4장 조작편에 상세한 설명이 되어 있습니다.

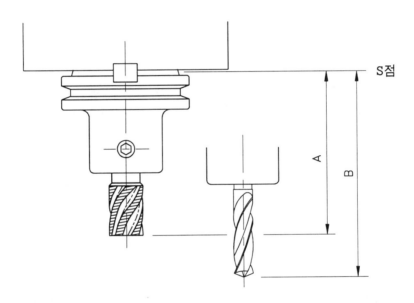

S점 : 스핀들 게이지 라인(Spindle Gauge Line)

A : 공구길이(황삭 엔드밀)

B : 공구길이(드릴)

그림 2-43 공구길이

∗ 지령방법 $\left.\begin{matrix} G43 \\ G44 \end{matrix}\right\}$ Z__ H__ ;

∗ 지령 워드의 의미

Z : Z축 이동지령(절대, 증분지령이 가능하다.)

H : 보정 번호

G - 코드	내 용
G43	공구길이 보정＋(Plus)
G44	공구길이 보정－(Minus)

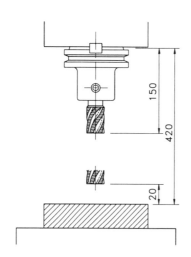

〈그림 2-44〉의 조건일 때 G43 G00 Z20. H01 ;(보정화면 01번에 150. 입력)을 지령하면 공구선단이 공작물 좌표계 Z축 원점에서 20mm 위쪽에 위치결정 한다. 실제 Z축 이동거리는 420－(20＋150)＝250 만큼 이동한다. 보정이 실행되면 공구선단이 Z축 좌표의 기준이 된다.

그림 2-44 공구길이 보정

(공구길이 보정 사용 예)

G30 G91 Z0. T01 M06 ;　 -- 제2원점에서 공구 1번 교환

G43 G90 G00 Z50. H01 ;　-- 보정화면 01번에 입력된 보정량을 Z축 50mm 까지 이동하면서 공구길이 보정(공구번호와 공구보정 번호는 같지 않아도 되지만 같은 번호를 사용하면 작업중에 발생하는 보정 실수를 줄일 수 있다.)

(2) 공구길이 보정 말소(G49)

공구길이 보정으로 보정한 공구길이를 말소(무시)한다.

＊ 지령방법　　　G49 Z＿ ;

(공구길이 말소 기능 사용 예)

　G49 G00 Z400. ; -- Z400mm 까지 이동하면서 공구길이 보정이 말소된다.(보정
　　　　　　　　　　말소(G49) 지령 블록 앞에서 보정된 공구길이를 말소한다.)

※ 공구길이 보정과 공구길이 보정 말소 지령은 Z축의 이동지령과 같이 프로그램
을 작성하는 것이 좋다. 왜냐 하면 G43 H01 ; 과 같은 방법으로 지령하면 보정화
면 01번에 입력된 공구길이만큼 이동한다. 또 G49 ; 지령만 하면 G49 이전에 실
행된 공구길이 보정만큼 반대 방향으로 이동한다. 만약 공구길이가 "+"값이면
현재 위치에서 공구길이만큼 아래쪽으로 이동하여 공구가 충돌하는 상황이 발생
될 수 있다. 결과적으로 공구길이 보정과 말소 지령은 Z축 이동지령과 같이 지령
하고, 공구길이 값보다 크게 지령해야 한다.

(공구길이 보정과 말소 예제 1)

　아래 그림과 같은 조건에서 공구길이 보정과 길이보정을 말소할때 실제 이동거
리는 얼마인지 알아 본다.

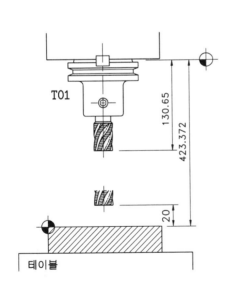

공구번호 : T01
보정번호 : H01 = 130.65

N01 G28 G91 X0. Y0. Z0. ;

N02 G92 G90 X200. Y200. Z423.372 ;

N03 G30 G91 Z0. T01 M06 ;

N04 G00 G90 X30. Y30. ;

N05 G43 Z20. H01 S550 M03 ;

N30 G00 G90 Z20. M09 ;

N31 G49 Z400. M19 ;

N32 M02 ;

※ N05 블록에서 Z축의 이동거리를 계산

① 공구길이 보정을 무시하면 <u>423.372</u>
　<u>- 20 = 403.372mm</u> 가 된다.

② 공구길이 보정을 실행하면 <u>403.372</u>
　<u>-130.65 = 272.722mm</u> 이다.

③ N31 블록에서 공구길이 보정을 말소
　하면 프로그램에 지령된 이동량에
　공구길이 값을 빼면 된다.

(3) 보정량 입력 방법

① 보정화면에 직접 입력

각 공구의 보정량을 측정한 후 보정화면에 해당하는 번호에 보정량을 조작판의 숫자 Key를 이용하여 직접 입력한다.

* 보정(Offset) 화면

```
OFFSET                        01000 N1000
  NO.     DATA       NO.      DATA
 _001    98.631     009       0.000          NO: 보정 번호
 002    120.154     010       0.000          DATA : 공구길이 및
 003     0.000      011      20.000                   공구 반경 값
 004     0.000      012       0.000
 005     0.000      013       0.000
 006     0.000      014       0.000
 007     0.000      015       0.000
 008     0.000      016       0.000
ACTUAL POSITION (RELATIVE)
    X     0.000             Y    0.000
    Z     0.000
 NO.  001 =
                         MDI
 OFFSET  MACRO         WORK
```

② 프로그램에 의한 보정량 입력(G10)

보정량을 프로그램에 의해 입력할 수 있다.

* 지령방법   G10 P___ R___ ;

* 지령 워드의 의미

P : 보정 번호

R : 공구길이 또는 공구경 보정(공구 반경값) 량

(절대지령(G90)인 경우는 보정량 값으로 등록하고 증분지령(G91)의 경우는 이미 설정된 보정량에 지령된 보정량을 가감산한다.)

주) G10기능은 자동화 Line이나 정밀 대량생산 공장에서 측정장치를 부착하여 가공도중 미세하게 변하는 치수를 자동으로 보정할 때 많이 사용하고 일반생산 현장에서는 특수한 가공에 응용하여 사용한다.

(공구보정 Memory A Type 프로그램 예제 1)

O1234 ;

    ⋮

G10 G90 P1 R98.631 ;   -- 보정번호 01번에 98.631을 입력한다.

G10 P11 R20. ;   -- 보정번호 11번에 20.을 입력한다.

G10 G91 P12 R-0.001 ;   -- 보정번호 12번에 입력되어 있는 보정량을
                                      0.001을 감산("-")하여 입력한다.

    ⋮

G43 G00 Z50. H02 S1500 M03 ; -- 공구길이 보정 실행하면서 주축 정회전
                                        (프로그램에 의한 공구보정량 입력은 공
                                        구보정 실행 전에 한다.(보통 프로그램
                                        선두 위치에 작성한다.)

(공구보정 Memory C Type 프로그램 예제 1)

O1234 ;

    ⋮

G10 G90 L10 P1 R98.631 ;   -- 보정번호 01번에 98.631을 입력한다.

G10 L12 P1 R20. ;   -- 보정번호 01번에 20.을 입력한다.

G10 G91 L12 P1 R0.002 ;   -- 보정번호 01번에 입력되어 있는 보정량을
                                        0.002을 가산("+")하여 입력한다.

    ⋮

> G10 Data 설정 기능은 L__ 번호에 따라 여러 종류의 등록작업이 구분된다.
>
> *** 공구보정 Memory C Type의 경우**
>
>   L10 : 공구길이 형상보정량 입력
>
>   L11 : 공구길이 마모보정량 입력
>
>   L12 : 공구경 형상보정량 입력
>
>   L13 : 공구경 마모보정량 입력
>
> *** 공작물 좌표계 선택 입력**
>
>   L2 : 공작물 좌표계 선택(G54~G59)량
>   입력
>
> *** 파라메타 입력 모드**
>
>   L50

참고 22) 백래쉬 보정과 피치에라 보정

기계가 노화되면서 스크류(Screw)의 마모현상으로 핸들의 눈금이동에 백래쉬(Backlash)가 발생된다. 마찬가지로 NC 기계에도 기계의 마모현상이 볼스크류(Ball Screw)등과 같이 동력이 전달되는 계통을 통하여 백래쉬가 발생되는데 백래쉬의 발생은 한쪽방향으로 이동하다 반대방향으로 이동할 때 발생한다. 이렇게 발생되는 백래쉬량을 정밀하게 측정하여 백래쉬보정 파라메타에 입력하면 이후의 이동은 자동적으로 백래쉬량을 포함한(보정한) 이동을 한다.

백래쉬량은 보통 생각하는 것과 같이 간단하지 않다. 예를 들면 백래쉬량은 측정할 때마다 미세하게 달라지는데 이것은 기계의 상태(온도와 가동시간)와 밀접한 관계가 있고 기계의 조립 정밀도에 많은 영향을 받는다.

백래쉬가 많이 발생되는 요소는 타이밍벨트(Timing Belt), 볼스크류등 이 있다. 작업자가 주기적으로(약 3개월) 측정하여 파라메타에 입력하면 정밀한 공작물을 가공할 수 있을 것이다.

백래쉬는 반대 방향으로 이동할때 발생하는 것이고 피치에러(Pitch Error)는 많이 사용하는 구역의 볼스크류의 마모현상으로 구간 구간의 위치정도가 맞지 않는 것이다. 기계가 노화되면서 피치에러는 커지고 가공정밀도는 저하된다. 이와 같이 볼스크류의 마모된 부분을 정밀측정하여 피치에러 보정 파라메타에 입력하면 A급의 볼스크류처럼 정밀도를 갖게하는 첨단 기능이다.

보통 측정되는 값은 0.001 ～ 0.004mm이다. 피치에러 보정의 측정과 조정은 기계 제조회사의 전문가가 하는 것이 좋다.

2.4.13 금지영역 설정

안전한 기계운전을 하기 위하여 공구의 일정한 영역(지역) 침입을 금지 시킬 수 있다.

(1) 제 1 Limit

파라메타로 영역을 설정하고, 설정한 영역의 외측이 금지영역으로 된다. 〈그림 2-45〉와 같이 일반적으로 기계의 최대 Stroke로 설정하며, 기계 출하시 기계 제작회사에서 설정한다. 제 1 Limit의 설정은 파라메타에서 설정할 수 있다. 제 1 Limit를 침범하면 Over Travel 알람이 발생되고 해제방법은 안전한 위치로 이동하고 해제버튼(Reset Button)을 누르면 된다.

(2) 제 2 Limit

설정한 구역의 내측이나 외측을 금지영역으로 설정할 수 있다. 내측 외측의 선택은 파라메타로 가능하고 제 2 Limit는 파라메타와 프로그램으로 입력 가능하며 프로그램으로 입력된 위치가 금지영역으로 된다. (프로그램을 작성하여 실행하면 파라메타가 수정된다.)

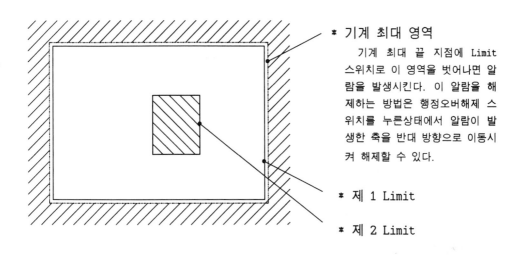

* 기계 최대 영역

　기계 최대 끝 지점에 Limit 스위치로 이 영역을 벗어나면 알람을 발생시킨다. 이 알람을 해제하는 방법은 행정오버해제 스위치를 누른상태에서 알람이 발생한 축을 반대 방향으로 이동시켜 해제할 수 있다.

* 제 1 Limit

* 제 2 Limit

그림 2-45 금지영역의 종류

(3) 프로그램에 의한 금지영역(제 2 Limit) 설정(G22, G23)

G22 기능으로 금지영역을 설정할 수 있다.

* G22 : 금지영역 설정 ON
* G23 : 금지영역 설정 OFF

* 지령방법

　　G22 X__ Y__ Z__ I__ J__ K__ ;

　　G23 ; -- 금지영역 설정 무시

* 지령 워드의 의미

　X, Y, Z : 〈그림 2-46〉에서, 기계원점부터 A점까지의 거리로 기계좌표계 값을 입력한다. A점은 기계원점에서 가까운 꼭지점의 좌표를 지령한다.

- 133 -

I, J, K : 〈그림 2-46〉에서, 기계원점부터 B점까지의 거리로 기계좌표계 값을 입력한다. (B점은 A점의 대각선 방향의 꼭지점의 기계좌표를 지령한다.)

＊ **지령치범위** : I의 값이 X값보다 커야 하고 J나 K값이 Y나 Z값보다 커야 한다.

   예) G22 X-120.375 Y-235.152 I-165.123 J-267.394 ;

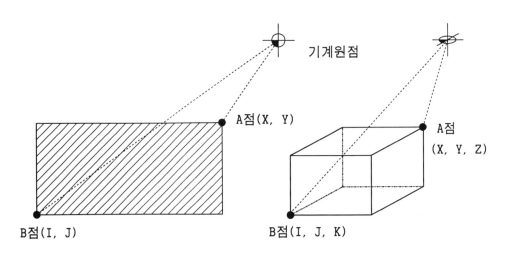

그림 2-46 제 2 금지영역

주)① 금지영역의 설정은 단독블록으로 설정하며 실행은 원점복귀 후부터 가능하다. 왜냐 하면 원점복귀가 되지 않은 상태에서는 기계좌표를 알 수 없기 때문이다.

② 금지영역을 공구가 침범한 경우 내측이 금지영역일 때는 공구가 다음으로 이동 시 알람(Alarm)이 발생하고 외측이 금지영역일 때는 즉시 알람이 발생한다.

③ 금지영역 침범을 했을 경우 반대 방향으로 축을 이동시킨 후 해제(Reset) 버튼을 누르면 알람이 해제된다.

④ 여러개의 공구를 사용할 때는 각각의 보정량이 다르기 때문에 침입하는 기계 좌표의 위치가 다르므로 필요한 공구에 각각 설정한다.

⑤ 생산 현장에서는 제 2 Limit는 많이 사용하지 않지만 방법을 개선하여 많이 활용하기 바랍니다.

(금지영역 설정 예제 1)

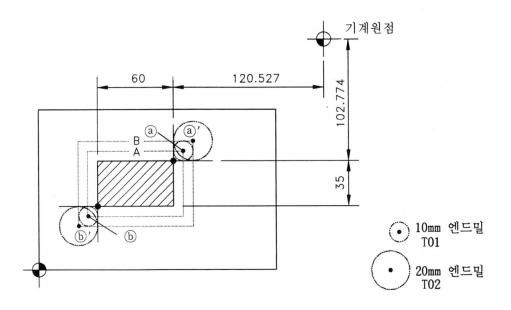

* 프로그램

```
        ↓
G30 G91 Z0. T01 M06 ;                                -- 1번 공구교환
G22 X-115.527 Y-97.774 I-185.527 J-142.774 ;--  A 영역 ⓐ점 좌표와
        ↓                                            ⓑ점 좌표를 기계좌표
        ↓(가공 프로그램)                                 값으로 지령한다.
        ↓
G23 ;                                               -- 금지영역 설정 무시
G30 G91 Z0. T02 M06 ;                               -- 2번 공구교환
G22 X-110.527 Y-92.774 I-190.527 J-147.774 ;--  B 영역 ⓐ'점 좌표와
        ↓                                            ⓑ'점 좌표를 기계좌
        ↓(가공 프로그램)                                 표값으로 지령한다.
        ↓
G23 ;                                               -- 금지영역 설정 무시
        ↓
```

※ A, B점의 금지영역 설정은 먼저 공구를 선택하고 A 지점으로 공구선단을 이동하여 기계좌표를 기록하고 B점의 좌표는 금지영역의 가로, 세로치수를 A의 기계 좌표 치수에 더한다. 다음 각각의 공구도 마찬가지로 A 지점으로 공구를 이동하여 기계좌표를 기록하고 B점의 좌표는 A점의 좌표에 금지영역의 가로, 세로치수를 더하면 된다.

참고 23) 주역부

다음에 표시하는 "(" (Control Out)과 ")" (Control In)사이에 지령한 정보는 모두 주역으로 간주하여 읽고 Skip한다. 이 괄호 사이에는 NC 프로그램으로 간주하지 않기 때문에 특수문자, 알파벳, 숫자등을 사용하여 도면 이름이나 도면번호, 공구규격 등의 MEMO 내용을 기록한다.

* 주역부의 예)

```
01234(MAIN GEAR BOX 00012) ;        --- 품명 및 도면번호 기록

 G40 G80 ;                              (프로그램번호 다음의 주역부는 프

 G28 G91 X0. Y0. Z0. ;                  로그램 일람표에 표시된다.)

 G90 G92 X230.245 Y209.879 Z440.002 ;

(T01 20MM END MILL)                 --- 1번 공구 직경 20mm 엔드밀(공구

 G30 G91 Z0. T01 M06 ;                  에 관한 정보를 기록)
        ↓
 M02 ;
```

주)① 주역부 안의 MEMO 내용은 알파벳의 경우 대문자를 사용해야 한다.
 ② 주역부의 괄호는 소괄호"( )"를 사용한다.
 ③ 주역부가 절삭가공 중에 긴 MEMO 내용이 있으면 처리속도 관계 때문에 머무름 현상이 발생한다. 주역부는 절삭가공 전에 지령하는 것이 좋다.

* 프로그램 예)

```
        ↓
 N10 G00 G90 X20. Y0. ;

 N20 G01 Z-30. F60 ;

 (ABCDEFG ---------------)   -- 절삭가공 중의 주역부는 좋지 않다.

 N30 X40.223 Y-12.956 ;
        ↓
```

2.4.14 보조 기능(M 기능)

어드레스 "M"과 2자리 수치로 지령하고, 기계측의 보조장치를 제어하는 기능과 프로그램을 제어하는 기능이 있다. 프로그램을 제어하는 기능으로는 M00, M01, M02, M30, M98, M99등이 있다.

(1) 보조 기능 설명

기 능	내 용	비 고
* M00	*** 프로그램 정지**(Program Stop) 　프로그램의 일단정지이며 여기까지의 모달정보는 보존(주축회전 절삭유 ON, OFF 등)된다. 자동개시를 누르면 자동운전을 재개한다.	☆
M01	*** Optional Program Stop** 　조작판의 M01 스위치(Switch)가 ON상태일 때만 정지하고 M01 스위치가 OFF일 때는 통과한다. (정지할 때는 M00 상태와 동일하다.)	☆
* M02	*** 프로그램 종료**(Program End) 　모달정보의 기능이 말소되며 프로그램이 종료된다. (파라메타를 수정하면 Cusor를 선두로 되돌리는 기능도 있다.)	☆
* M03	*** 주축 정회전**(Spindle Rotation CW) 　주축 정회전 (시계방향 회전)	☆
M04	*** 주축 역회전**(Spindle Rotation CCW) 　주축 역회전 (반시계방향 회전)	☆
* M05	*** 주축정지**(Spindle Stop)	☆
* M06	*** 공구교환**(Tool Change)	☆
* M08	*** 절삭유 토출**(Coolant ON)	☆
* M09	*** 절삭유 정지**(Coolant OFF/ Air Blast OFF)	☆
M10	* Rotary Table Clamp	
M11	* Rotary Table Unclamp	

기 능	내 용	비 고
M16	* 스핀들에 있는 공구를 매거진에 입력	
M17	* Air Blast ON	
M18	* 매거진 원점 복귀(Magazine Zero Return)	
* M19	* 주축 한 방향 정지(Spindle Orientation) 공구교환 및 고정 Cycle의 Shift 방향에 이용된다.	☆
M23	* Magazine Tool Swing Up 매거진 공구 포트 Up	
M24	* Magazine Tool Swing Down 매거진 공구 포트 Down	
M27	* Oil Mist Coolant(절삭유를 Air로 분사한다.)	
M29	* Rigid Tapping Mode	
* M30	* Program Rewind & Restart 프로그램의 종료후 선두로 되돌리는 기능과 선두에서 다시 실행하는 두가지 기능이 있다.(기계 조작설명서를 참고하여 파라메타를 수정할 수 있다.)	☆
M40	* Spindle Gear Neutral Position 스핀들 기어 중립 위치	☆
M41	* Spindle Gear Low Position 스핀들 기어 저속 위치	☆
M42	* Spindle Gear Middle Position 스핀들 기어 중속 위치	☆
M43	* Spindle Gear High Position 스핀들 기어 고속 위치	☆
M48	* Spindle Override Cancel OFF 조작판의 스핀들 Override Switch로 스핀들 속도변화 를 시킬 수 있다.	

기 능	내 용	비 고
M49	*** Spindle Override Cancel ON** 조작판의 스핀들 Override Switch로 스핀들 속도변화를 시킬 수 없다.	

* M98	*** 보조 프로그램**(Sub Program) **호출**
	 ① Fanuc 0 Serise 호출방법
	  M98 P□□□□ △△△△
	    → 보조 프로그램 번호
	    → 반복회수(생략하면 1회)
	
	 ② 0 Serise 이외의 호출방법
	  M98 P□□□□ L△△△△
	    → 반복회수(생략하면 1회)
	    → 보조 프로그램 번호
		☆

* M99	*** Main Program 호출**
	 ① 보조 프로그램의 끝을 나타내며 주 프로그램으로 되돌아 간다.
	
	 ② 분기 지령을 할 수 있다.
	  M99 P△△△△
	    → 분기 하고자 하는 시퀀스 번호
		☆

주)① 보조기능은 기계제작회사와 기계의 종류에 따라 약간씩 차이가 있으므로 기계 조작 설명서를 참고하십시오.

  ② * 표의 보조 기능들은 많이 사용하는 기능이다.

  ③ ☆ 표의 보조 기능들은 대부분의 기계에 공통으로 적용되는 기능이다.

(2) 보조 프로그램의 응용

아래 도형의 가공 프로그램을 작성한다.

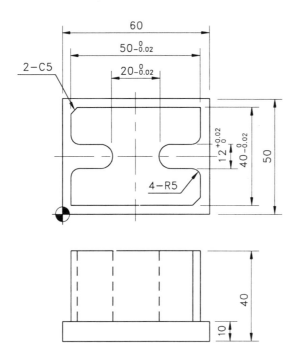

폭 12mm 를 가공하기 위하여 12mm 이하의 엔드밀을 사용해야하고, 깊이 30mm 를 1회 가공으로 절삭을 할 수 없기 때문에 3회 반복으로 가공을 해야 한다. 반복되는 형상의 프로그램을 간단하게 하기 위하여 보조 프로그램을 활용한다.

* **절삭조건**

공작물 재질 : S20C

공정	공 구 명	직경	비고
황삭	황삭엔드밀	Ø10	
정삭	롱엔드밀	Ø8	날길이 38mm

* **공구경로**

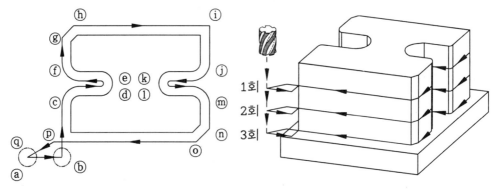

절입깊이 10mm 3회 가공

* 주 프로그램

```
01411 ;
G40 G80 ;                              (SENTROL 인 경우 공구경 보정 번호를
G30 G91 Z0. T01 M06 ;                  D01, D02를 사용한다.)
G54 G00 G90 X-7. Y-7. ;             -- ⓐ점으로 위치결정(보조 프로그램 시작
G43 Z20. H01 S1110 M03 ;               점)
Z-10. D11 F220 M08 ;               -- 황삭 1회 절입량, 공구경 보정 번호 지령
M98 P1412 ;                        -- 보조 프로그램 호출
Z-20. D11 ;                        -- 황삭 2회 절입량, 공구경 보정 번호 지령
                                       (보정번호 생략가능, 다른 공구경 보정
                                       번호가 지령되기 전까지 NC 메모리에 기
                                       억된다.)

M98 P1412 ;
Z-29.9 D11 ;                       -- 황삭 3회 절입량
M98 P1412 ;
G00 Z50. M09 ;
G49 Z400. M19 ;
G30 G91 Z0. T02 M06 ;              -- 2번 공구교환
G00 G90 X-7. Y-7. ;               -- ⓐ점으로 위치결정(보조 프로그램의 시
G43 Z20. H02 S990 M03 ;               작점)
Z-30. D12 F158 M08 ;              -- 정삭가공 절입, 정삭가공 공구경보정 번
                                       호
M98 P1412 ;                       -- 보조 프로그램 호출
G00 Z50. M09 ;
G49 Z400. M19 ;
M02 ;
```

* 보조 프로그램

```
01412(01411 SUS PROGRAM) ;         -- 보조 프로그램 번호 및 주석
N01 G90 G01 G41 X5. ;             -- 황삭과 정삭가공을 같은 보조 프로그램
N02 Y14. ;                             으로 사용하기 위하여 공구경 보정 번
                                       호는 주 프로그램에서 지령한다.
```

```
N03 G02 X10. Y19. R5. ;
N04 G01 X14. ;
N05 G03 Y31. R6. ;
N06 G01 X10. ;
N07 G02 X5. Y36. R5. ;
N08 G01 Y40. ;
N09 X10. Y45. ;
N10 X55. ;
N11 Y36. ;
N12 G02 X50. Y31. R5. ;
N13 G01 X46. ;
N14 G03 Y19. R6. ;
N15 G01 X50. ;
N16 G02 X55. Y14. R5. ;
N17 G01 Y10. ;
N18 X50. Y5. ;
N19 X-2. ;
N20 G40 X-7. Y-7. ;            -- ⓐ점으로 복귀하면서 공구경 보정 말소
N21 M99 ;                      -- 주 프로그램 호출
```

참고 24) 보조 프로그램에 관하여

보조 프로그램은 프로그램을 간단하게 하는 목적으로 사용된다. 결과적으로 보조 프로그램을 사용하지 않아도 정상적인 프로그램을 작성할 수 있다. 보조 프로그램의 활용은 반복되는 형상의 프로그램을 하나의 프로그램으로 작성하고 마지막에 M99를 지령하면 된다.

보조 프로그램의 작성에는 특별한 제한은 없고 좌표계 설정, 공구교환 등 주 프로그램에 사용하는 어떠한 지령도 할 수 있다. 보조 프로그램에서 보조 프로그램을 호출하는 다중호출 지령을 할 수 있고, 복귀하는 방법은 호출의 역순으로 보조 프로그램을 호출한 다음 블록으로 되돌아 간다. 좋은 보조 프로그램을 작성하는 것은 숙련된 프로그래머도 쉽지 않다. 반복되는 연습과 경험으로 좋은 프로그램을 작성할 수 있고 하나의 방법으로 보조 프로그램을 먼저 작성하고 주 프로그램을 작성하면 좋은 프로그램을 완성할 수 있다.

2.4.15 고정 싸이클

프로그램을 간단하게 하는 기능으로 구멍가공하는 몇개의 블록을 하나의 블록으로 프로그램을 작성할 수 있다. 고정 싸이클은 드릴, 탭, 보링기능 등이 있고, 응용하여 다른 기능으로도 사용할 수 있다. 예를 들면 보링 싸이클로 드릴작업도 가능하다.

고정 싸이클의 종류는 G73~G89까지 12 종류가 있고 G80 기능으로 고정 싸이클을 말소 시킨다.

고정 싸이클 기능을 쉽게 이해하기 위해서는 각 고정 싸이클의 공구경로를 관찰하여 이해하면 된다.

(1) 고정 싸이클 기능의 기본 동작 방법

〈그림 2—47〉과 같이 5개의 동작으로 구분하고, 동작하는 방법에 따라서 여러 종류의 고정 싸이클 기능으로 결정된다.

* 공구경로

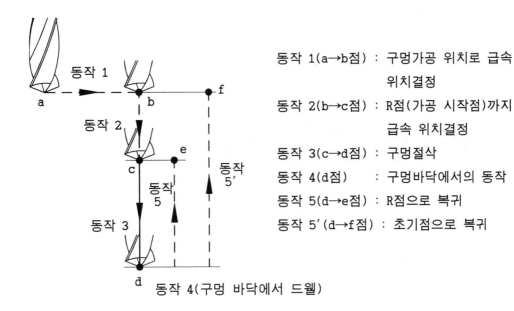

동작 1(a→b점) : 구멍가공 위치로 급속 위치결정

동작 2(b→c점) : R점(가공 시작점)까지 급속 위치결정

동작 3(c→d점) : 구멍절삭

동작 4(d점)　　 : 구멍바닥에서의 동작

동작 5(d→e점) : R점으로 복귀

동작 5′(d→f점) : 초기점으로 복귀

동작 4(구멍 바닥에서 드웰)

그림 2-47　고정 싸이클의 기본 동작

(2) 고정 싸이클의 동작

G-코드	용　도	동작 3번 (절삭방향 절입 동작)	동작 4번 (구멍 바닥에서의 동작)	동작 5번 (절삭방향 도피 동작)
G73	고속 심공드릴 싸이클	간헐 절삭이송	――	급속이송
G74	역탭핑 싸이클(왼나사)	절삭이송	주축 정회전	절삭이송
G76	정밀보링 싸이클	절삭이송	주축 정위치 정지	급속이송
G81	드릴 싸이클	절삭이송		급속이송
G82	카운트보링 싸이클	절삭이송	드웰(Dwell)	급속이송
G83	심공드릴 싸이클	간헐 절삭이송		급속이송
G84	탭핑 싸이클	절삭이송	주축 역회전	절삭이송
G85	보링 싸이클(리이머)	절삭이송		절삭이송
G86	보링 싸이클	절삭이송	주축 정지	급속이송
G87	백보링 싸이클	절삭이송	주축 정위치 정지	급속이송
G88	보링 싸이클	절삭이송	① 드웰(Dwell) ② 주축정지	급속이송,수동 개입
G89	보링 싸이클	절삭이송	드웰(Dwell)	절삭이송

(3) 고정 싸이클 기본 지령

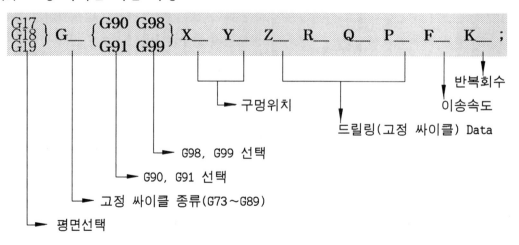

$$\left.\begin{array}{c} G17 \\ G18 \\ G19 \end{array}\right\} G\_\ \left\{\begin{array}{c} G90\ G98 \\ G91\ G99 \end{array}\right\} X\_\ Y\_\ Z\_\ R\_\ Q\_\ P\_\ F\_\ K\_\ ;$$

반복회수

이송속도

드릴링(고정 싸이클) Data

구멍위치

G98, G99 선택

G90, G91 선택

고정 싸이클 종류(G73~G89)

평면선택

* **고정 싸이클 Data**(본 교재는 G17 평면을 기준으로 설명한다.)

지령내용	어드레스	어드레스내용설명
G17,G18,G19 선택	G	평면선택 기능(G17, G18, G19) 중 하나를 선택
고정 싸이클 종류	G	고정 싸이클 일람표 참고
G90, G91 선택	G	절대, 상대지령을 선택한다. 이미 지령된 경우는 생략할 수 있다.
G98, G99 선택	G	초기점 복귀와 R점 복귀를 선택한다.
구멍위치	X, Y	구멍가공 위치를 절대, 증분지령으로 지령한다. 공구이동은 급속이송(G00)으로 이동한다.
드릴링 Data	Z	구멍가공 최종 깊이를 지령한다. R점에서 Z위치까지 절삭이송(G01) 한다. 절대지령은 공작물 좌표계 Z축 원점에서 절삭깊이가 되고, 증분지령인 경우 R점에서 절삭깊이를 지령한다.
	R	구멍가공 후 R점(구멍가공 시작점)을 지령한다. 최종 구멍가공을 종료하고 공구를 R점까지 복귀한다. 또, 초기점에서 R점(가공시작점)까지 급속이송(G00)으로 이동하는 지령이다. 절대지령은 공작물 좌표계 Z축 원점에서의 위치가 되고 증분지령인 경우 초기점에서 이동거리를 지령한다.
	Q	G73, G83기능에서 매회 절입량 또는 G76, G87기능에서 Shift량을 지령한다.(항상 증분지령으로 한다.)
	P	구멍바닥에서 드웰(정지)시간을 지령한다.
	F	구멍가공 이송속도를 지령한다.
반복회수 (0 Serise 이외의 시스템은 L 어드레스로 반복회수를 지령한다.)	K	고정 싸이클의 반복회수를 지령한다. K지령을 생략하면 K1로 지령한 것으로 간주하고 K0을 지령하면 현재 블록에서 고정 싸이클 Data 만 기억하고, 구멍작업은 다음에 구멍위치 지령이 되면 싸이클 기능을 실행한다.

(4) 초기점 복귀(G98)와 R점 복귀(G99)

고정 싸이클 기능과 같이 선택하여 지령하고 현재의 구멍가공이 끝나고 공구 도피(Z축)하는 위치를 결정하는 기능이다.

> **G98 -- 초기점 복귀;**
> **G99 -- R점 복귀**

* 공구경로

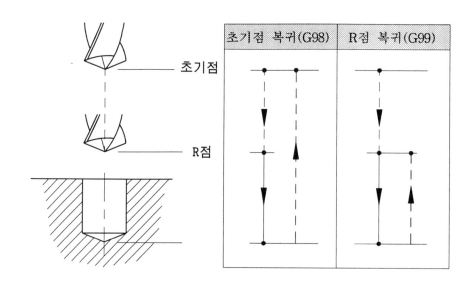

그림 2-48 초기점 복귀와 R점 복귀

① 초기점 복귀(G98)

구멍가공이 끝나면 공구 도피하는 위치가 고정 싸이클 시작하기 직전의 공구 절입 축(G17 평면에서는 Z축이 되고 G18, G19에서는 Y, X축이 된다.)의 위치로 복귀한다. 가공이 끝난 지점에서 초기점까지 복귀는 급속으로 이동한다.

② R점 복귀(G99)

구멍가공이 끝나면 공구 도피하는 위치가 고정 싸이클에 지령된 R점으로 공구절입 축(G17 평면에서는 Z축이 되고 G18, G19에서는 Y, X축이 된다.)이 지령된 위치로 복귀한다. R점은 가공 시작점도 된다. 이와 같이 R점 복귀는 두가지의 기능이 있고, R점의 기준위치는 절대지령인 경우는 공작물 좌표계 Z축의 0(Zero)가 기준이 된다. 만약 증분지령을 했을 경우는 초기점에서의 거리를 지령한다. 가공이 끝난 지점에서 R점까지 복귀는 G00을 지령하지 않아도 급속으로 이동한다.

(초기점 복귀와 R점 복귀의 예)

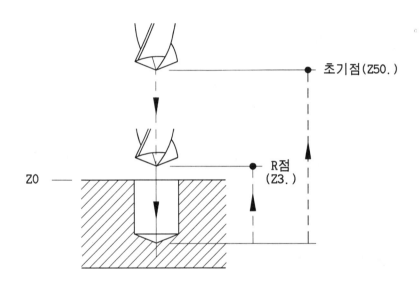

* 프로그램

```
N05 G00 G90 X0. Y0. ;
N06 G43 Z50. H01 S1200 M03 ;
N07 M08 ;
N08 G17 G81 G98 X20. Y20. Z-30. R3. F80 ;
```
-- 현재 고정 싸이클에서 초기점은 고정 싸이클 실행하기 직전의 Z축 위치이므로 N06 블록의 Z50. 이다.

〈그림 2-48〉과 같이 R점은 공작물 좌표계 Z0. 위치에서 3mm 위쪽("+" 방향)에 있기 때문에 R3. 으로 지령한다.

* 초기점 복귀와 R점 복귀 응용

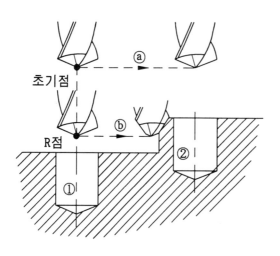

그림 2-49 초기점 복귀와 R점 복귀 예

〈그림 2-49〉에서 초기점 복귀 (G98) 지령을 하면 구멍 ①을 가공하고 초기점까지 복귀하여 ⓐ의 공구경로와 같이 정상적으로 이동하여 ②번 구멍을 가공할 수 있지만 R점 복귀를 지령하면 구멍 ①번을 가공하고 R점까지 복귀하여 ⓑ의 공구경로와 같이 공구가 파손되어 정상적인 가공을 할 수 없다. 결과적으로 초기점 복귀와 R점 복귀의 결정은 다음 구멍의 위치로 이동할 때 공구의 간섭을 피할 수 있도록 선택하여 지령한다.

(5) 고정 싸이클의 절대지령과 증분지령

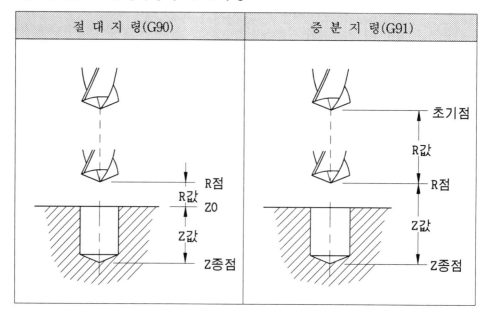

고정 싸이클 지령은 절대지령과 증분지령에 따라서 R점의 기준위치와 Z종점의 기준위치가 다르다. 위 그림에서와 같이 절대지령인 경우 R점과 Z종점의 기준점은 공작물 좌표계 Z0. 인 지점이 되고, 증분지령인 경우 초기점의 위치가 R점의 기준이 되고, 또 Z종점의 기준은 R점이 된다.

참고 25) 평면선택에서의 고정 싸이클 기능 차이

고정 싸이클에서는 일반적으로 공구길이 방향(Z축) 절삭가공을 하지만 특별한 경우에 Angle Holder를 사용하여 공작물의 측면에 고정 싸이클 작업을 할 경우가 있다. 이때 평면선택을 바꾸어서 지령한다. 평면선택 기능에 따라서 드릴링 Data가 도표와 같이 변화한다.

G 기능	드릴링 Data	
	구멍위치 축	구멍깊이 축
G17	X, Y	Z
G18	Z, X	Y
G19	Y, Z	X

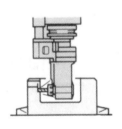

사진 2-50 Angle Holder를 사용한 가공예

(6) 고정 싸이클 기능 설명

① 드릴 싸이클(G81)

일반적인 드릴가공이나 센타드릴 가공으로 칩(Chip) 배출이 용이한 공작물의 구멍가공에 사용된다.

※ 고정 싸이클 기능이 평면선택 기능에 따라 변화하지만 본 교재에서는 G17 평면에 대하여 설명하고 G18, G19 평면에 대하여는 평면선택 기능에서 설명한다.

* 지령방법   G81 $\left\{ \begin{matrix} G90\ G98 \\ G91\ G99 \end{matrix} \right\}$ X__ Y__ Z__ R__ F__ K__ ;

* 지령 워드의 의미

    X, Y : 구멍 가공의 위치

    Z : 구멍 가공의 깊이

    R : R점의 좌표를 지령한다.

    F : 이송속도

    K : 반복회수 지령

* 공구경로

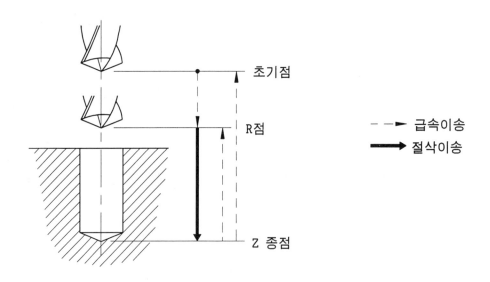

그림 2-51 드릴 싸이클 공구경로

* 아래 도형의 드릴 고정 싸이클(G81 기능) 프로그램과 G01 기능을 사용한 프로그램의 차이점을 비교한다.

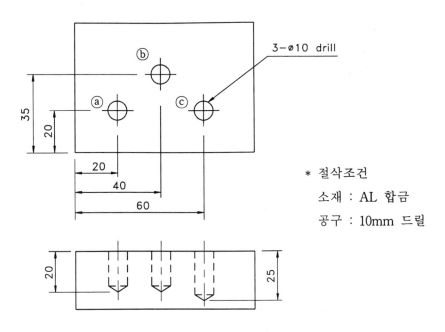

* 절삭조건
  소재 : AL 합금
  공구 : 10mm 드릴

* **G01 기능을 사용한 프로그램**

```
      ↓
G00 G90 X20. Y20. ;              -- ⓐ점 위치결정
G43 Z20. H01 S2390 M03 ;
Z3. M08 ;
G01 Z-20. F478 ;                 -- 드릴구멍 절삭
G00 Z3. ;                        -- Z축 도피
X40. Y35. ;                      -- ⓑ점 위치결정
G01 Z-20. ;                      -- 드릴구멍 절삭
G00 Z3. ;                        -- Z축 도피
X60. Y20. ;                      -- ⓒ점 위치결정
G01 Z-25. ;                      -- 드릴구멍 절삭
G00 Z20. M09 ;                   -- Z축 도피
      ↓
```

＊ 고정 싸이클을 사용한 프로그램

```
        ↓
    G00 G90 X20. Y20. ;            -- ⓐ점 위치결정
    G43 Z20. H01 S2390 M03 ;
    G81 G99 Z-20. R3. F478 M08 ; -- ⓐ점 드릴구멍 절삭 깊이 20mm R점 3mm
    X40. Y35. ;                    -- ⓑ점 드릴구멍 절삭 깊이 20mm R점 3mm
                                      (고정 싸이클 기능은 모달 지령으로 G90,
                                      G91, G98, G99, X, Y, Z, R, Q, P 지령은
                                      생략하면 현재 블록 직전의 조건으로 실
                                      행된다.)
    G98 X60. Y20. Z-25. ;          -- ⓒ점 드릴구멍 절삭 깊이 25mm 가공 종료
                                      후 초기점 복귀
    G80 M09 ;                      -- 고정 싸이클 말소
        ↓
```

위와 같이 프로그램을 간단하게 하는 목적으로 고정 싸이클 프로그램을 사용한
다.

② 카운트 보링 싸이클(G82)

구멍 바닥면을 좋게 하기 위하여 구멍 바닥에서 드웰(Dwell : 일정 시간 동안
프로그램 진행을 정지시킨다.) 지령할 수 있다. 카운트 보링이나 카운트 씽킹 작
업등 구멍 바닥면을 좋게 하는 기능이다.

＊ 지령방법 $G82 \begin{Bmatrix} G90 \ G98 \\ G91 \ G99 \end{Bmatrix} X\_ \ Y\_ \ Z\_ \ R\_ \ P\_ \ F\_ \ K\_ \ ;$

＊ 지령 워드의 의미

X, Y : 구멍 가공의 위치

Z : 구멍 가공의 깊이

R : R점의 좌표를 지령한다

P : 드웰 지령(지정 시간만큼 구멍가공 종점에서 프로그램의 진행을 정지시킨
　　다. G04 기능과 지령방법이 같고, 주축과 절삭유등 보조기능은 정상적으

로 작동된다. P지령을 생략하면 G81 기능과 같다.)

지령 예)

    G82 G90 G98 X20. Y15.5 Z-10. R3. P1000 F80 ;

                         1초 드웰지령(P 지령에는 소숫
                         점을 사용할 수 없다.)

  F : 이송속도

  K : 반복회수 지령

* 공구경로

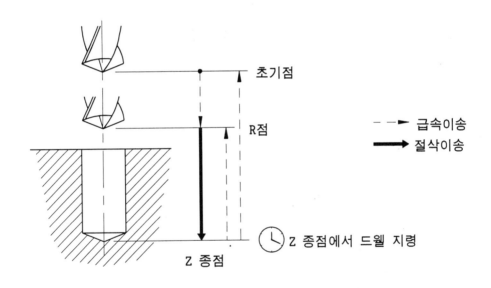

그림 2-52 카운트 보링 싸이클 공구경로

③ **고속 심공드릴 싸이클(G73)**

    드릴 직경의 3배 이상인 깊은 구멍을 롱칩(Long Chip)이 발생하지 않도록 가
공하는 기능이다. 〈그림 2-53〉의 "q"량 만큼 1회 절입하고 "d"량 만큼 후퇴를
반복하면서 Z 종점까지 이동하고 공구가 도피한다.

* 지령방법   G73 $\begin{Bmatrix} \text{G90 G98} \\ \text{G91 G99} \end{Bmatrix}$ X_ Y_ Z_ R_ Q q F_ K_ ;

* 공구경로

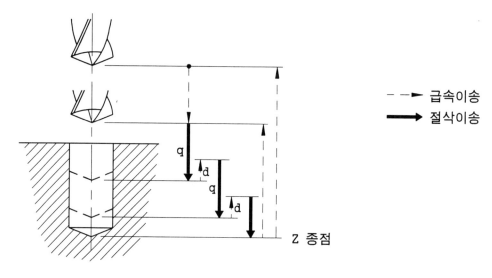

그림 2-53 고속 심공드릴 싸이클 공구경로

* 지령 워드의 의미

 X, Y : 구멍 가공의 위치

 Z : 구멍 가공의 깊이

 R : R점의 좌표를 지령한다.

 Q : 매회 절입량(Q지령을 생략하면 R점에서 Z점까지 연속 가공하는 G81 기능
 과 같이 동작한다.)

 ("d" 값은 후퇴량을 나타내고 파라메타에 설정하여 사용한다. 절삭조건에
 따라서 작업자가 수정할 수 있다.)

 F : 이송속도

 K : 반복회수 지령

④ 심공드릴 싸이클(G83)

 직경이 작고 깊은구멍을 가공할 때 칩(Chip) 배출이 원활하지 않고 절삭공구
의 선단까지 절삭유의 투입이 쉽지 않다. 이때 칩 배출을 좋게하기 위하여 〈그
림 2-54〉의 "q"량 만큼 1회 절입하고 "R"점까지 복귀하여 복귀하기 직전의 위치
에서 "d"값 만큼 위쪽까지 급속이동하고 다시 "q"량 만큼 절삭하는 동작을 "Z"

점까지 반복하고 공구가 도피하는 기능이다. 특히 작고 깊은 드릴 가공이나 난삭재 가공에 좋은 기능이다.

* **지령방법** $G83 \begin{Bmatrix} G90\ G98 \\ G91\ G99 \end{Bmatrix} X\_\ Y\_\ Z\_\ R\_\ Q\,q\ F\_\ K\_\ ;$

* **지령 워드의 의미**

    X, Y : 구멍 가공의 위치

    Z : 구멍 가공의 깊이

    R : R점의 좌표를 지령한다

    Q : 매회 절입량(Q지령을 생략하면 R점에서 Z점까지 연속 가공하는 G81 기능과 같이 동작한다.)

    ("d" 값은 후퇴량을 나타내고 파라메타에 설정하여 사용한다. 절삭조건에 따라서 작업자가 수정할 수 있다.)

    F : 이송속도

    K : 반복회수 지령

* **공구경로**

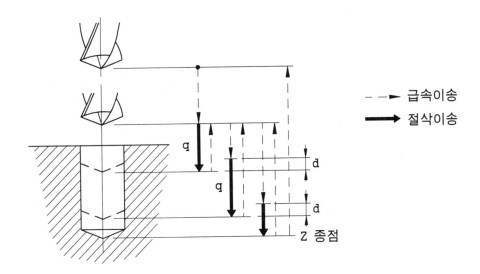

그림 2-54   심공드릴 싸이클 공구경로

(드릴 고정 싸이클 예제 1)

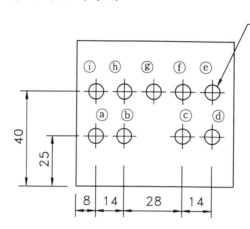

10-∅8 drill
Deep 20

* 절삭조건

　　소재 : S45C

　　공구 : 8mm 드릴

* 프로그램

```
      ↓
G00 G90 X8. Y25. ;                    -- ⓐ점 구멍 위치결정

G43 Z20. H01 S990 M03 ;

G73 G99 Z-20. R3. Q2000 F118 M08 ; -- ⓐ점 구멍 절삭

X22. ;                                -- ⓑ점 구멍 절삭

X50. ;                                -- ⓒ점 구멍 절삭

X64. ;                                -- ⓓ점 구멍 절삭

Y40. ;                                -- ⓔ점 구멍 절삭

G91 X-14. K4 ;                        -- ⓕ점부터 ⓘ점까지 구멍절삭(등간격
                                         이므로 상대지령으로 반복회수 지령)

G00 Z20. M09 ;                        -- 고정 싸이클 말소(G00 기능은 G80
      ↓                                  기능을 포함하고 있다.)
```

⑤ 탭핑(Tapping) 싸이클(G84)

　　오른나사 탭(Tap) 공구를 이용하여 탭 가공을 한다. 주축이 정회전(M03)하여 Z점까지 탭 가공을 하고 역회전(M04) 하면서 공구가 R점까지 복귀하고, 다시 주축이 정회전(M03) 한다.

* 지령방법　　$G84 \begin{Bmatrix} G90 & G98 \\ G91 & G99 \end{Bmatrix} X\_ Y\_ Z\_ R\_ F\_ K\_ ;$

* **지령 워드의 의미**

    X, Y : 탭 가공의 위치

    Z : 탭 가공의 깊이

    R : R점의 좌표를 지령한다.

    F : 탭 가공 이송속도

    【탭 가공의 이송속도 계산 방법】

$$F = n \times f$$

F	탭 가공 이송속도(mm/min)
n	주축 회전수(rpm)
f	탭 피치(mm)

   ※ **탭 가공의 이송속도 계산 예**

   M10×P1.5의 탭 가공을 회전수 400으로 가공할 때 이송속도는 다음과 같다.

   F = 400×1.5 = 600 이므로

   프로그램은 G84 G90 G99 X30. Y30. Z-22. R5. **F600** ; 이 된다.

    K : 반복회수 지령

* **공구경로**

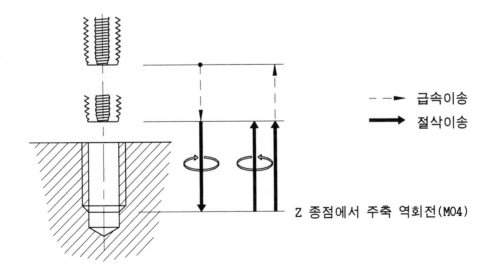

- - ► 급속이송

━► 절삭이송

Z 종점에서 주축 역회전(M04)

그림 2-55 탭핑 싸이클 공구경로

주) 탭 가공시 이송정지(Feed Hold) 버튼을 ON 했을 경우 현재 실행중인 블록의 탭 가공을 종료하고 정지한다. 만약 이송정지(Feed Hold) 버튼을 ON 했을 때 Z축의 이송이 정지된다면 탭이 파손되기 때문이다.

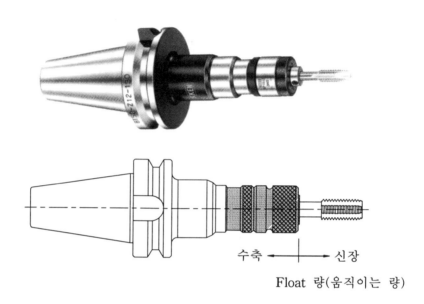

수축 ←————→ 신장

Float 량(움직이는 량)

사진 2-56 탭 홀더

참고 26) Rigid Tapping에 관하여

탭 가공의 이송은 탭이 회전하면 **회전수×피치**만큼 이동한다. 머시닝센타에서 탭 가공을 하면 먼저 주축이 회전하고 회전수와 탭의 피치를 환산한 이송속도로 탭 가공을 하고, 탭 가공이 끝나는 지점에 축이송이 완료되면 주축이 정지 하지만 관성에 의해서 주축이 정확하게 축이송이 끝나는 지점과 같아질 수 없다. 이 때문에 탭은 파손되고 공작물은 불량이 된다. 이와 같은 문제점을 해결하기 위하여 탭 홀더(Tap Holder)를 사용하여 탭 가공을 하게 된다.

탭 홀더는 홀더 본체부와 콜렛부분이 움직일 수 있도록 고안된 특수 공구이다. 〈사진 2-56〉과 같이 움직이는 부분이 있기 때문에 주축이 관성때문에 바로 정지하지 않고 회전한 만큼 콜렛부분이 이동하여 탭 파손을 막아준다.

Rigid Tapping 기능은 탭 홀더를 사용하지 않고 탭 가공을 할 수 있도록 주축 회전과 축의 이송을 동기 이동시켜 고속으로 탭 가공을 한다.

⑥ 왼나사 탭핑(Tapping) 싸이클(G74)

왼나사 탭(Tap) 공구를 이용하여 탭 가공을 한다. 주축이 역회전(M04)하여 Z 점까지 탭 가공을 하고 정회전(M03) 하면서 공구가 R점까지 복귀하고, 다시 주축이 역회전(M04) 한다.

* 지령방법
$$G74 \begin{Bmatrix} G90 \ G98 \\ G91 \ G99 \end{Bmatrix} X\_\_ \ Y\_\_ \ Z\_\_ \ R\_\_ \ F\_\_ \ K\_\_ \ ;$$

* 공구경로

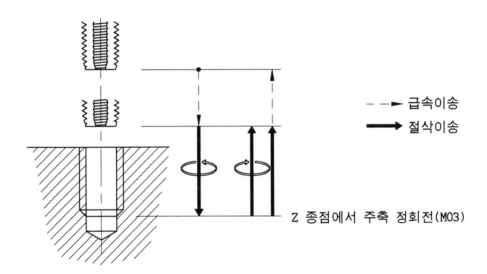

그림 2-57 왼나사 탭핑 싸이클 공구경로

* 지령 워드의 의미

X, Y : 탭 가공의 위치

Z : 탭 가공의 깊이

R : R점의 좌표를 지령한다.

F : 탭 가공 이송속도(G84 기능과 같다.)

K : 반복회수 지령

⑦ 정밀 보링 싸이클(G76)

정밀 보링(Fine Boring) 기능은 Z축 종점에 도달하면 주축 한 방향 정지(M19 : Spindle Orientation Stop) 후 〈그림 2-58〉의 "q"와 같이 보링 바이트 반대 방향으로 Shift 하여 Z 축으로 복귀하는 기능으로 특히 정밀도가 필요한 가공에 사용한다.

* 지령방법
$$ G76 \begin{Bmatrix} G90 & G98 \\ G91 & G99 \end{Bmatrix} X\_ \ Y\_ \ Z\_ \ R\_ \ Q\,q \ F\_ \ K\_ \ ; $$

* 지령 워드의 의미

X, Y : 보링 가공의 위치

Z : 보링 가공의 깊이

R : R점의 좌표를 지령한다.

Q : Shift 량(Z 종점까지 보링 가공과 주축 한 방향 정지 후 Z축 복귀하기전 보링 바이트 반대 방향으로 Shift 량 설정한다. 어떤 축이 Shift 하는지 파라메타에 설정한다. Q지령을 생략하면 Shift 동작을 하지 않는다.)

F : 이송속도

K : 반복회수 지령

* 공구경로

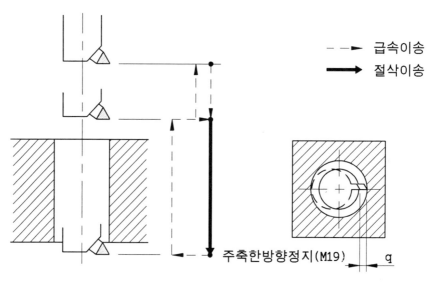

그림 2-58 정밀 보링 싸이클 공구경로

⑧ 보링 싸이클(G85)

    일반적인 보링 기능과 달리 절입할 때와 복귀할 때 절삭가공으로 동작한다. 보통 리이머(Reamer) 가공 기능으로 많이 사용한다.

* **지령방법**
$$G85 \begin{Bmatrix} G90 & G98 \\ G91 & G99 \end{Bmatrix} X\_\ Y\_\ Z\_\ R\_\ F\_\ K\_\ ;$$

* **지령 워드의 의미**

    X, Y : 보링 가공의 위치

    Z : 보링 가공의 깊이

    R : R점의 좌표를 지령한다.

    F : 이송속도

    K : 반복회수 지령

* **공구경로**

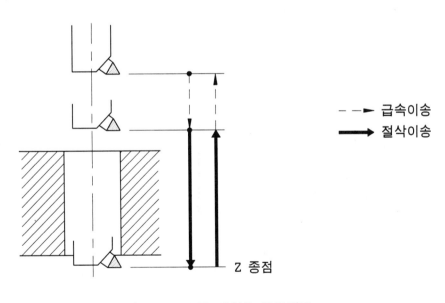

급속이송

절삭이송

Z 종점

그림 2-59 보링 싸이클 공구경로

⑨ 보링 싸이클(G86)

    일반적인 보링 싸이클 기능으로 Z축 종점에 도달하고, 주축정지(M05) 후 급속으로 복귀하는 기능으로 황삭보링 기능으로 사용한다.

* **지령방법**　　$G86 \left\{ \begin{array}{cc} G90 & G98 \\ G91 & G99 \end{array} \right\}$ X__ Y__ Z__ R__ F__ K__ ;

* **지령 워드의 의미**

X, Y : 보링 가공의 위치

Z : 보링 가공의 깊이

R : R점의 좌표를 지령한다.

F : 이송속도

K : 반복회수 지령

* **공구경로**

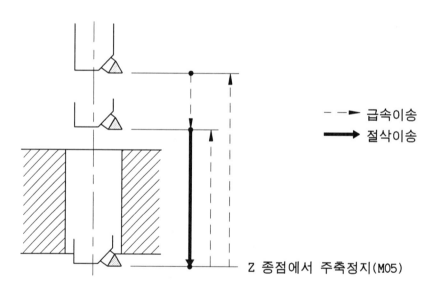

Z 종점에서 주축정지(M05)

－－→ 급속이송

━━➤ 절삭이송

그림 2-60 보링 싸이클 공구경로

⑩ **백 보링 싸이클(G87)**

일반 보링 싸이클과는 달리 반대쪽을 보링하는 기능이다. 〈그림 2-61〉에서 공구가 아랫면을 보링하기 위해서 공구가 회전하는 상태에서 이동하면 공구가파손된다. 이와 같은 공구파손을 방지하기 위하여 주축 한 방향 정지상태에서 Q량

만큼 보링날 반대방향으로 이동하고 R점까지 급속 이송한다. R점에서 보링 중심위치로 이동한 후 주축 정회전 하면서 Z축 이동종점까지 절삭가공을 하고, 다시 주축 한 방향 정지 후 Q량 만큼 이동하여 초기점까지 복귀하고 공구중심으로 이동하여 주축 정회전 하는 기능이다.

* **지령방법**　$G87 \begin{Bmatrix} G90 & G98 \\ G91 & G99 \end{Bmatrix} X\_\ Y\_\ Z\_\ R\_\ Qq\ F\_\ K\_\ ;$

* **지령 워드의 의미**

   X, Y : 보링 가공의 위치

   Z : 보링 가공의 깊이

   R : R점의 좌표를 지령한다.

   Q : Shift 량(Z 종점까지 보링가공과 주축 한 방향 정지후 Z축 복귀하기 전 보링 바이트 반대 방향으로 Shift 량 설정한다. 어떤 축이 Shift 하는지 파라메타에 설정한다.)

   F : 이송속도

   K : 반복회수 지령

* **공구경로**

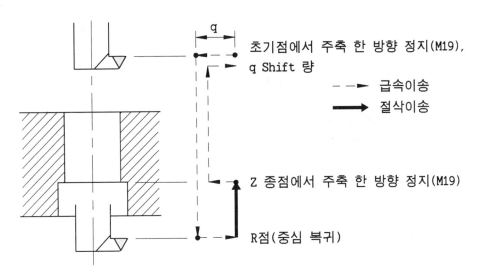

   그림 2-61 백 보링 싸이클 공구경로

⑪ 보링 싸이클(G88)

Z축 보링종점까지 절삭 후 핸들(또는 수동)을 이용하여 이동을 개입할 수 있다. 보링길이가 일정하지 않은 경우 임의 지점까지 자동 절삭하고 눈으로 확인하면서 깊이를 절삭하고 임의의 위치에서 자동개시를 실행하면 정상적으로 복귀하는 기능이다. 일반적으로 대형 보링기계에서 많이 사용한다.

* 지령방법 $G88 \begin{Bmatrix} G90 \ G98 \\ G91 \ G99 \end{Bmatrix} X\_\ Y\_\ Z\_\ R\_\ P\_\ F\_\ K\_ \ ;$

* 공구경로

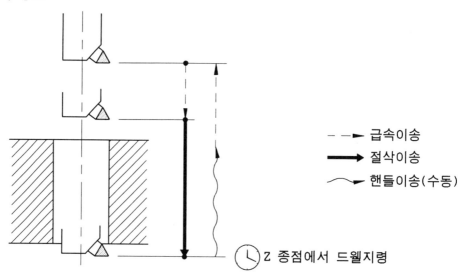

급속이송 · · · · ▶
절삭이송 ───▶
핸들이송(수동)
Z 종점에서 드웰지령

그림 2-62 보링 싸이클 공구경로

* **지령 워드의 의미**

X, Y : 보링 가공의 위치

Z : 보링 가공의 깊이

R : R점의 좌표를 지령한다

P : 드웰지령(지정 시간만큼 구멍가공 종점에서 프로그램의 진행을 정지시킨다. G04 지령과 지령방법이 같고, 주축과 절삭유등 보조기능은 정상적으로 작동된다.)

F : 이송속도

K : 반복회수 지령

⑫ **보링 싸이클(G89)**

G85 보링 싸이클에 드웰지령이 추가된 기능이다.

* **지령방법** $G89 \begin{Bmatrix} G90 \ G98 \\ G91 \ G99 \end{Bmatrix} X\_ \ Y\_ \ Z\_ \ R\_ \ P\_ \ F\_ \ K\_ \ ;$

* **공구경로**

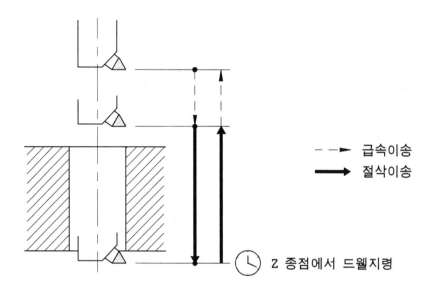

- - -▶ 급속이송
━━▶ 절삭이송

🕐 Z 종점에서 드웰지령

그림 2-63 보링 싸이클 공구경로

* **지령 워드의 의미**

X, Y : 보링 가공의 위치

Z : 보링 가공의 깊이

R : R점의 좌표를 지령한다.

P : 드웰 지령(지정 시간만큼 구멍가공 종점에서 프로그램의 진행을 정지 시킨다. G04 지령과 지령 방법이 같고, 주축과 절삭유등 보조기능은 정상적으로 작동된다.)

F : 이송속도

K : 반복회수 지령

⑬ 고정 싸이클 말소(G80)

고정 싸이클 기능을 말소(무시)시킨다. 고정 싸이클 기능은 모달지령으로 싸이클 실행 후 구멍의 위치(G17평면인 경우 X, Y)만 지령하면 구멍가공을 하게 되는데 현재 기억된 고정 싸이클 Data를 무시시키는 기능이다. 또, "01" 그룹의 G-코드(G00, G01, G02, G03, G33)를 지령하여 고정 싸이클 기능을 말소시킬 수 있다.

고정 싸이클 말소 지령의 예)

```
G81 G90 G99 X20. Y15. Z-20. R3. F80 M08 ;  -- 고정 싸이클 지령
X40. ;
X60. Y50. ;
G80 G00 X0. Y0. ;   -- G80 기능을 생략해도 G00 지령이 있기 때문에 정상
                       적으로 고정 싸이클을 말소시킨다.
```

※ 고정 싸이클 기능을 말소하지 않은 상태에서 X. Y지령이 있으면 고정 싸이클을 실행한다.

참고 27) 공작물 표면과 절삭공구의 근접 여유

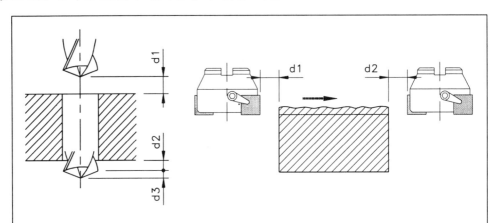

공 정 명	d1		d2		d3
	흑피상태	백피상태	흑피상태	백피상태	
드릴(센타드릴)	5	3	4	2	0.3×공구직경
보 링	5	3	4	2	
탭	6~7	5	5	3	불완전 나사부
페이스 커터	5	3	5	2	

2.4.16 평면선택 기능(G17, G18, G19)

기본 세축(X, Y, Z축)제어 CNC 장치에서 어떠한 기능이 두축에만 관계가 있다면 관계있는 두축을 선택해야 한다. 예를 들면 원호보간에서 평면선택 기능은 X, Y, Z 세축 중 어떤 두축이 원호보간 하는지를 결정하는 역할을 한다. 〈그림 2-64〉은 평면선택에 따른 원호보간 두축을 보여 준다. 결과적으로 평면선택을 해야 하는 기능으로 **원호보간, 공구경 보정, 공구길이 보정, 고정 싸이클, 좌표회전** 등에 평면선택 기능이 연관되어 있다.

* **평면선택의 기본 축**

G-코드	기본 두축
G17 평면	X - Y
G18 평면	Z - X
G19 평면	Y - Z

* **지령방법**
$$\left.\begin{array}{l} \text{G17} \\ \text{G18} \\ \text{G19} \end{array}\right\} \text{좌표지령}$$

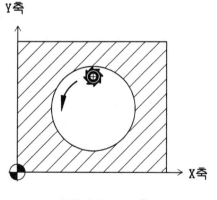

G17 평면에서 X, Y축
원호보간

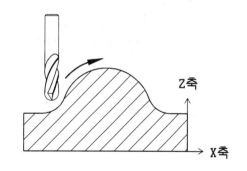

G18 평면에서 Z, X축
원호보간

그림 2-64 평면선택 기능과 원호보간

※ 공구길이 보정은 G17 평면에서는 Z측에 길이 보정이 되고, G18 평면에서는 Y측에 길이 보정이 된다. 고정 싸이클 기능은 G17 평면에서 Z측이 구멍깊이가 되고, G18 평면에서는 Y측이 구멍깊이 지령이 된다. (공구길이 보정과 고정 싸이클 기능에서 G18, G19 기능은 Angle holder 등 특수공구를 사용할 때 이용된다.)

주) 현장에서 사용하는 프로그램의 대부분이 평면선택 기능을 사용하지 않는다. 왜냐 하면 X, Y 평면에서 가공은 G17 평면을 프로그램 선두에 지령해야 하지만, 전원을 투입하면 자동적으로 G17 기능이 설정되어 있기 때문에 생략하는 것이다. 하지만 프로그램 도중에 평면선택 변환 지령이 있을 경우는 생략하면 안된다.

참고 28) PLC에 관하여

PLC는 Programmable Logic Control의 약자이다.

CNC는 기본적으로 축을 제어(위치결정, 절삭이송)하지만 CNC 장치에 내장되어 있는 PLC는 기계 동작을 NC부와 분담하여 제어한다. PLC는 실행 조건이나 들어오는 입력신호를 참조하여 미리 기계 동작을 제어하기 위해 만들어진 시퀀스 프로그램(Sequence Program)을 그 순서대로 실행하면서 필요할 때 필요한 신호를 출력하여 기계를 제어한다. PLC에 입력되는 신호에는 NC 쪽에서 출력되는 T-코드나 M-코드 지령, 기계 조작판넬과 기계 측에서 입력되는 스위치의 신호등이 있다.

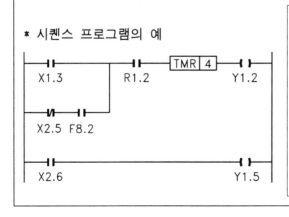

* 시퀀스 프로그램의 예

* PLC 제어
  가공물 조임, 풀림
  주축 정회전, 역회전, 정지
  공구교환
  절삭유 공급, 정지
  칩컨베어 동작, 정지
  램프 점등, 소등
  경보 출력 등

2.4.17 측정 기능

측정장치를 부착하여 공작물의 측정이나 공구의 길이 보정 등을 자동적으로 하는 옵션(Option) 기능이다.

(1) Skip 기능(G31)

Skip 기능 실행중 외부에서 Skip 신호가 입력되면 이동을 중지하고 다음 블록을 실행한다.(Skip 신호가 없으면 종점까지 이동한다.) 단, 이동시 G01 기능과 같이 직선보간을 하고, 일반적으로 측정장치를 부착한 NC 연삭기에 많이 사용하는 기능이다.

* 지령방법 $G31 \begin{cases} G90 \\ G91 \end{cases} X\_\ \ \ Y\_\ \ \ Z\_\ \ \ F\_\ \ ;$

* 공구경로

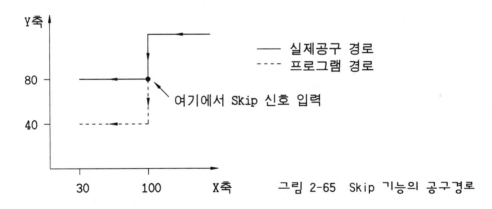

그림 2-65 Skip 기능의 공구경로

* 지령 워드의 의미

X, Y, Z : 절삭가공 위치 또는 측정 위치

F : 이송속도

* Skip 기능 프로그램 예

```
N10 G01 X100. F150 ;
N11 G31 Y40. ;        -- Y40. 위치까지 이동하는 도중에 외부에서 Skip
N12 G00 X30. ;           신호가 들어오면 나머지 이동량을 무시하고 다음
                         블록으로 이동한다.(G01 기능 포함한다.)
```

2.4.18 기타 옵션(Option) 기능

프로그램을 간단하게 작성할 수 있는 기능으로 반드시 기계 구입전에 기능을 추가할 것인지를 결정해야 한다. 옵션 결정의 첫째 조건은 다품종 소량생산을 하는지 소품종 대량생산을 하는지를 생각할 수 있다. 만약 중소업체에서 다품종의 금형을 가공한다면 프로그램을 간단하게 할 수 있는 옵션 기능의 구입을 권장한다.

(1) 극좌표 지령(G15, G16)

원주상에 있는 좌표점을 삼각함수를 이용하여 수동으로 계산하는 번거로움을 원호반경과 각도를 지령하여 자동으로 원주상의 좌표를 계산하게 하는 기능이다. 하지만 극좌표지령 기능은 좌표점 계산 기능이므로 고정 싸이클 등과 같이 지령하여 사용한다.

* 지령방법

> G15 ; -- 극좌표 지령 무시
>
> G17
> G18 } G16 X____ Y____ ;
> G19

* 지령 워드의 의미

X : 극좌표 지령의 원호 반경

Y : 각도 지령(극좌표 위치의 각도를 지령한다. 각도의 기준은 3시 방향이 0°이고, 반시계 방향이 "+" 시계 방향이 "-"값 이다.)

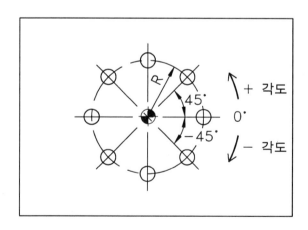

그림 2-67 극좌표 지령의 원호반경과 각도

① 극좌표 지령과 평면선택 기능

G - 코드	원호반경	각도
G17 평면	X	Y
G18 평면	Z	X
G19 평면	Y	Z

② 원호반경 지령이 절대지령(G90)인 경우

　　공작물 좌표계의 원점이나 로칼 좌표계의 원점이 극좌표 지령의 중심이 된다. 필요한 경우 공작물 좌표계(로칼 좌표계) 원점을 이동시키고 극좌표 지령을 해야 한다.

(극좌표 지령 프로그램 예제 1)

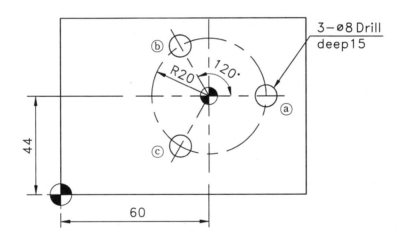

* 프로그램

```
01711 ;
N01 G40 G80 ;
N02 G28 G91 X0. Y0. Z0. ;
N03 G92 G90 X220.657 Y183.003 Z446.382 ;
    ⋮
N60 G52 X60. Y44. ;                    -- 로칼 좌표계 설정(X60. Y44.
                                          지점이 로칼 좌표계 원점이
                                          된다.)
```

```
N61 G16 G17 ;                            -- G17 평면에서 극좌표 지령
N62 G81 G90 G99 X20. Y0. Z-15. R3. F50 ; -- ⓐ지점으로 이동하여 고정 싸
                                            이클  가공한다.(X20. 극좌표
                                            반경, Y0. 극좌표 각도)
N63 Y120. ;                              -- ⓑ 위치에서 구멍가공
N64 Y240. ;                              -- ⓒ 위치에서 구멍가공
N65 G15 G00 Z50. M09 ;                   -- 극좌표 지령 무시, G00으로
                                            고정 싸이클 무시
N66 G52 X0. Y0. ;                        -- 로칼 좌표계 무시
N67 G00 X0. Y0. ;
N68 G49 Z400. M19 ;
N69 M02 ;
```

위 프로그램에서 N62 블록을 상세히 설명하면 일반적인 드릴 고정 싸이클 지령 같지만 N61 블록에 극좌표 지령이 되어 있으므로 N62 블록의 X20.과 Y0.이 극좌표 지령의 원호반경과 각도 지령이 된다. N63, N64 블록은 각도 지령이고, N67의 G00 X0. Y0. 지령은 N66에서 극좌표 지령을 무시했기 때문에 X, Y위치 지령이 된다.

③ 원호반경 지령이 증분지령(G91)인 경우

현재 위치가 극좌표 지령의 중심이 된다. 정상적인 가공을 하기 위해서는 극좌표의 중심 위치까지 공구를 이동시킨 후 극좌표 지령을 해야 한다.

＊ 프로그램

```
        ↓
N60 G90 G00 X60. Y44. Z10. ;                -- 극좌표 중심위치로 공구이동
N61 G16 G17 ;                               -- G17 평면에서 극좌표 지령
N62 G81 G91 G99 X20. Y0. Z-22. R-7. F50 ; -- ⓐ 지점으로 이동하여 고정
                                               싸이클 가공한다.
N63 Y120. ;                                 -- ⓑ 위치에서 구멍가공
N64 Y120. ;                                 -- ⓒ 위치에서 구멍가공
N65 G15 G00 Z50. M09 ;                      -- 극좌표 지령 무시
        ↓
```

(극좌표 지령의 응용 프로그램 예제 2)

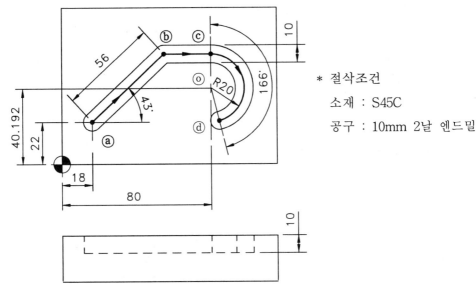

* 절삭조건
  소재 : S45C
  공구 : 10mm 2날 엔드밀

* 프로그램

```
G00 G90 Z20. ;
G52 X18. Y22. ;            -- 로칼 좌표계 설정(X18. Y22. 지점이 로칼 좌표계 원점이 된다. )
G00 X0. Y0. ;             -- 로칼 좌표계 원점으로 급속위치 결정(ⓐ점)
G16 ;                     -- 극좌표 지령
G01 Z-10. F25 M08 ;       -- Z축 절입
X56. Y43. F88 ;           -- ⓑ점으로 직선절삭(극좌표 지령 상태이므로 X56.은 직선 ⓐ,ⓑ
                             의 길이를 반경값으로 지령하고, Y43.은 각도를 의미한다.)
G15 ;                     -- 극좌표 지령 무시
G52 X0. Y0. ;             -- 로칼 좌표계 무시
G01 X80. ;               -- ⓒ점으로 직선절삭
G52 X80. Y40.192 ;       -- Ⓞ점에 로칼 좌표계 설정
G16 ;                     -- 극좌표 지령
G02 X20. Y-76. R20. ; -- ⓓ점으로 원호절삭(극좌표 지령 상태이므로 X20.은 원호의 반
                             경 값으로 지령하고, Y-76.은 각도를 의미한다.)
G15 ;                     -- 극좌표 지령 무시
G52 X0. Y0. ;             -- 로칼 좌표계 무시
G00 Z20. ;
```

(2) 스켈링(Scaling) 기능(G50, G51)

동일형상의 가공이 반복될 경우 형상의 크기를 확대 축소하여 프로그램 하는 기능으로 전체 배율을 지령할 수 있고, 각축의 배율을 다르게 지령하여 다양하게 응용할 수 있다. FANUC 0M Serise 에서는 미러 이미지(Mirror Image) 기능과 같은 코드로 지령한다.

* 지령방법

> **G50 ; -- 스켈링 지령 무시**
>
> **G51 X__ Y__ Z__** $\begin{cases} P\_ \; ; \\ I\_ \; J\_ \; K\_ \; ; \end{cases}$

* 지령 워드의 의미

X, Y, Z : 스켈링 지령의 중심좌표를 절대지령으로 한다.(X, Y, Z 지령을 생략한 경우 G51을 지령한 지점이 스켈링 중심점이 된다.)

P : 스켈링 배율지령(2배 확대지령=P2000, 0.5배 축소지령=P500으로 지령한다. P를 생략한 경우 파라메타에 설정된 값으로 된다.)

I, J, K : 각축 스켈링 배율지령(I=X축, J=Y축, K=Z축 배율을 지령한다. 각축 스켈링 배율이 다른 경우 사용하고 소수점을 사용할 수 있다.)

(스켈링 프로그램 예제 1)

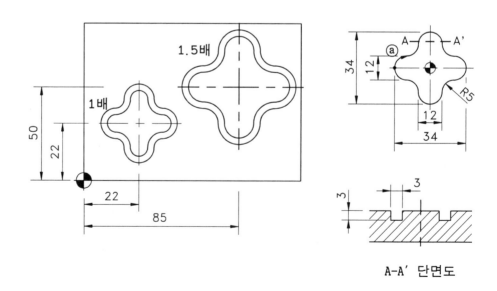

A-A' 단면도

* 주 프로그램

```
        ↓
    G00 G90 X0. Y0. ;
    Z2. ;
    G52 X22. Y22. ;              -- 로칼 좌표계 설정
    G51 X0. Y0. P1000 ;          -- 스켈링 지령(배율 1배)
    M98 P1752 ;                  -- 보조 프로그램 호출(M98기능 참고)
    Z2.
    G52 X85. Y50. ;              -- 로칼 좌표계 설정
    G51 X0. Y0. P1500 ;          -- 스켈링 지령(배율 1.5배)
    M98 P1752 ;                  -- 보조 프로그램 호출
    G50 ;                        -- 스켈링 지령 무시
    G52 X0. Y0. ;                -- 로칼 좌표계 무시
        ↓
```

* 보조 프로그램

```
    01752(SUB PROGRAM) ;         -- 보조 프로그램(원본 형상)
    G90 G00 X-17. Y0. ;          -- ⓐ점(시작점)
    G01 Z-3. F20 ;
    G02 X-11. Y6. R6. F110 ;
    G03 X-6. Y11. R5. ;
    G02 X6. R6. ;
    G03 X11. Y6. R5. ;
    G02 Y-6. R6. ;
    G03 X6. Y-11. R5. ;
    G02 X-6. R6. ;
    G03 X-11. Y-6. R5. ;
    G02 X-17. Y0. R6. ;
    G00 Z2. ;
    M99 ;                        -- 주 프로그램 호출
```

주) 공구경 보정, 공구길이 보정 및 공구위치 보정 기능은 스켈링이 적용되지 않
   는다.

(3) 미러 이미지(Mirror Image) 기능(G50, G51)

같은 형상이 X, Y 또는 Z축과 대칭으로 가공형상이 있는 경우 원본형상 하나만 프로그램을 작성하고 미러 이미지 기능을 지령하여 임의의 축과 대칭인 형상을 가공한다. 스켈링 기능과 같이 지령하여 확대 축소를 하면서 대칭형상을 쉽게 가공할 수 있다. 다품종 소량생산을 하는 금형업체에서 많이 활용할 수 있는 기능이다.

* 지령방법

G50 ; -- 미러 이미지 무시
G51 X__ Y__ Z__ I__ J__ K__ ;

* 지령 워드의 의미

X, Y, Z : 미러 이미지 지령의 중심좌표

I, J, K : 미러 이미지 선택 축과 각축 스켈링 배율지령(I=X축, J=Y축, K=Z축
과 같이 미러 이미지 축을 선택하고 스켈링 배율을 지령한다.)

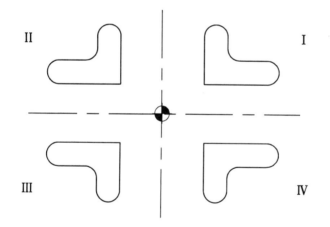

* X, Y 평면의 부호

사분면	I, J의 부호
I	I+ J+
II	I− J+
III	I− J−
IV	I+ J−

그림 2-68 미러 이미지 기능의 부호 관계

〈그림 2-68〉은 X, Y 평면(G17 평면선택 기능과 관계 없음)에서의 부호관계를 보여준다. 결과적으로 I 사분면 형상의 프로그램을 II 사분면에서 절삭가공 하기 위하여 "I− J+" 부호가 적용된다.

미러 이미지와 스켈링의 구분은 I, J, K 어드레스에 "−" 부호가 있는 경우 미러 이미지 기능이 되고 "−" 부호가 없을 경우 스켈링 기능이 된다.

(스켈링, 미러 이미지 프로그램 예제 1)

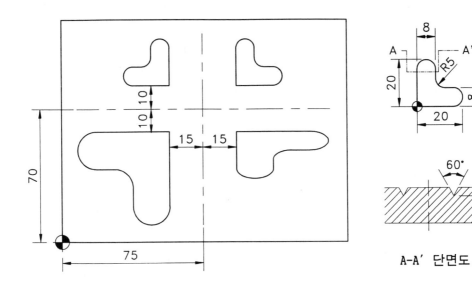

A-A' 단면도

* 주 프로그램

⋮	
G30 G91 Z0. T01 M06 ;	-- 공구교환
G54 G90 G00 X0. Y0. ;	-- 공작물 좌표계 선택 및 공작물 좌표계 원점으로 이동
G52 G90 X90. Y80. ;	-- Ⅰ 사분면 로칼 좌표계 설정
G00 X0. Y0. ;	-- 로칼 좌표계 원점으로 이동
G43 Z20. S2000 H01 M03 ;	-- 공구길이 보정 및 주축 회전하면서 이동
Z2. M08 ;	
M98 P1782 ;	-- 보조 프로그램 호출(Ⅰ 사분면 원본 형상)
G52 X60. Y80. ;	-- Ⅱ 사분면 로칼 좌표계 설정
G51 X0. Y0. I-1000 J1000 ;	-- X축 미러 이미지 지령(Ⅱ 사분면)
M98 P1782 ;	-- 보조 프로그램 호출
G50 ;	-- 스켈링 무시
G52 X60. Y60. ;	-- Ⅲ 사분면 로칼 좌표계 설정
G51 X0. Y0. I-2000 J-2000 ;	-- X, Y축 미러 이미지 지령과 2배 스켈링 지령(Ⅲ 사분면)
M98 P1782 ;	

```
G50 ;                            -- 스켈링 무시
G52 X90. Y60. ;                  -- Ⅳ 사분면 로칼 좌표계 설정
G51 X0. Y0. I2000 J-1000 ;       -- Y축 미러 이미지 및 X축 2배 확
                                    대 지령
M98 P1782 ;                      -- 보조 프로그램 호출
G50 ;                            -- 스켈링 무시
G52 X0. Y0. ;                    -- 로칼 좌표계 무시
G00 Z20. M09 ;                   -- 공구 도피
          ⁝
```

* 보조 프로그램

```
01782(SUB PROGRAM)               -- 보조 프로그램 번호
G00 G90 X0. Y0. ;                  (Ⅰ 사분면 형상에 원점을 지정하
G01 Z-1. F10 ;                     여 보조 프로그램을 작성한다.)
Y16. F20 ;
G02 X8. R4. ;
G01 Y13. ;
G03 X13. Y8. R5. ;
G01 X16. ;
G02 Y0. R4. ;
G01 X0. ;
G00 Z20. ;
M99 ;                            -- 주 프로그램 호출
```

(4) 좌표회전(Rotate) 기능(G68, G69)

평면선택 기능에 따라 기준 두축의 좌표를 회전시킬 수 있다. 〈그림 2-69〉의 도형 B의 형상을 가공하기 위하여 가상의 도형 A(수평 또는 수직상의 도형) 프로그램을 쉽게 작성하여 도형 B의 형상을 가공할 수 있다. 결과적으로 도형 B의 좌표를 삼각함수로 계산하는 번거로움 없이 간단하게 프로그램을 할 수 있다.

* 지령방법

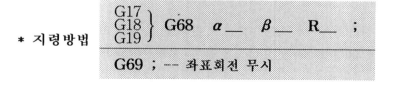

$$\left.\begin{matrix} G17 \\ G18 \\ G19 \end{matrix}\right\} \ G68 \ \alpha \_\_ \ \beta \_\_ \ R \_\_ \ ;$$

G69 ; -- 좌표회전 무시

* 지령 워드의 의미

α, β : 좌표회전 지령의 중심좌표(평면선택에 따라서 기준 두축이 결정된다.)

좌표회전과 평면선택 기능

G - 코드	α	β
G17 평면	X	Y
G18 평면	Z	X
G19 평면	Y	Z

R : 좌표회전의 각도 지령(극좌표 지령의 각도지령 방법과 같다.)

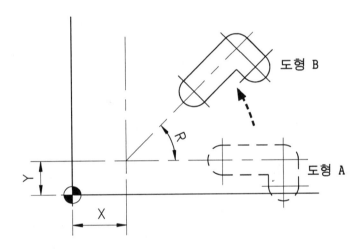

그림 2-69 G17 평면에서의 좌표회전 기능

특수한 형태의 공작물을 테이블에 X, Y축과 수직 또는 수평으로 설치할 수 없을 경우 회전된 각도를 계산하여 좌표회전 지령으로 프로그램을 간단하게 할 수 있다.

주) ① α, β를 생략하면 현재 위치가 회전 중심이 된다.

② 회전각도 R을 생략하면 파라메타에 설정된 값으로 된다.

(좌표회전 프로그램 예제 1)

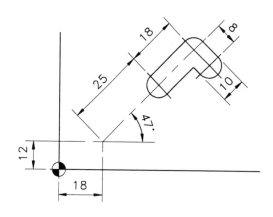

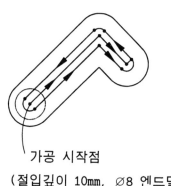

가공 시작점

(절입깊이 10mm, ∅8 엔드밀)

* 프로그램

```
         ⋮
         ⋮

    G30 G91 Z0. T01 M06 ;            -- 공구교환
    G00 G90 X0. Y0. ;
    G43 Z20. H01 S920 M03 ;          -- 공구길이 보정 및 주축회전
    G68 X18. Y12. R47. ;             -- 좌표회전 지령(X18. Y12. 중심좌표, R47
                                        회전 각도)
    X25. Y0. ;                       -- 가공 시작점 이동
    Z2. M08 ;
    G01 Z-10. F30 ;
    X43. Y0. F92 ;                   -- 도형중심으로 가공
    X43. Y-8. ;                      -- 도형중심으로 가공
    G41 X48. Y-8. D11 ;              -- 하향절삭으로 측면가공
    X48. Y0. ;
    G03 X43. Y5. R5. ;
    G01 X25. Y5. ;
    G03 X25. Y-5. R5. ;
    G01 X38. Y-5. ;
    X38. Y-8. ;
```

```
G03 X48. Y-8. R5. ;          -- 측면가공 종료
G40 G01 X43. Y-8. ;          -- 공구경 보정 취소
G00 Z20. M09 ;
G69 ;                        -- 좌표회전 지령 무시
G49 Z400. M19 ;              -- 공구길이 보정 말소
        ⋮
```

* 좌표회전 기능 응용

  X, Y축과 수평 또는 수직으로 작성된 프로그램을 〈사진 2-70〉과 같이 테이블에 설치된 공작물이 수직, 수평이 아닌 경우 좌표회전 기능을 다음과 같이 응용하여 사용한다.

  정확하게 각도를 측정하여 좌표회전 기능으로 정밀한 절삭가공을 할 수 있다. 하지만 이와 같은 방법은 공작물을 정확하게 X, Y축과 평행하게 설치할 수 없는 경우 응용하는 것이다.

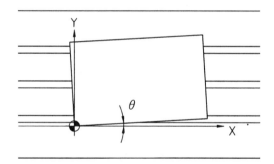

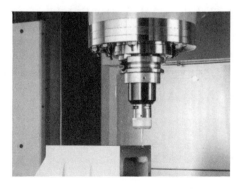

사진 2-70 좌표회전 기능 응용

* 각도계산 방법

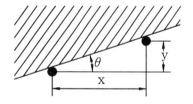

  위 그림에서 각도 θ 를 계산하기 위하여 다이얼 게이지 또는 인디게이트를 사용하여 X축을 이동 하면서 Y축의 변화량을 측정한다. 예를 들면 x가 50mm 일 때 y값이 0.15mm 이면 다음과 같이 계산할 수 있다.

$\tan \theta = \dfrac{y}{x}$ 에서 $\tan \theta = \dfrac{0.15}{50}$

$\theta = \tan^{-1} \dfrac{0.15}{50}$ $= 0.172$ 도

(좌표회전 프로그램 예제 2)

보조 프로그램과 좌표회전 기능을 이용하여 프로그램을 작성한다.

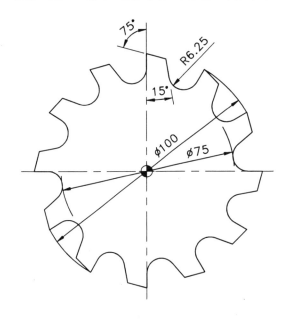

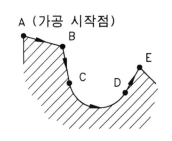

A (가공 시작점)

위치	X 좌표	Y 좌표
A	0	50.000
B	8.173	47.810
C	10.147	39.225
D	21.651	37.500
E	25.000	43.301

(절입깊이 12mm, ∅10 엔드밀)

* 주 프로그램　　　　　　　　　　　　　　（보정번호 SENTROL D01）

```
         ⋮
    G30 G91 Z0. T01 M06 ;         -- 공구교환
    G90 G00 X-5. Y60. ;
    G43 Z20. H01 S1110 M03 ;      -- 공구길이 보정 및 주축회전
    Z-12. M08 ;                   -- Z-12mm 절입
    G41 G01 Y50. D11 F220 ;       -- 공구경 좌측보정 하면서 Y50mm 까지 이동
    X0. ;                         -- A점 이동
    M98 P1833 ;                   -- 보조 프로그램 O1833번 호출
    M98 P111832 ;                 -- 보조 프로그램 O1832번 을 11회 반복 호출
    G40 G00 X15. Y60. ;           -- 공구경 보정 말소 및 공구 도피
    G69 ;
    Z20. M09 ;
    G49 Z400. M19 ;               -- 공구길이 보정 말소
         ⋮
```

* 보조 프로그램

```
O1832(SUB PROGRAM 1)
G68 G91 X0. Y0. R-30. ;          -- 좌표회전 지령
M98 P1833 ;                      -- 보조 프로그램 O1833번 호출
M99 ;                            -- 주 프로그램 호출
```

* 보조 프로그램

```
O1833(SUB PROGRAM 2)
G01 G90 X0. Y50. F222 ;          -- A점 이동
X8.173 Y47.810 ;                 -- B점 이동
X10.147 Y39.225 ;                -- C점 이동
G03 X21.651 Y37.5 R6.25 ;        -- D점 이동
G01 X25. Y43.301 ;               -- E점 이동
M99 ;                            -- 주 프로그램 호출
```

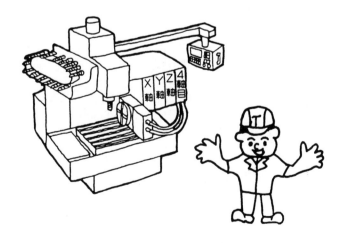

MEMO

제 3 장

응용 프로그래밍

3.1 응용 프로그래밍

아래 도면의 프로그램을 작성한다.

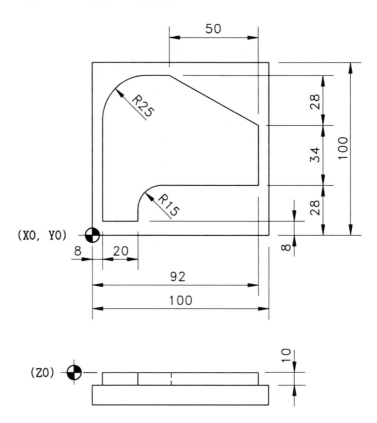

(1) 각 공구의 절삭 조건

피삭재와 공구 재종에 따라서 절삭조건을 산출한다. 제5장 기술자료 편의 "절삭조건표"를 참고하십시오.

절 삭 조 건

구분　　공정	황삭 엔드밀	정삭 엔드밀
공구번호	T1	T2
공구직경	∅20	∅20
회 전 수	560	400
이송속도	160	100

* 공작물 재질 : S45C

(2) 공구경로 결정

   절삭 공구경로는 원호 템블렛을 사용하여 공구경로를 쉽게 결정할 수 있다. 공구 직경과 같은 원호를 그리면서 여백제거를 먼저하고 형상 가공을 한다. 만약 형상 가공을 먼저 하면 여백제거시 공구 날끝 부분의 파손이나, 공작물 끝부분의 밀림 현상 등의 절삭 문제점이 발생한다. 공구경로의 결정은 가장 최단 거리를 결정하고, 공작물 형상 가공은 하향절삭을 하는 것이 절삭시 발생하는 오버컷 현상을 막을 수 있다. 공구경로의 결정은 정밀한 가공과 생산성 향상에 중대한 영향을 준다.

* X, Y 평면

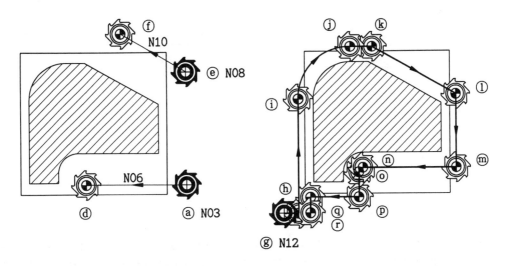

* X, Z 평면

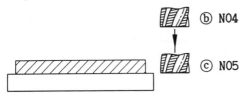

   ※ 가공순서는 여백 제거(ⓐ~ⓕ)를 먼저 가공하고 형상 가공(ⓖ~ⓡ)을 한다.

그림 3-1 응용 프로그래밍 공구경로

(3) 공작물 셋팅(Work Setting)

　　실제 현장에서 공작물 셋팅은 프로그램을 작성하여 NC 장치에 등록하고, 가공하기 직전에 하는 것이 좋다.(기계원점에서 테이블 위에 설치된 공작물 원점까지 거리를 찾는 작업이다.)

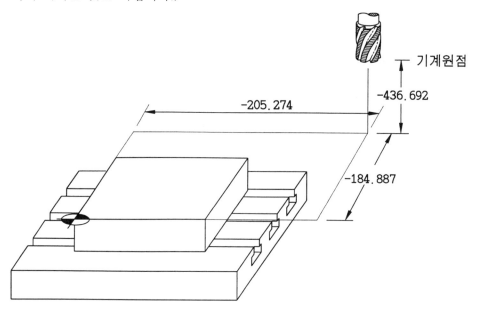

그림 3-2　응용 프로그래밍 셋팅 형상

참고 29) 프로그램 작성시 유의 사항

　　프로그램 작성은 기본 워드(Word)의 순서 N G X Y Z F S T M ;를 외우고 이 순서대로 프로그램을 작성하면 차후에 프로그램을 수정할 때 혼동되지 않고 정확하고 신속하게 수정할 수 있다.
　　프로그램에는 정답이 없다. 하지만 좋은 프로그램과 그렇지 못한 프로그램은 있다. 좋은 프로그램이란 준비기능과 보조기능등의 기능을 정확하게 이해하고 적절한 순서에 입각하여 나열하는 것이다. 프로그램은 기본적으로 급속 위치결정(G00)지령을 나누어서 블록 수를 많이 지령하면 가공시간(Cycle Time)이 길어진다. 프로그램의 전체적인 지령방법은 절대지령으로 하고, 부분적으로 증분지령을 하는 것이 좋은 방법이다. 절삭 시작점은 최대한 공작물과 가까운 위치에 설정하여 절삭시간을 단축시켜야 한다. NC 기계의 주축은 브레이크 장치가 없기 때문에 주축을 빨리 정지 시키기 위해서 역상의 많은 전류를 순간적으로 투입하여 주축을 정지시킨다. 이때 발생되는 많은 전력 소모와 정지시 소비되는 시간이 많기 때문에 가능한 공구교환 이외에 주축을 정지시키는 방법은 좋지 않다.

(4) 프로그램

프로그램 내용	프로그램 설명
03000(SAMPLE PROGRAM) ;	-- 프로그램 번호, 주역부 입력
N01 G40 G80 ;	-- 산업 현장에서 많이 사용하는 방법이다. (G41, G42, 또는 고정 싸이클이 실행된 상태에서 자동 실행 중에 예기치 못한 문제가 발생한 경우 문제를 조치하고 다시 프로그램을 처음부터 실행하면 자동으로 공구경 보정 말소와 고정 싸이클을 말소하고 정상적인 프로그램이 실행된다.)
N02 G30 G91 Z0. T01 M06 ;	-- 제2원점에서 1번 공구교환(기계 종류에 따라서 지령 방법이 다르다. 취급 설명서를 참고하십시오. 지령 예 G30G91Y0. Z0. T01 M06; 또는 G28G91Z0. T01M06; 등)
N03 G54 G90 G00 X112. Y6. ;	-- 공작물 좌표계 선택1번(G54)에 등록된 공작물 원점에서 X112. Y6. 지점으로 급속 위치 결정(그림 3-1 공구경로의 ⓐ위치)
N04 G43 Z20. H01 S560 M03 ;	-- 공구길이 보정하면서 Z20 mm 까지 이동하고 주축 정회전, H01 보정
N05 Z-9.9 M08 ;	-- 정삭여유 0.1mm 남기고 절입, 절삭유 On
N06 G01 X45. F160 ;	-- ⓓ점까지 절삭이송
N07 G00 Z10. ;	-- ⓔ점으로 이동하기 위하여 Z축 안전한 위치로 이동
N08 X112. Y88. ;	-- ⓔ점 위치결정
N09 Z-9.9 ;	-- 정삭여유 0.1mm 남기고 절입
N10 G01 X70. Y112. ;	-- ⓕ점까지 절삭이송
N11 G00 Z10. ;	
N12 X-12. Y-12. ;	-- 공구경 보정과 형상 가공을 위하여 ⓖ점으로 위치결정
N13 Z-9.9 ;	
N14 G41 G01 X8. D11 ;	-- 공구경 좌측보정 하면서 ⓗ점까지 이동 D11은 공구보정 번호이고, 가공 실행하기 전에 보정화면의 11번에 공구반경＋0.2(측면 정삭여유)값을 입력해야 한다.

N15 Y65. ;   -- ⓘ점까지 절삭

N16 G02 X33. Y90. R25. ;   -- ⓙ점까지 절삭

N17 G01 X42. ;   -- ⓚ점까지 절삭

N18 X92. Y62. ;   -- ⓛ점까지 절삭

N19 Y28.   -- ⓜ점까지 절삭

N20 X43. ;   -- ⓝ점까지 절삭

N21 G03 X28. Y13. R15. ;   -- ⓞ점까지 절삭

N22 G01 Y8. ;   -- ⓟ점까지 절삭

N23 X6. ;   -- ⓠ점까지 절삭

N24 G40 Y-12. ;   -- 공구경 좌측보정 말소하면서 X-12.mm
                                    지점까지 이동

N25 G00 Z50. M09 ;   -- Z50 mm 까지 이동하면서 절삭유 OFF

N26 G49 Z400. M19 ;   -- 공구길이 보정 말소하면서 Z400mm 지점
                                    으로 이동, 주축 한방향 정지
                                    (만약 G49 Z100. 을 지령하면 공작물 좌표계 Zero
                                    에서 주축 선단(Spindle Gauge Line)이 100mm 만큼
                                    이동한다. 현재 사용한 공구길이가 100mm 보다 큰경
                                    우 그 차이값 만큼 공구선단이 공작물과 충돌하는
                                    문제가 발생한다. 그러므로 안전한 공구길이 보정
                                    말소를 하기 위하여 공구길이보다 크고 공작물 좌표
                                    계 설정의 Z값 보다 작은 수치를 G49 블록에 지령한
                                    다.)

N27 G30 G91 Z0. T02 M06 ;   -- 2번 정삭 공구교환

N28 G90 G00 X112. Y6. ;   -- 바닥면 정삭하기 위하여 ⓐ점으로 이동

N29 G43 Z20. H02 S400 M03 ;   -- 공구길이 보정, 주축 정회전

N30 Z-10. M08 ;   -- Z축 절입, 절삭유 ON

N31 G01 X45. F100 ;   -- ⓓ점까지 절삭

N32 G00 Z10. ;

N33 X112. Y88. ;   -- ⓔ점으로 급속이동

N34 Z-10. ;

N35 G01 X70. Y112. ;   -- ⓕ점까지 절삭

N36 G00 Z10. ;

N37 X-12. Y-12. ;   -- ⓖ점으로 급속이동

```
N38 G00 Z-10. ;
N39 G41 G01 X8. D12 ;              -- 공구경 좌측보정 하면서 ⓗ점까지 이동
                                     D12은 공구보정 번호이고 가공 실행하기
                                     전에 보정화면의 12번에 공구반경 값을
                                     입력해야 한다.
N40 Y65. ;                        -- ⓘ점까지 절삭
N41 G02 X33. Y90. R25. ;          -- ⓙ점까지 절삭
N42 G01 X42. ;                    -- ⓚ점까지 절삭
N43 X92. Y62. ;                   -- ⓛ점까지 절삭
N44 Y28. ;                        -- ⓜ점까지 절삭
N45 X43. ;                        -- ⓝ점까지 절삭
N46 G03 X28. Y13. R15. ;          -- ⓞ점까지 절삭
N47 G01 Y8. ;                     -- ⓟ점까지 절삭
N48 X6. ;                         -- ⓠ점까지 절삭
N49 G40 Y-12. ;                   -- 공구경 좌측보정 말소하면서 X12 mm 지
                                     점까지 이동
N50 G00 Z50. M09 ;                -- Z50 mm 까지 이동하면서 절삭유 OFF
N51 G49 Z400. M19 ;               -- 공구길이 보정 말소하면서 Z400 mm 지
                                     점으로 이동, 주축 한 방향 정지
N52 M02 ;                         -- 프로그램 종료
```

※ 프로그램을 능률적으로 빨리 작성하는 요령

① 프로그램 선두의 순서(N1번부터 N4번까지)를 암기한다.(N2번의 공구 번호와 N3
번의 첫번째 가공위치, N4번의 회전수, 보정번호를 가공 조건에 따라서 수정하
면 된다.)

② N5번부터 N24번까지는 절삭 지령이다.(공구경로에 따라 프로그램의 내용이 달
라진다.)

③ N25, N26, N27 블록은 보정 말소하고, 다음 공구 교환하는 방법이다.

④ 계속해서 다음 공정이 있다면 N27, N28, N29 블록과 같은 방법으로 반복한다.

⑤ N50, N51, N52 블록과 같은 방법으로 프로그램을 종료시킨다.

참고 30) 많이 사용하는 공작물 좌표계 설정 방법 비교

프로그램 선두의 세가지 방법을 "3.1 응용 프로그래밍 순서"의 도면과 "(2) 공작물 셋팅" 값을 사용하여 비교한다.

① 공작물 좌표계 선택(G54~G59)기능을 사용하는 방법

```
01234 ;
N1 G40 G80 ;
N2 G30 G91 Z0. T01 M06 ;
N3 G54 G00 G90 X112. Y6. ;
N4 G43 Z20. H01 S1200 M03 ;
```

최근에 생산 현장에서 많이 사용하는 방법이다. 워크보정(Work Offset) 화면의 G54 기능에 X-205.274 Y-184.887 Z-436.692를 수동이나 G10 기능으로 입력한다. 단, 공작물 좌표계 선택(G54~G59)기능은 옵션 기능이다.

② 기계좌표계 선택(G53)기능을 이용하는 방법

```
01234 ;
N1 G40 G80 ;
N2 G53 G90 X-205.274 Y-184.887 Z0. ;
N3 G92 X0. Y0. Z436.692 ;
N4 G30 G91 Z0. T01 M06 ;
N5 G00 G90 X112. Y6. ;
N6 G43 Z20. H01 S1200 M03 ;
```

공작물 좌표계 선택(G54~G59)기능이 없고 G53 기능이 있을 경우 사용하고 기계원점으로 복귀하지 않고 현재 위치에서 공작물 원점으로 복귀시킬 수 있다.

③ 공작물 좌표계 설정(G92)기능을 사용하는 방법

```
01234 ;
N1 G40 G80 ;
N2 G28 G91 X0. Y0. Z0. ;
N3 G92 X205.274 Y184.887 Z436.692 ;
N4 G30 G91 Z0. T01 M06 ;
N5 G00 G90 X112. Y6. ;
N6 G43 Z20. H01 S1200 M03 ;
```

```
        공작물 좌표계 선택 기능과 기계좌표계 선택 기능이 없는 경우에 사
    용하는 방법으로 최근까지 대부분 이 방법을 사용했다. 항상 기계원점
    으로 복귀하고 공작물 좌표계를 설정하여 가공하는 비능률적인 방법이
    다. 슬래쉬(/)를 사용하여 두번째 가공부터 기계원점으로 복귀하지 않
    고 사용하는 방법도 있다.
    O1234 ;

    N1 G40 G80 ;

    / N2 G28 G91 X0. Y0. Z0. ;

    / N3 G92 X205.274 Y184.887 Z436.692 ;

    N4 G30 G91 Z0. T01 M06 ;

    N5 G00 G90 X112. Y6. ;

    N6 G43 Z20. H01 S1200 M03 ;
```

※ CNC 밀링 프로그램 예

CNC 밀링은 머시닝센타와 달리 ATC 장치가 없기 때문에 공구를 자동으로
교환하면서 연속적인 가공을 할 수 없다. 따라서 머시닝센타와 같이 자동 공구
교환 프로그램을 지령하지 않고 "M00"을 지령한다. 왜냐 하면 CNC 밀링은 공
구교환을 작업자가 수동으로 해야 하기 때문에 공구교환을 하기 전에 프로그램
을 정지시켜야 한다.

★ 프로그램 예)

```
O1234 ;
N01 G40 G80 ;
N02 M00 ;                 -- 여기서 수동으로 (1번)공구교환
N03 G54 G00 G90 X112. Y6. ;    머시닝센타의 경우(G30 G91 Z0. T01 M06 ;)

                           ⋮

N24 G49 Z400. M19 ;
N25 M00 ;                 -- 여기서 수동으로 (2번)공구교환
N26 G00 X50. Y50. ;           머시닝센타의 경우(G30 G91 Z0. T02 M06 ;)

                           ⋮

N58 M02 ;
```

3.2 직선절삭 프로그램

* 아래 절삭조건을 보고 프로그램을 작성하시오.

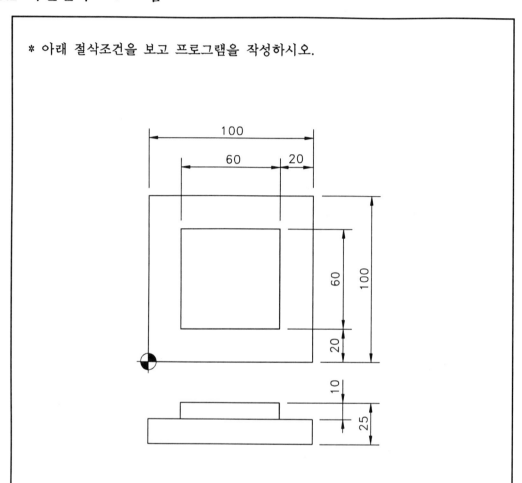

공구 번호	공정명	사용공구	공구 직경	절삭속도 m/min	이송속도 mm/min	응용 프로그래밍 **직선절삭 프로그램**	
T01	황삭가공	황삭엔드밀	∅16	35	200		
T02	정삭가공	4날 엔드밀	∅16	23	60		
						소재치수	100×100×25
						재 질	S45C

(1) 직선절삭 프로그램 해답

* 황삭가공 공구경로

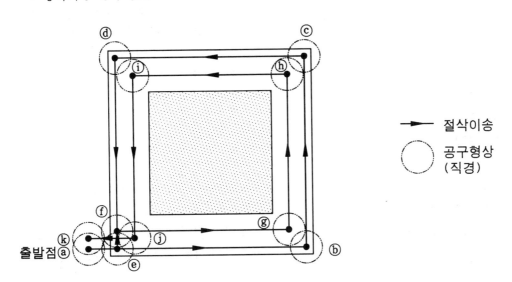

→ 절삭이송

◯ 공구형상
(직경)

프로그램   cnc programming cnc programming cnc programming cnc programming cnc programming cnc programming cnc programming cnc program

---

```
03010 ;
N01 G40 G80 ;
N02 G30 G91 Z0. T01 M06 ;
N03 G54 G00 G90 X-12. Y2. ;


N04 G43 Z20. H01 S700 M03 ;



N05 Z-9.9 M08 ;
N06 G01 X98. F200 ;



N07 Y98. ;
N08 X2. ;
```

-- 공구교환(1번 공구)

-- 공작물 좌표계 선택 1번(G54) 사용, 공작
물 원점에서 가공 시작점 ⓐ까지 급속이송

-- 공구길이 보정 하면서 Z20 mm 점까지 이
동, 스핀들 정회전(회전수는 제5장 기술자
료 편의 "절삭조건표"를 참고하십시오.)

-- 바닥면 정삭여유 0.1 mm

-- ⓑ점까지 절삭가공(이송속도 지령은 제5장
기술자료 편의 "절삭조건표"를 참고하십시
오.)

-- ⓒ점까지 절삭가공

-- ⓓ   〃

N09 Y2. ;	-- ⓔ점까지 절삭가공
N10 G42 Y20. D11 ;	-- 공구경 우측보정 하면서 ⓕ점까지 이동 (공구경 보정은 공구의 중심이 보정 화면에 등록된 보정 값(공구반경) 만큼 공구 중심이 이동하여 가공 하는 기능이다.) (측면의 정삭여유는 0.2 mm 가 적당하다.)
N11 X80. ;	-- ⓖ점까지 절삭가공
N12 Y80. ;	-- ⓗ 〃
N13 X20. ;	-- ⓘ 〃
N14 Y16. ;	-- ⓙ 〃
N15 G40 X-12. ;	-- 공구경 보정 말소하면서 ⓚ점까지 이동
N16 G00 Z50. M09 ;	-- Z축 도피, 절삭유 정지
N17 G49 Z400. M19 ;	-- 공구길이 보정 말소하면서 Z축 안전한 위 치로 급속이동, 스핀들 정위치 정지

* 정삭가공 공구경로

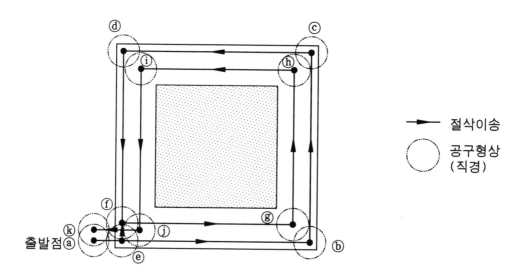

절삭이송

공구형상 (직경)

N18 G30 G91 Z0. T02 M06 ;	-- 공구교환(T02)
N19 G00 G90 X-12. Y2. ;	-- 정삭가공 ⓐ점까지 급속이송
N20 G43 Z20. H02 S460 M03 ;	-- H02 공구길이 보정 하면서 스핀들 정회전

```
N21 Z-10. M08 ;            -- Z축 절입, 절삭유 ON
N22 G01 X98. F60 ;         -- ⓑ점까지 절삭이송, 이송속도는 "절삭조건
                              표"를 참고 참고하십시오.
N23 Y98. ;                 -- ⓒ점까지 절삭이송
N24 X2. ;                  -- ⓓ        〃
N25 Y2. ;                  -- ⓔ        〃
N26 G42 Y20. D12 ;         -- 공구경 우측보정 하면서 ⓕ점까지 이동
N27 X80. ;                 -- ⓖ점까지 절삭이송
N28 Y80. ;                 -- ⓗ        〃
N29 X20. ;                 -- ⓘ        〃
N30 Y18. ;                 -- ⓙ        〃
N31 G40 X-12. ;            -- 공구경 보정 말소하면서 ⓚ점까지 이동
N32 G00 Z50. M09 ;         -- Z축 도피 및 절삭유 정지
N33 G49 Z400. M19 ;        -- 공구길이 보정 말소하면서 Z축 이동, 스핀
                              들 한 방향 정지
N34 M02 ;                  -- 프로그램 종료
```

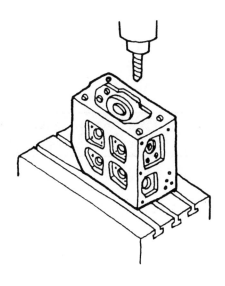

3.3 직선절삭, 원호절삭 프로그램 1

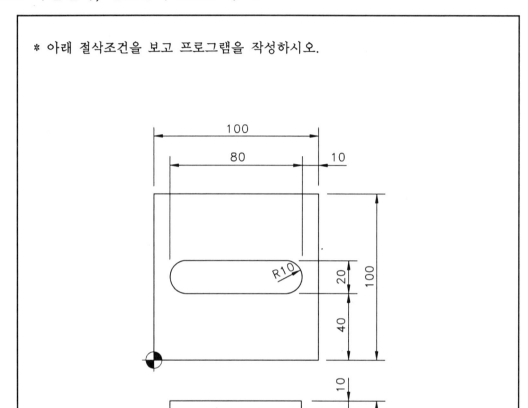

* 아래 절삭조건을 보고 프로그램을 작성하시오.

공구 번호	공정명	사용공구	공구 직경	절삭속도 m/min	이송속도 mm/min	응용 프로그래밍 **직선절삭, 원호절삭** **프로그램 1**	
T01	황삭가공	황삭엔드밀	Ø20	82	520		
T02	정삭가공	4날 엔드밀	Ø20	90	290	소재치수	100×100×25
						재 질	AL

(1) 직선절삭, 원호절삭 프로그램 1의 해답

* 황삭, 정삭가공 공구경로

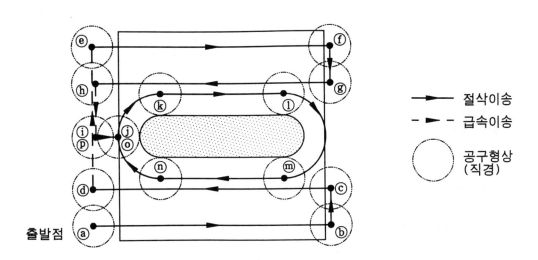

➝	절삭이송
‑ ➤	급속이송
◯	공구형상 (직경)

출발점 ⓐ

프로그램   cnc programming cnc programming cnc programming cnc programming cnc programming cnc programming cnc programming cnc program

```
03020 ;
N01 G40 G80 G17 ;
N02 G30 G91 Z0. T01 M06 ;        -- T01 공구교환
N03 G54 G00 G90 X-12. Y7. ;      -- 가공 시작점 ⓐ위치까지 급속이송
N04 G43 Z20. H01 S1310 M03 ;     -- 회전수 결정은 제5장 "절삭조건표"를 참고
                                    하십시오.
N05 Z-9.9 M08 ;                  -- 바닥면 정삭여유 0.1 mm
N06 G01 X102. F520 ;             -- ⓑ점, 이송속도 결정은 제5장 "절삭조건표"
                                    를 참고하십시오.
N07 G91 Y16. ;                   -- ⓒ점까지 증분지령으로 절입폭 지령
N08 G90 X-12. ;                  -- ⓓ점까지 절대지령
N09 G00 Y93. ;                   -- ⓔ점까지 급속이송
N10 G01 X102. ;                  -- ⓕ점까지 절삭이송, 이송속도는 모달지령
                                    이므로 생략한다.
N11 G91 Y-16. ;                  -- ⓖ점까지 증분지령으로 절입폭 지령
N12 G90 X-12. ;                  -- ⓗ점까지 절대지령
```

```
N13 G00 Y50. ;                      -- ⓘ점까지 급속이송
N14 G41 G01 X10. D11 ;              -- 공구경 좌측 보정 하면서 ⓙ점까지 이송
                                        (측면의 정삭여유를 0.2 mm 남기기 위하여 공구보정
                                        번호 11번에 공구 반경값 + 0.2 하여 10.2를 입력
                                        한다. 프로그램 좌표값에 정삭여유를 지령할 수 있
                                        지만 프로그램이 복잡하게 되기 때문에 보정번호에
                                        정삭여유 보정값을 입력하는 방법을 많이 사용한
                                        다.)
N15 G02 X20. Y60. R10. ;           -- ⓚ점까지 원호절삭
N16 G01 X80. ;                      -- ⓛ점까지 직선절삭
N17 G02 Y40. R10. ;                 -- ⓜ점까지 원호절삭
N18 G01 X20. ;                      -- ⓝ점까지 직선절삭
N19 G02 X10. Y50. R10. ;           -- ⓞ점까지 원호절삭
N20 G40 G01 X-12. ;                -- 공구경 보정 말소하면서 ⓟ점까지 이송
N21 G00 Z50. M09 ;
N22 G49 Z400. M19 ;                -- 공구길이 보정 말소하면서 Z400 mm 위
                                        치로 이동, 주축 한 방향 정지
N23 G30 G91 Z0. T02 M06 ;          -- T02 공구교환
N24 G00 G90 X-12. Y7. ;               (황삭가공과 공구경로는 동일하고 주축 회전수와 이
N25 G43 Z20. H02 S1430 M03 ;          송속도, 공구길이 보정번호, 공구경 보정의 보정번
N26 Z-10. M08 ;                        호와 보정량이 다르다.)
N27 G01 X102. F290 ;
N28 G91 Y16. ;
N29 G90 X-12. ;
N30 G00 Y93. ;
N31 G01 X102. ;
N32 G91 Y-16. ;
N33 G90 X-12. ;
N34 G00 Y50. ;
N35 G41 G01 X10. D12 ;             -- 공구보정 번호 12번에 공구 반경값을 입
N36 G02 X20. Y60. R10. ;               력한다.
N37 G01 X80. ;
N38 G02 Y40. R10. ;
N39 G01 X20. ;
N40 G02 X10. Y50. R10. ;
N41 G40 G01 X-12. ;
N42 G00 Z50. M09 ;
N43 G49 Z400. M19 ;
N44 M02 ;
```

3.4 직선절삭, 원호절삭 프로그램 2

* 아래 절삭조건을 보고 프로그램을 작성하시오.

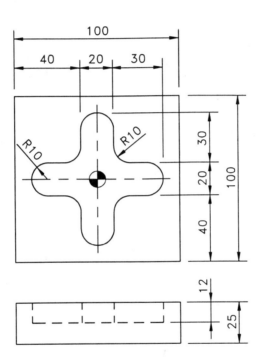

공구 번호	공정명	사용공구	공구 직경	절삭속도 m/min	이송속도 mm/min	응용 프로그래밍 **직선절삭, 원호절삭** 프로그램 2		
T01	황삭가공	2날 엔드밀	Ø14	23	70			
T02	정삭가공	4날 엔드밀	Ø12	25	130	소재치수		100×100×25
						재 질		S45C

(1) 직선절삭, 원호절삭 프로그램 2의 해답

* 황삭가공 공구경로

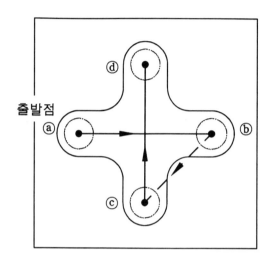
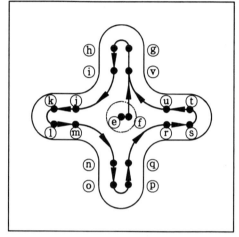

프로그램   cnc programming cnc programming cnc programming cnc programming cnc programming cnc programming cnc programming cnc program

```
03030 ;
G40 G80 G17 ;
G30 G91 Z0. T01 M06 ;
G54 G00 G90 X-30. Y0. ;          -- ⓐ점의 가공위치로 급속이송
G43 Z20. H01 S520 M03 ;
Z2. M08 ;
G01 Z-11.9 F25 ;                 -- Z축 방향의 절입가공의 이송속도는 X, Y
                                    축 방향의 약 1/3~1/4 값으로 지령한다.
                                    (바닥면 정삭여유 0.1 mm)
X30. F70 ;                       -- X, Y축 방향의 이송속도 지령
G00 Z10. ;                       -- ⓑ점에서 ⓒ점으로 이동하기 위해서 Z축을
X0. Y-30. ;                         안전한 위치로 도피시킨다.
Z2. ;
G01 Z-11.9 F25 ;                 -- Z축 방향의 이송속도 지령
Y30. F70 ;                       -- X, Y축 방향의 이송속도 지령
G00 Z10. ;                       -- ⓓ점에서 ⓔ점으로 이동하기 위해서 Z축을
                                    안전한 위치로 도피시킨다.
```

```
X0. Y0. ;
Z-10. ;
G01 Z-11.9 F1000 ;
G41 X10. D11 F70 ;          -- 하향절삭을 하면서 내측 형상가공을 한다.
Y30. ;                         (공구경 보정 좌측)
G03 X-10. R10. ;
G01 Y20. ;
G02 X-20. Y10. R10. ;
G01 X-30. ;
G03 Y-10. R10. ;
G01 X-20. ;
G02 X-10. Y-20. R10. ;
G01 Y-30. ;
G03 X10. R10. ;
G01 Y-20. ;
G02 X20. Y-10. R10. ;
G01 X30. ;
G03 Y10. R10. ;
G01 X20. ;
G02 X10. Y20. R10. ;
G40 G01 X0. ;               -- 공구경 보정 말소
G00 Z50. M09 ;
G49 Z400. M19 ;
```

* 정삭가공 공구경로

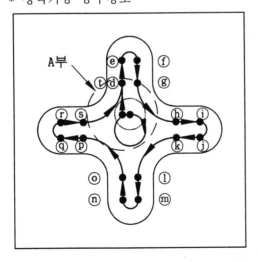

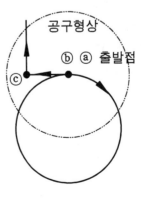

A부 상세

```
G30 G91 Z0. T02 M06 ;
G00 G90 X0. Y5. ;                    -- ⓐ점의 위치
G43 Z20. H02 S660 M03 ;
Z-10. M08 ;
G01 Z-12. F30 ;                      -- Z축 방향의 이송속도 F30
G02 J-5. F130 ;                      -- 360° 원호가공(내측의 형상가공으로 발생
                                        하는 중앙부위의 미가공 바닥면을 먼저 정
                                        삭한다.)
G42 G01 X-10. D12 ;                  -- 공구경 우측 보정
Y30. ;
G02 X10. R10. ;
G01 Y20. ;
G03 X20. Y10. R10. ;
G01 X30. ;
G02 Y-10. R10. ;
G01 X20. ;
G03 X10. Y-20. R10. ;
G01 Y-30. ;
G02 X-10. R10. ;
G01 Y-20. ;
G03 X-20. Y-10. R10. ;
G01 X-30. ;
G02 Y10. R10. ;
G01 X-20. ;
G03 X-10. Y20. R10. ;
G40 G01 X0. ;                        -- 공구경 보정 말소
G00 Z50. M09 ;
G49 Z400. M19 ;
M02 ;
```

3.5 원호절삭 프로그램

* 아래 절삭조건을 보고 프로그램을 작성하시오.

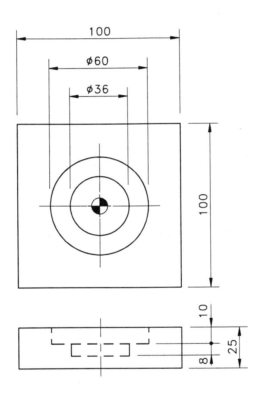

공구 번호	공정명	사용공구	공구 직경	절삭속도 m/min	이송속도 mm/min	응용 프로그래밍 **원호절삭 프로그램**	
T01	황삭가공	2날 엔드밀	∅14	70	270		
T02	정삭가공	4날 엔드밀	∅14	90	330		
						소재치수	100×100×25
						재　질	AL

(1) 원호절삭 프로그램 해답

* 황삭가공 공구경로

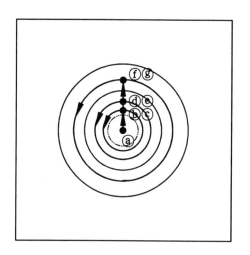

━◀ 원호가공

◯ 공구형상
(직경)

ⓐ 출발점

프로그램  cnc programming cnc programming cnc programming cnc programming cnc programming cnc programming cnc programming cnc program

```
03040 ;
G40 G80 G17 ;
G30 G91 Z0. T01 M06 ;
G54 G00 G90 X0. Y0. ;          -- 가공 시작점 ⓐ의 위치로 급속위치 결정
G43 Z20. H01 S1590 M03 ;
Z2. M08 ;
G01 Z-17.9 F30 ;              -- Z축 방향의 가공(이송속도 주의)
Y5.5 F270 ;                   -- ⓑ점까지 절삭
G03 J-5.5 ;                   -- 360° 원호가공
G01 Y10.8 ;
G03 J-10.8 ;                  -- 360° 원호가공
G00 Z-9.9 ;
G41 G01 Y29.8 D11 ;          -- 공구경 보정하면서 ⓕ점까지 절삭
G03 J-29.8 ;                  -- 360° 원호가공
G00 Z50. M09 ;
G40 Y0. ;                     -- 공구경 보정 말소
G49 Z400. M19 ;
```

* 정삭가공 공구경로

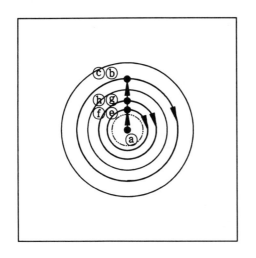

ⓐ 출발점

```
G30 G91 Z0. T02 M06 ;
G90 G00 X0. Y0. ;
G43 Z20. H02 S2050 M03 ;
Z-10. M08 ;
Y13. ;
G42 G01 Y30. D12 F330 ;          -- 공구경 우측 보정하면서 ⓑ점까지 절삭
G02 J-30. ;                      -- Ø60 직경부위 정삭가공
G40 G01 Y0. ;
G00 Z-16. ;
G01 Z-18. F30 ;
Y5.5 F330 ;                      -- 바닥면 정삭
G02 J-5.5 ;
G42 G01 Y18. ;
G02 J-18. ;                      -- Ø36 직경부위 정삭가공
G40 G01 Y0. ;                    -- 공구경 보정 말소
G00 Z50. M09 ;
G49 Z400. M19 ;
M02 ;
```

3.6 헬리칼 절삭 프로그램 1

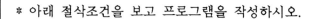

* 아래 절삭조건을 보고 프로그램을 작성하시오.

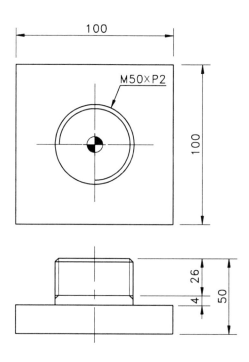

공구 번호	공정명	사용공구	공구 직경	절삭속도 m/min	이송속도 mm/min	응용 프로그래밍 **헬리칼 절삭 프로그램 1**	
T01	황삭가공	황삭 엔드밀	∅20	44	220		
T02	정삭가공	4날 엔드밀	∅20	25	100	소재치수	100×100×50
T03	나사가공	나사커터	∅24	70	37		
						재 질	S20C

(1) 헬리칼 절삭 프로그램 1의 해답

* 황삭, 정삭가공 공구경로

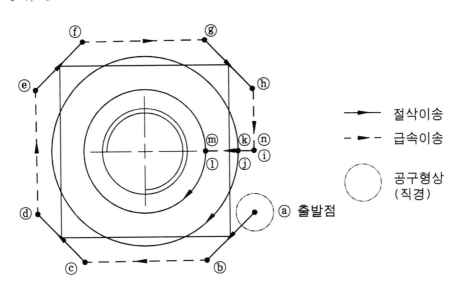

┌─────────┐
│ 프로그램 │
└─────────┘

```
03050 ;

G40 G80 G17 ;

G30 G91 Z0. T01 M06 ;

G54 G00 G90 X62. Y-46. ;          -- ⓐ점 위치로 급속위치 결정

G43 Z20. H01 S700 M03 ;

Z-29.9 M08 ;

G01 X46. Y-62. F220 ;             -- ⓑ점 위치로 절삭가공 (ⓐ~ⓜ점까지 여백
                                       황삭가공)
G00 X-46. ;
                                  ※ 여백 제거 가공 프로그램은 필요에 따라
G01 X-62. Y-46. ;                    서 보정기능을 사용하지 않는 것이 편리한
G00 Y46. ;                           경우도 있다.

G01 X-46. Y62. ;

G00 X46. ;

G01 X62. Y46. ;
```

절삭이송 →

급속이송 --▶

공구형상 (직경) ◯

ⓐ 출발점

```
G00 Y0. ;
G01 X53. ;
G02 I-53. ;
G41 G01 X25.2 D11 ;
G02 I-25.2 ;
G00 Z50. M09 ;
G40 X62. ;
G49 Z400. M19 ;
G30 G91 Z0. T02 M06 ;
G90 G00 X62. Y-46. ;              -- 정삭 여백가공
G43 Z20. H02 S400 M03 ;
Z-30. M08 ;
G01 X46. Y-62. F100 ;
G00 X-46. ;
G01 X-62. Y-46. ;
G00 Y46. ;
G01 X-46. Y62. ;
G00 X46. ;
G01 X62. Y46. ;
G00 Y0. ;
G01 X53. ;
G02 I-53. ;
G41 G01 X25. D12 ;
G02 I-25. ;
G00 Z50. M09 ;
G40 X62. ;
G49 Z400. M19 ;
```

* 헬리칼 절삭 공구경로

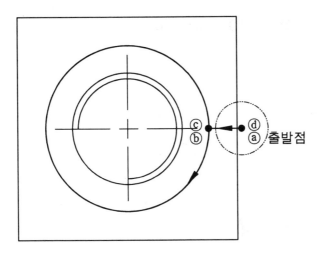

G30 G91 Z0. T03 M06 ;	
G00 G90 X50. Y0. ;	-- 헬리칼 절삭 시작점(ⓐ점)
G43 Z20. H03 S930 M03 ;	
Z-26. M08 ;	
G41 G01 X23.81 D13 F37 ;	-- 공구경 좌측보정 하면서 ⓑ점으로 절삭(ⓑ 점에서 절삭가공이 된다.)
G02 Z-28. I-23.81 ;	-- 헬리칼 지령 (Z축 이동거리 Z-26.에서 Z-2 8.까지 2 mm 이동, 나사 피치와 같다.)
G40 G00 X50. ;	
Z50. M09 ;	
G49 Z400. M19 ;	
M02 ;	

3.7 헬리칼 절삭 프로그램 2

＊ 아래 절삭조건을 보고 프로그램을 작성하시오.

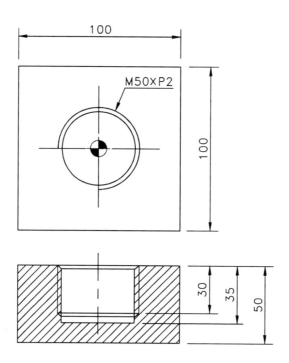

공구 번호	공정명	사용공구	공구 직경	절삭속도 m/min		이송속도 mm/min	응용 프로그래밍 **헬리칼 절삭 프로그램 2**
T01	황, 정삭 가 공	2날 엔드밀	∅16	황삭 23		60	
				정삭 25		50	
T02	나사가공	나사커터	∅24	70		37	
							소재치수 $100 \times 100 \times 50$
							재 질 S20C

(1) 헬리칼 절삭 프로그램 2의 해답

프로그램 cnc programming cnc programming cnc programming cnc programming cnc programming cnc programming cnc programming cnc program

```
O3060 ;
G40 G80 G17 ;
G30 G91 Z0. T01 M06 ;
G54 G00 G90 X0. Y0. ;
G43 Z20. H01 S460 M03 ;
Z2. M08 ;
G01 Z-35. F30 ;
Y8. F60 ;
G03 J-8. ;
G01 Y18.8 ;
G03 J-18.8 ;
S500 ;
G41 G01 Y24. D11 F50 ;
G03 J-24. ;
G40 G01 Y0. ;
G00 Z50. M09 ;
G49 Z400. M19 ;
G30 G91 Z0. T02 M06 ;
G90 G00 X0. Y0. ;
G43 Z20. H02 S930 M03 ;
Z-30. M08 ;
G42 G01 Y25. D12 F37 ;
G02 Z-32. J-25. ;
G40 G00 Y0. ;
Z50. M09 ;
G49 Z400. M19 ;
M02 ;
```

황삭가공 (대괄호로 G01 Z-35. F30 부터 G03 J-18.8 까지 묶음)

-- 정삭가공(∅48)

-- 헬리칼 절삭(Z축 이동거리 Z-30mm에서 Z
   -32.까지 2 mm 이동, 나사 피치와 같다.)

3.8 고정 싸이클 프로그램

* 아래 절삭조건을 보고 프로그램을 작성하시오.

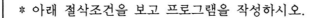

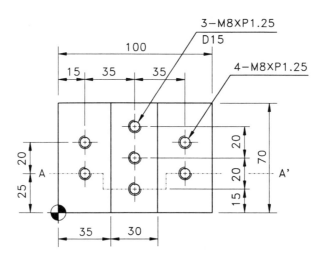

A-A' 단면도

공구 번호	공정명	사용공구	공구 직경	절삭속도 m/min	이송속도 mm/min	응용 프로그래밍 고정 싸이클 프로그램	
T01	황삭가공	황삭엔드밀	Ø20	35	160		
T02	정삭가공	4날엔드밀	Ø20	25	100		
T03	센타가공	센타드릴	Ø4	25	120	소재치수	100×70×30
T04	드릴가공	드릴	Ø6.8	25	120		
T05	탭가공	탭	M8	5	250	재 질	S45C

(1) 고정 싸이클 프로그램 해답

프로그램   cnc programming cnc programming cnc programming cnc programming cnc programming cnc programming cnc programming cnc program

```
03070 ;
G40 G80 G17 ;
G30 G91 Z0. T01 M06 ;            -- 위쪽면 단차 황삭가공
G54 G00 G90 X8. Y82. ;
G43 Z20. H01 S560 M03 ;
Z-9.9 M08 ;
G01 Y-2. F160 ;
G41 X34.8 D11 ;
Y82. ;
G00 Z20. ;
G40 X92. Y-12. ;
Z-9.9 ;
G01 Y72. ;
G41 X65.2
Y-12. ;
G00 Z20. M09 ;
G40 X8. Y82. ;
G49 G00 Z400. M19 ;
G30 G91 Z0. T02 M06 ;            -- 위쪽면 단차 정삭가공
G00 G90 X8. Y82. ;
G43 Z20. H02 S400 M03 ;
Z-10. M08 ;
G01 Y-2. F100 ;
G41 X35. D12 ;
Y82. ;
G00 Z20. ;
G40 X92. Y-12. ;
Z-10. ;
G01 Y72. ;
G41 X65.
Y-12. ;
G00 Z20. M09 ;
G40 X75. ;
```

```
G49 G00 Z400. M19 ;
G30 G91 Z0. T03 M06 ;
G00 G90 X15. Y25. ;
G43 Z20. H03 S1990 M03 ;
G81 G99 Z-15. R-7. F120 M08 ;        -- 센타드릴 고정 싸이클 가공
G98 Y45. ;                            ※ 단차가 있는 고정 싸이클 가공은 초
G99 X50. Y55. Z-5. R3. ;                기점 복귀와 R점 복귀를 정확하게 지령
Y35. ;                                  해야 한다.
Y15. ;
X85. Y25. Z-15. R-7. ;
Y45. ;
M09 ;
G49 G00 Z400. M19 ;
G30 G91 Z0. T04 M06 ;
G00 G90 X15. Y25. ;
G43 Z20. H04 S880 M03 ;
G83 G99 Z-34. R-7. Q1500 F120 M08 ; -- 드릴 고정 싸이클 가공
G98 Y45. ;
G99 X50. Y55. Z-20. R3. ;
Y35. ;
Y15. ;
X85. Y25. Z-34. R-7. ;
Y45. ;
M09 ;
G49 G00 Z400. M19 ;
G30 G91 Z0. T05 M06 ;
G00 G90 X15. Y25. ;
G43 Z20. H05 S200 M03 ;
G84 G99 Z-34. R-5. F250 M08 ;        -- 탭가공 고정 싸이클
G98 Y45. ;                            ※ 탭가공의 이송속도는 피치×주축 회전
G99 X50. Y55. Z-17. R5. ;               수의 값을 지령한다.
Y35. ;
Y15. ;
X85. Y25. Z-34. R-5. ;
Y45. ;
M09 ;
G49 G00 Z400. M19 ;
M02 ;
```

3.9 좌표회전 프로그램

* 아래 절삭조건을 보고 프로그램을 작성하시오.

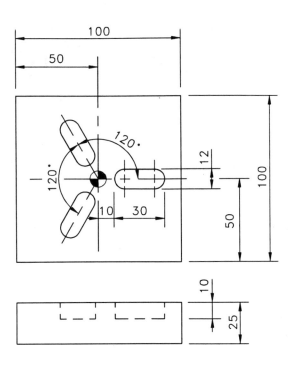

공구 번호	공정명	사용공구	공구 직경	절삭속도 m/min	이송속도 mm/min	응용 프로그래밍 **좌표회전 프로그램**	
T01	황삭가공	2날엔드밀	∅8	70	330		
T02	정삭가공	4날엔드밀	∅8	90	430	소재치수	100×100×25
						재 질	AL

(1) 좌표회전 프로그램 해답

* 황삭가공 공구경로

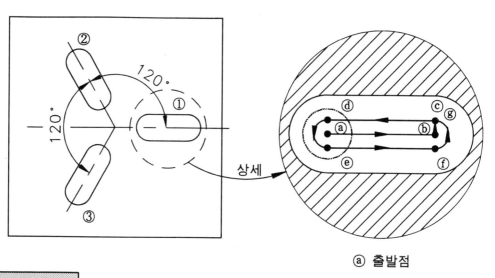

ⓐ 출발점

프로그램 cnc programming cnc programming cnc programming cnc programming cnc programming cnc programming cnc programming cnc program

```
03080 ;
G40 G80 G17 ;
G30 G91 Z0. T01 M06 ;
G54 G00 G90 X16. Y0. ;
G43 Z20. H01 S2790 M03 ;
M08 ;
M98 P3081 ;              -- 보조 프로그램 O3081번 1회 호출 (①번 슬
                            롯형상 가공)

G68 X0. Y0. R120. ;      -- 좌표회전 지령(중심좌표 X0 Y0, 회전각도
                            120° 지령)

M98 P3081 ;              -- 보조 프로그램 O3081번 1회 호출 (②번 슬
                            롯형상 가공)

G68 X0. Y0. R240. ;      -- 좌표회전 지령(중심좌표 X0 Y0, 회전각도
                            240° 지령)

M98 P3081 ;              -- 보조 프로그램 O3081번 1회 호출 (③번 슬
                            롯형상 가공)
```

M09 ;

G49 G00 Z400. M19 ;

* 정삭가공 공구경로

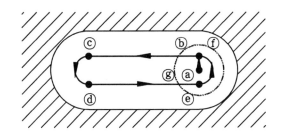

ⓐ 출발점

ⓖ 가공 끝점

G30 G91 Z0. T02 M06 ;

G54 G90 G00 X34. Y0. ;

G43 Z20. H02 S3580 M03 ;

M08 ;

M98 P3082 ;   -- 보조프로그램 O3082번 1회 호출(①번 슬롯
                                           정삭가공)

G68 X0. Y0. R120. ;   -- 좌표회전 120°

M98 P3082 ;   -- 보조프로그램 O3082번 1회 호출(②번 슬롯
                                           정삭가공)

G68 X0. Y0. R240. ;   -- 좌표회전 240°

M98 P3082 ;   -- 보조프로그램 O3082번 1회 호출(③번 슬롯

M09 ;   정삭가공)

G49 G00 Z400. M19 ;

M02 ;

O3081(O3080 SUB PROGRAM 1) ;   -- ①번 슬롯 황삭가공 보조 프로그램

G00 G90 X16. Y0. ;   (하향절삭)

Z2. ;

G01 Z-9.9 F50 ;

X34. Y0. F330 ;

G41 X34. Y6. D11 ;

```
X16. Y6. ;

G62 G03 X16. Y-6. R6. ;

G01 X34. Y-6. ;

G03 X34. Y6. R6. ;

G40 G64 G01 X34. YO. ;

G69 ;

G00 Z20. ;

M99 ;
```

```
03082(03080 SUB PROGRAM 2) ;       -- ①번 슬롯 정삭가공 보조 프로그램

G90 G00 X34. YO. ;

Z-8. ;

G01 Z-10. F60 ;

G41 G01 X34. Y6. D12 F430 ;

X16. Y6. ;

G62 G03 X16. Y-6. R6. ;

G01 X34. Y-6. ;

G03 X34. Y6. R6. ;

G40 G64 G01 X34. YO. ;

G69 ;

G00 Z20. ;

M99 ;
```

3.10 극좌표 보간 프로그램

* 아래 절삭조건을 보고 프로그램을 작성하시오.

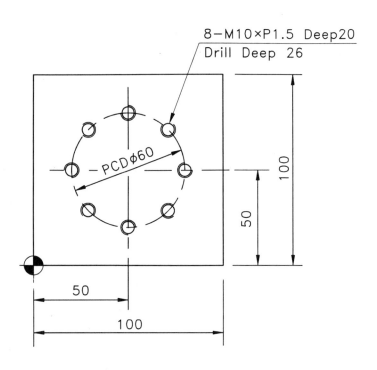

8-M10×P1.5 Deep20
Drill Deep 26

PCDφ60

100

50

50

100

공구 번호	공정명	사용공구	공구 직경	절삭속도 m/min	이송속도 mm/min	응용 프로그래밍 극좌표 보간 프로그램	
T01	센타가공	센타드릴	∅4	25	120		
T02	드릴가공	드릴	∅8.5	25	110	소재치수	100×100×30
T03	탭가공	탭	M10	5	250		
						재　질	S45C

(1) 극좌표 보간 프로그램 해답

| 프로그램 | cnc programming cnc programming cnc programming cnc programming cnc programming cnc programming cnc programming cnc program |

```
O3090 ;
G40 G80 ;
G30 G91 Z0. T01 M06 ;                    * 센타드릴 가공
G54 G00 G90 X0. Y0. ;
G52 G90 X50. Y50. ;                      -- 로칼 좌표계 지령(극좌표 지령은
G43 Z20. H01 S1990 M03 ;                    좌표계 원점(절대좌표 X0 Y0)에서
                                            지령된다.
G17 G16 ;                                -- 극좌표 지령
G81 G99 X30. Y0. Z-5. R3. F120 M08 ;     -- 극좌표 지령상태에서 고정 싸이클
                                            지령(X=원호반경, Y=각도, 나머
                                            지는 고정 싸이클 조건과 같다.)
M98 P3091 ;                              -- 보조 프로그램 O3091 호출
G49 G00 Z400. M19 ;
G30 G91 Z0. T02 M06 ;
G43 G90 Z20. H02 S1140 M03 ;             * 드릴가공
G16 M08 ;                                -- X,Y평면 지정, 극좌표 지령
G73 G99 X30. Y0. Z-26. Q2000 R3. F110 ;  -- 극좌표 지령상태에서 고정 싸이클
                                            지령(X=원호반경, Y=각도, 나머
                                            지는 고정 싸이클 조건과 같다.)
M98 P3091 ;                              -- 보조 프로그램 O3091 호출
G49 G00 Z400. M19 ;
G30 G91 Z0. T03 M06 ;
G43 G90 Z20. H03 S200 M03 ;              * 탭 가공
G16 M08 ;                                -- 극좌표 지령
G84 G99 X30. Y0. Z-22. R5. F250 ;        -- 극좌표 지령상태에서 고정 싸이클
                                            지령(X=원호반경, Y=각도, 나머
                                            지는 고정 싸이클 조건과 같다.)
M98 P3091 ;                              -- 보조 프로그램 O3091 호출
```

```
G52 X0. Y0. ;                              -- 로칼 좌표계 무시
G49 G00 Z400. M19 ;
M02 ;
```

```
O3091(O3090 SUB PROGRAM) ;                 -- O3090 보조 프로그램
Y45. ;                                     -- 각도 45° 위치(극좌표 지령)
Y90. ;                                     -- 각도 90° 위치(극좌표 지령)
Y135. ;
Y180. ;
Y225. ;
Y270. ;
Y315. ;
G15 ;                                      -- 극좌표 지령 무시
M09 ;                                      -- 주 프로그램 호출
M99 ;
```

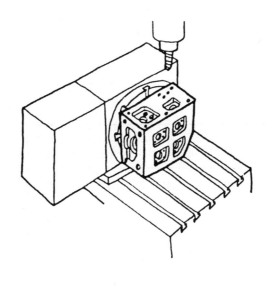

3.11 보조 프로그램 응용

* 아래 절삭조건을 보고 프로그램을 작성하시오.

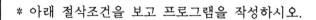

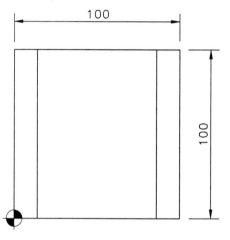

위치	X 좌표	Z 좌표
A	14.293	15.000
B	28.576	21.000
C	71.424	21.000
D	85.707	15.000

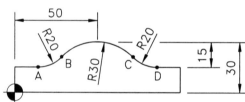

공구 번호	공정명	사용공구	공구 직경	절삭속도 m/min	이송속도 mm/min	응용 프로그래밍 **보조 프로그램 응용**	
T01	황삭가공	볼 엔드밀	Ø20	70	220		
T02	정삭가공	볼 엔드밀	Ø20	90	290	소재치수	100×100×30
						재 질	AL

(1) 보조 프로그램 응용

* 황삭, 정삭가공 공구경로

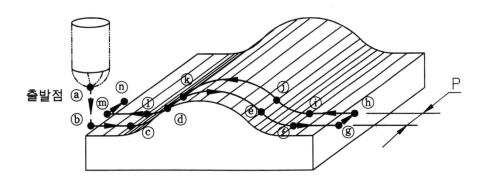

| 프로그램 | cnc programming cnc programming cnc programming cnc programming cnc programming cnc programming cnc programming cnc program |

```
O3100 ;
G17 G40 G80 ;
G30 G91 Z0. T01 M06 ;
G54 G90 G00 X-12. Y-1. ;
G43 Z50. H01 S1110 M03 ;
Z15.1 M08 ;
M98 P263101 ;                 -- 보조 프로그램 O3101번 26회 반복 호출
M09 ;                            (반복회수 결정은 전체 폭100mm ÷위 공
G17 G49 G00 Z400. M19 ;          구경로의(P2mm×2회)를 계산한다.)
G30 G91 Z0. T02 M06 ;
G90 G00 X-12. Y-0.5 ;
G43 Z50. H02 S1430 M03 ;
Z15. M08 ;
M98 P1023102 ;                -- 보조 프로그램 O3102번 102회 반복 호출
M09 ;                            (반복회수 결정은 전체 폭100mm ÷위 공
G17 G49 G00 Z400. M19 ;          구경로의(P0.5mm×2회)를 계산한다.)
M02 ;
```

```
O3101(O3100 SUB PROGRAM 1) ;      -- O3100번의 황삭 보조 프로그램
G90 G01 X14.293 F220 ;
G18 G02 X28.576 Z21.1 R20. ;      -- X, Z평면 선택(X, Z축 원호가공)
G03 X71.424 R30. ;
G02 X85.707 Z15.1 R20. ;          ※ Z축 정삭여유 0.1 mm 남기고 황삭가공 한
G01 X101. ;                          다.(Z축 정삭여유를 프로그램에서 지령하
G91 Y2. ;                            지 않고 공구길이 보정을 수정하여 황삭가
G90 X85.707 ;                        공 하는 방법도 많이 활용된다.)
G03 X71.424 Z21.1 R20. ;
G02 X28.576 R30. ;
G03 X14.293 Z15.1 R20. ;
G01 X-1. ;
G91 Y2. ;
M99 ;
```

```
O3102(O3100 SUB PROGRAM 2) ;      -- O3100번의 정삭 보조 프로그램
G90 G01 X14.293 F290 ;
G18 G02 X28.576 Z21. R20. ;
G03 X71.424 R30. ;
G02 X85.707 Z15. R20. ;
G01 X101. ;
G91 Y0.5 ;
G90 X85.707 ;
G03 X71.424 Z21. R20. ;
G02 X28.576 R30. ;
G03 X14.293 Z15. R20. ;
G01 X-1. ;
G91 Y0.5 ;
M99 ;
```

3.12 응용과제 1

1) 다음 과제의 프로그램을 작성하시오.

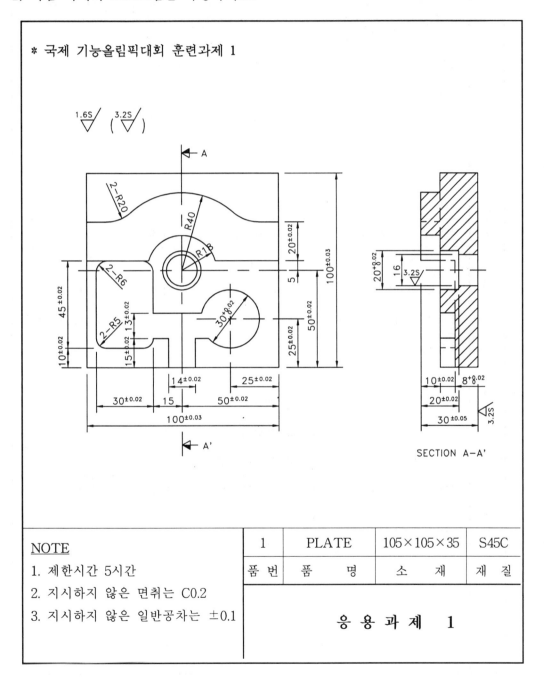

* 국제 기능올림픽대회 훈련과제 1

1	PLATE	105×105×35	S45C
품 번	품　　　명	소　　재	재 질

응 용 과 제　1

NOTE

1. 제한시간 5시간
2. 지시하지 않은 면취는 C0.2
3. 지시하지 않은 일반공차는 ±0.1

2) 사용 공구 및 측정 기구

	품 명	규 격	수 량	비 고
측 정 기	버니어 켈리퍼스	150mm	1 EA	
	외경 마이크로메타	0~100mm	1 SET	
	내측 마이크로메타	6~50mm	〃	
	홀테스타	16~20mm	1 EA	∅20
	〃	25~30mm	〃	∅30
	하이트 게이지	150mm	1 EA	
	블록 게이지	71pc	1 SET	
	테스트 인디게이터	0.01mm	1 EA	
	다이얼 게이지	0.01mm	1 SET	Z축 좌표설정용
	하이트프리셋타	100mm	1 EA	공구길이 측정용
	터치센서, 인디게이터		〃	X,Y축 좌표설정용
	석정반		〃	
사 용 공 구	밀링척	BT40-C32-90	2EA	∅22
	〃	BT40-C20-75	2EA	∅8
	드릴 홀더	BT40-MTA2-45	1EA	∅16
	페이스커터 아버	BT40-FMA25.4-45	1EA	커터 ∅80
	보링 헤드	BT40-DJ8-94	1EA	∅20

3) 공정 분석

| 공정분석 | ** |

공구 번호	공 정 명	툴 홀 더	절 삭 공 구
1	황삭엔드밀 가공	BT40-C32-90	∅22 황삭코팅 엔드밀
2	드릴 가공	BT40-MTA2-45	∅16 HSS 드릴
3	2날 황삭엔드밀 가공	BT40-C20-75	∅8 2날 HSS 엔드밀
4	페이스 가공	BT40-FMA25.4-45	∅80 페이스 커터
5	4날 정삭 가공	BT40-C32-90	∅22 4날 HSS 엔드밀
6	4날 정삭 가공	BT40-C20-75	∅8 4날 HSS 엔드밀
7	보링	BT40-DJ8-94	∅20 보링

4) 좌표 계산

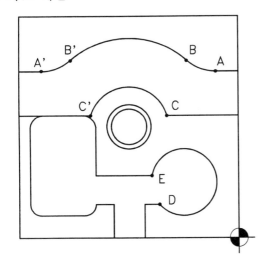

	위 치	X 좌표	Y 좌표
	A	-10.314	75.
X	A'	-89.686	75.
Y	B	-23.542	80.
좌	B'	-76.458	80.
표	C	-32.708	55.
	C'	-67.292	55.
	D	-36.18	15.
	E	-39.697	28.

(1) A, B점 좌표 계산

$$r_1 = 40 , \quad r_2 = 20 , \quad y' = 45 \text{ 에서}$$

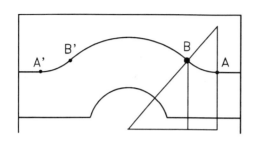
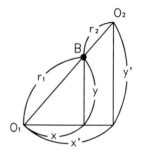

① $x' = \sqrt{(r_1+r_2)^2 - y^2}$

$= \sqrt{(40+20)^2 - 45^2}$ $= 39.686$

※ 삼각형의 닮은꼴 법칙을 이용하여 y를 계산한다.

② $(r_1+r_2) : y' = r_1 : y$, $y \times (r_1+r_2) = r_1 \times y'$, $y = \dfrac{r_1 \times y'}{(r_1+r_2)}$

$y = \dfrac{40 \times 45}{60}$ $= 30$

③ $x = \sqrt{(r_1^2 - y^2)}$

$= \sqrt{(40^2 - 30^2)}$ $= 26.458$

* A점의 X좌표 $= 50 - x'$

$= 50 - 39.686$

$= 10.314$

* A점의 Y좌표 $= 75$

* B점의 X좌표 $= 50 - x$

$= 50 - 26.458$

$= 23.542$

* B점의 Y좌표 $= 50 + y$

$= 50 + 30$

$= 80$

* A'점의 X좌표 $= 50 + x'$

$= 50 + 39.686$

$= 89.686$

* A′점의 Y좌표 = 75
* B′점의 X좌표 = 50+ x
             = 50+26.458
             = 76.458
* B′점의 Y좌표 = B점의 Y좌표
             = 80

(2) C점 좌표 계산

    $r = 18$, $y = 5$ 에서

① $x = \sqrt{r^2 - y^2}$

      $= \sqrt{18^2 - 5^2}$ $= 17.292$

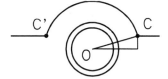

* C점의 X좌표 = 50− x
            = 50−17.292
            = 32.708

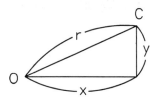

* C점의 Y좌표 = 55
* C′점의 X좌표 = 50+ x
           = 67.292
* C′점의 Y좌표 = 55

(3) D점 좌표 계산

    $r = 15$, $y = 10$ 에서

① $x = \sqrt{r^2 - y^2}$

      $= \sqrt{15^2 - 10^2}$ $= 11.18$

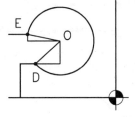

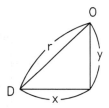

* D점의 X좌표 = 25+ x
           = 25+11.18
           = 36.18
* D점의 Y좌표 = 25− y

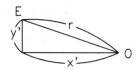

$$= 25 - 10$$
$$= 15$$

(4) E점 좌표 계산

$r = 15 , \quad y^{'} = 3$ 에서

① $x^{'} = \sqrt{r^2 - y^2}$

$\quad = \sqrt{15^2 - 3^2} \quad = 14.697$

* E점의 X좌표 $= 25 + x^{'}$

$\quad = 25 + 14.697$

$\quad = 39.697$

* E점의 Y좌표 $= 25 + y^{'}$

$\quad = 25 + 5$

$\quad = 30$

5) 프로그램 및 해설

프로그램 ***

* ∅22 황삭 엔드밀 공구경로

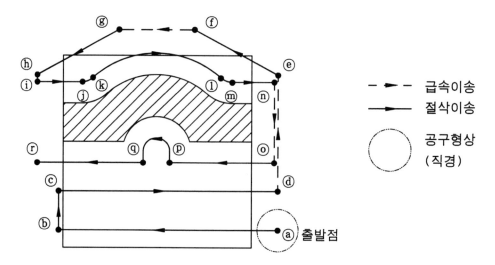

- - ▶ - - 급속이송

──▶ 절삭이송

◯ 공구형상
（직경）

03200 (3-20 SAMPLE PROGRAM) ;

N01 G17 G40 G80 ;
(22MM ROUGHING ENDMILL T01 H01 D11) ;
N02 G30 G91 Z0. T01 M06 ;
N03 G54 G90 G00 X13. Y10. ;
N04 G43 Z20. H01 S460 M03 ;
N05 Z-9.9 M08 ;
N06 G01 X-102. F160 ;
N07 Y30. ;
N08 X13. ;
N09 G00 Y88. ;
N10 G01 X-12. Y113. ;
N11 G00 X-88. ;
N12 G01 X-113. Y88. ;
N13 G41 G00 Y75. D11 ;
N14 G62 G01 X-89.686 ;
N15 G03 X-76.458 Y80. R20. ;
N16 G02 X-23.542 R40. ;

N17 G03 X-10.314 Y75. R20. ;
N18 G01 X1. ;
N19 G00 Y55. ;
N20 G01 X-32.708 ;
N21 G03 X-67.292 R18. ;
N22 G64 G01 X-113. ;
N23 G00 Z50. M09 ;
N24 G40 X-50. Y50. ;
N25 G49 Z400. M19 ;
(16MM DRILL T02 H02) ;
N26 G30 G91 Z0. T02 M06 ;
N27 G00 G90 X-50. Y50. ;
N28 G43 Z20. H02 S500 M03 ;
N29 G73 G98 Z-37. R-7. Q2000 F110 M08 ;
N30 M09 ;
N31 G49 G00 Z400. M19 ;

* ∅8 2날 엔드밀 공구경로

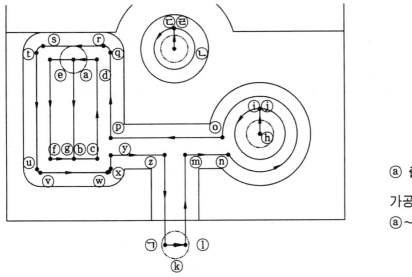

ⓐ 출발점

가공순서

ⓐ~ⓔ

(2F-8MM ROUGHING T03 H03 D13) ;

N32 G30 G91 Z0 T03 M06 ;

N33 G00 G90 X-80. Y45. ;

N34 G43 Z20. H03 S920 M03 ;

N35 Z-8. M08 ;

N36 G01 Z-17.9 F30 ;

N37 Y20. F70 ;

N38 G91 X5. ;

N39 Y25. ;

N40 X-10. ;

N41 Y-25. ;

N42 X5. ;

N43 G00 G90 Z20. ;

N44 X-25. Y25. ;

N45 Z-8. ;

N46 G01 Z-17.9 F90 ;

N47 Y30. F70 ;

N48 G03 J-5. ;

N49 G00 Z20. ;

N50 X-50. Y-7. ;

N51 Z-17.9 ;

N52 G41 G01 X-43. D13 ;

N53 Y15. F90 ;

N54 X-36.18 ;

N55 G03 X-39.697 Y28. R-15. ;

N56 G01 X-65. ;

N57 Y49. ;

N58 G03 X-71. Y55. R6. ;

N59 G01 X-89. ;

N60 G03 X-95. Y49. R6. ;

N61 G01 Y15. ;

N62 G03 X-90. Y10. R5. ;

N63 G01 X-70. ;

N64 G03 X-65. Y15. R5. ;

N65 G01 X-57. ;

N66 Y-7. ;

N67 G00 G40 X-50. ;

N68 G00 Z20. ;

N69 X-50. Y50. ;

N70 Z-19.9 ;

N71 G01 G41 Y60. ;

N72 G03 J-10. ;

N73 G40 G01 Y50. ;

N74 G00 Z20. M09 ;

N75 G49 Z400. M19 ;

(80MM FACING CUTTER T04 H04) ;

N76 G30 G91 Z0. T04 M06 ;

N77 G00 G90 X45. Y65. ;

N78 G43 Z20. H04 S600 M03 ;

N79 G01 Z0. F2000 M08 ;

N80 X-142. F500 ;

N81 M09 ;

N82 G49 G00 Z400. M19 ;

(4F-22MM FINISHING T05 H05 D15) ;

N83 G30 G91 Z0. T05 M06 ;

N84 G90 G00 X13. Y10. ;

N85 G43 Z20. H05 S330 M03 ;

N86 Z-10. M08 ;

N87 G01 X-102. F80 ;

N88 Y30. ;

N89 X13. ;
N90 G00 Y88. ;
N91 G01 X-12. Y113. ;
N92 G00 X-88. ;
N93 G01 X-113. Y88. ;
N94 G41 G00 Y75. D15 ;
N95 G62 G01 X-89.686 ;
N96 G03 X-76.458 Y80. R20. ;
N97 G02 X-23.542 R40. ;
N98 G03 X-10.314 Y75. R20. ;
N99 G01 X1. ;
N100 G00 Y55. ;
N101 G01 X-32.708 ;
N102 G03 X-67.292 R18. ;
N103 G64 G01 X-113. ;
N104 G00 Z50. M09 ;
N105 G40 X-50. Y50. ;
N106 G49 Z400. M19 ;
(4F-8MM FINISHING T06 H06 D16) ;
N107 G30 G91 Z0 T06 M06 ;
N108 G00 G90 X-80. Y45. ;
N109 G43 Z20. H06 S990 M03 ;
N110 Z-8. M08 ;
N111 G01 Z-18. F100 ;
N112 Y20. F160 ;
N113 G91 X5. ;
N114 Y25. ;
N115 X-10. ;
N116 Y-25. ;
N117 X5. ;
N118 G00 G90 Z20. ;
N119 X-25. Y25. ;

N120 Z-8. ;
N121 G01 Z-18. F100 ;
N122 Y30. F160 ;
N123 G03 J-5. ;
N124 G00 Z20. ;
N125 X-50. Y-7. ;
N126 Z-18. ;
N127 G41 G01 X-43. D16 ;
N128 Y15. ;
N129 X-36.18 ;
N130 G03 X-39.697 Y28. R-15. ;
N131 G01 X-65. ;
N132 Y49. ;
N133 G03 X-71. Y55. R6. ;
N134 G01 X-89. ;
N135 G03 X-95. Y49. R6. ;
N136 G01 Y15. ;
N137 G03 X-90. Y10. R5. ;
N138 G01 X-70. ;
N139 G03 X-65. Y15. R5. ;
N140 G01 X-57. ;
N141 Y-7. ;
N142 G00 G40 X-50. M09 ;
N143 G49 Z400. M19 ;
(20MM BORING T07 H07) ;
N144 G30 G91 Z0. T07 M06 ;
N145 G00 G90 X-50. Y50. ;
N146 G43 Z20. H07 S1590 M03 ;
N147 G76 G98 Z-20. R-8. F95 M08 ;
N148 M09 ;
N149 G49 G00 Z400. M19 ;
N150 M02 ;

3.13 응용과제 2

1) 다음 과제의 프로그램을 작성하시오.

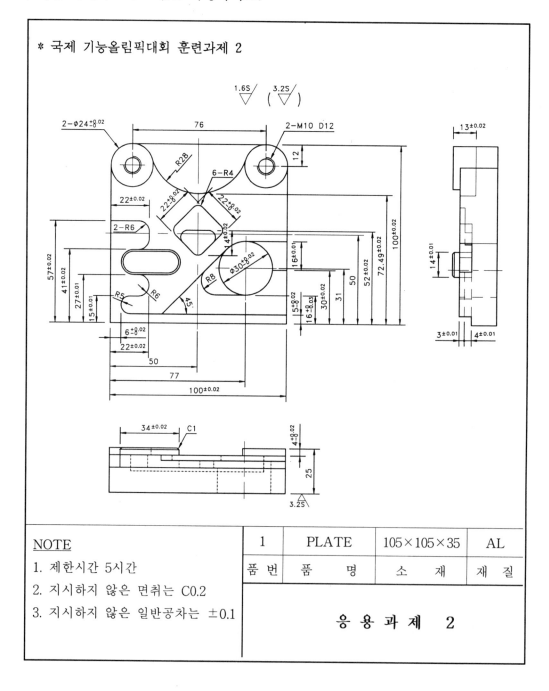

* 국제 기능올림픽대회 훈련과제 2

1	PLATE	105×105×35	AL
품 번	품 명	소 재	재 질

NOTE

1. 제한시간 5시간
2. 지시하지 않은 면취는 C0.2
3. 지시하지 않은 일반공차는 ±0.1

응 용 과 제   2

2) 사용 공구 및 측정 기구

	품　명	규　격	수　량	비　고
측 정 기	버니어 켈리퍼스	150mm	1 EA	
	외경 마이크로메타	0~100mm	1 SET	
	내측 마이크로메타	6~50mm	〃	
	홀테스타	16~20mm	1 EA	
	〃	25~30mm	〃	
	하이트 게이지	150mm	1 EA	
	블록 게이지	71pc	1 SET	
	테스트 인디게이터	0.01mm	1 EA	
	다이얼 게이지	0.01mm	1 SET	Z축 좌표설정용
	하이트프리셋타	100mm	1 EA	공구길이 측정용
	터치센서, 인디게이터		〃	X,Y축 좌표설정용
	석정반		〃	
사 용 공 구	드릴 홀더	BT40-MTA3-75	1EA	∅25
	밀링 척	BT40-C32-90	2EA	∅20
	〃	BT40-C20-75	3EA	∅7, 면취
	자콥스테이퍼 홀더	BT40-JTA6-45	2EA	
	드릴 척	13mm	2EA	∅4
	탭 홀더	BT40-Z12-90	1EA	M10

3) 공정 분석

공정분석	**

공구 번호	공 정 명	툴 홀 더	절 삭 공 구
1	∅25 드릴 가공	BT40-MTA3-75	HSS 드릴 ∅25
2	∅20 황삭 가공	BT40-C32-90	황삭엔드밀 ∅20
3	∅7 황삭 가공	BT40-C20-75	초경 2날 엔드밀 ∅7
4	센타드릴 가공	BT40-JTA6-45 드릴 척	HSS 센타드릴 ∅4
5	∅8.5 드릴 가공	BT40-JTA6-45 드릴 척	HSS 드릴 ∅8.5
6	탭 가공	BT40-Z12-90	탭 M10
7	면취 가공	BT40-C20-75	면취 엔드밀 ∅10×45°
8	∅20 정삭 가공	BT40-C32-90	초경 4날 엔드밀 ∅20
9	∅7 정삭 가공	BT40-C20-75	초경 4날 엔드밀 ∅7

4) 좌표 계산

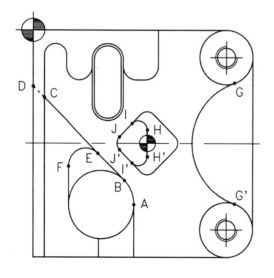

위치	X 좌표	Y 좌표
A	46.	-77.
B	41.607	-66.393
C	-	-
D	0	-24.786
E	29.657	-54.443
F	16.	-60.1
G	91.257	-23.4
G'	91.257	-76.6
H	0	5.899
H'	0	-5.899
I	-6.829	8.727
I'	-6.829	-8.727
J	-12.728	2.828
J'	-12.728	-2.828

(1) B점 좌표 계산

   ① $x = \cos 45 \times r$

      $= \cos 45 \times 15$ $= 10.606$

   ② $y = \cos 45 \times r$

      $= \cos 45 \times 15$ $= 10.606$

   * B점의 X좌표 $= $ A점의 X좌표$- (\overline{AO} - x)$

               $= 46 - (15 - 10.607)$

               $= 41.607$

   * B점의 Y좌표 $= $ A점의 Y좌표$- y$

               $= 77 - 10.607$

               $= 66.393$

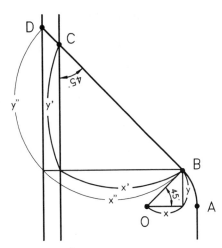

(2) C점 좌표 계산

   ① $x' = $ B점의 X좌표$- $ C점의 X좌표

      $= 41.607 - 5$ $= 36.607$

   ② $y' = \tan 45 \times x'$

      $= 1 \times 36.607$ $= 36.607$

   하지만 실제 공구를 C점에서 정지시키면 C점에서 밀림 현상이 나타난다. 정밀한 가공을 하기 위하여 C점을 지나서 임의 지점(D점)까지 이동시키는 것이 좋다. D점까지 이동시키기 위하여 D점의 좌표를 계산한다.

(3) D점 좌표 계산

   ① $x'' = $ B점의 X좌표

      $= 41.607$

   ② $y'' = \tan 45 \times x''$

      $= \tan 45 \times 41.607$ $= 41.607$

   * D점의 X좌표 $= 0$

   * D점의 Y좌표 $= $ B점의 Y좌표$- y''$

               $= 66.393 - 41.607$

$$= 24.786$$

(4) E, F점 좌표 계산

$\theta = 45°$

① $x = \cos 45 \times r$

$= \cos 45 \times 8 \quad = 5.657$

② $y = \sin 45 \times r$

$= \sin 45 \times 8 \quad = 5.657$

※ O점의 Y좌표를 알 수 없기 때문에 B점을 이용하여 계산한다.

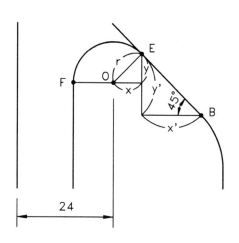

③ $x' = $ B점의 X좌표$- (24 + x)$

$= 41.607 - (24 + 5.657) \quad = 11.95$

④ $y' = \tan 45 \times x'$

$= \tan 45 \times 11.95 \quad = 11.95$

* E점의 X좌표 $= 24 + x$

$= 24 + 5.657 \quad = 29.657$

* E점의 Y좌표 $= $ B점의 Y좌표$- y'$

$= 66.393 - 11.95$

$= 54.443$

* F점의 X좌표 $= 16$

* F점의 Y좌표 $= $ E점의 Y좌표$+ y$

$= 54.443 + 5.657$

$= 60.1$

(5) G점 좌표 계산

$r_1 = 12$

$r_2 = 28$

$$\overline{O_2\,O_3} = 38$$

$$x^{'} = \sqrt{(r_1+r_2)^2 - \overline{O_2\,O_3}^2}$$

$$x^{'} = \sqrt{40^2-38^2} \qquad = 12.49 \ \text{에서}$$

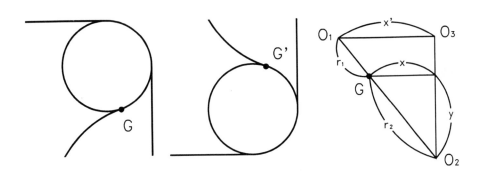

① x의 계산

※ 삼각형의 닮은꼴 법칙을 이용하여 계산한다.

$$x^{'} : (r_1+r_2) = x : r_2$$

$$12.49 : 40 = x : 28 \qquad 12.49 \times 28 = 40 \times x$$

$$x = \frac{12.49 \times 28}{40} \qquad = 8.743$$

② y의 계산

$$y = \sqrt{r_2^2 - x^2}$$

$$y = \sqrt{28^2 - 8.743^2} \qquad = 26.6$$

* G점의 X좌표 = 전체 길이 $-\,x$

$$= 100 - 8.743 \qquad = 91.257$$

* G점의 Y좌표 $= 50 - y$

$$= 50 - 26.6$$

$$= 23.4$$

* G′점의 X좌표 = G점의 X좌표

$$= 91.257$$

* G′점의 Y좌표 = 전체폭 − (G점의 Y좌표)

    = 100 − 23.4

    = 76.6

(6) H, I점 좌표 계산

$\theta = \dfrac{45}{2}$

$\overline{HO_1} = \overline{IO_1}$ 조건에서

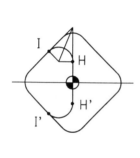
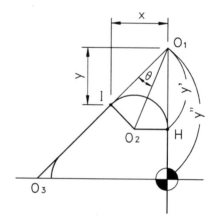

① $y'' = \cos 45 \times \overline{O_1O_3}$

    $= \cos 45 \times 22$ $= 15.556$

② $y' = \dfrac{\overline{HO_1}}{\tan \theta}$

    $= \dfrac{4}{\tan 22.5}$ $= 9.657$

③ $x = \cos 45 \times \overline{I\,O_1}$

    $= \cos 45 \times 9.657$ $= 6.829$

④ $y = \sin 45 \times \overline{I\,O_1}$

    $= \sin 45 \times 9.657$ $= 6.829$

* H점의 X좌표 = 0(로칼 좌표계 원점)

* H점의 Y좌표 $= y'' - y'$

$= 15.556 - 9.657$

$= 5.899$

* I점의 X좌표 $= -x$

$= -6.829$

* I점의 Y좌표 $= y'' - y$

$= 15.556 - 6.829$

$= 8.727$

* H'점의 X좌표 $=$ H점의 X좌표

* H'점의 Y좌표 $= -($H점의 Y좌표$)$

$= -5.899$

* I'점의 X좌표 $=$ I점의 X좌표

$= -6.829$

* I'점의 Y좌표 $= -($I점의 Y좌표$)$

$= -8.727$

(7) J점 좌표 계산

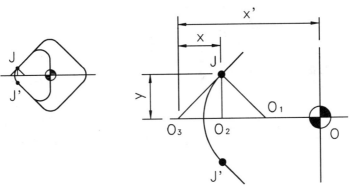

$\theta = 45$

$x' = \cos 45 \times \overline{O\,O_3}$

$= \cos 45 \times 22 \quad = 15.556$

$\overline{JO_1} = \overline{JO_3}$ 조건에서

① $x = \cos 45 \times \overline{J\,O_3}$

$\qquad = \cos 45 \times 4 \qquad = 2.828$

② $y = \sin 45 \times \overline{J\,O_3}$

$\qquad = \sin 45 \times 4 \qquad = 2.828$

* J점의 X좌표 $= -(x' - x)$

$\qquad\qquad\quad = -(15.556 - 2.828)$

$\qquad\qquad\quad = -12.728$

* J점의 Y좌표 $= y$

$\qquad\qquad\quad = 2.828$

* J′점의 X좌표 $=$ J점의 X좌표

$\qquad\qquad\quad = -12.728$

* J′점의 Y좌표 $= -y$

$\qquad\qquad\quad = -2.828$

5) 공작물 셋팅 형상

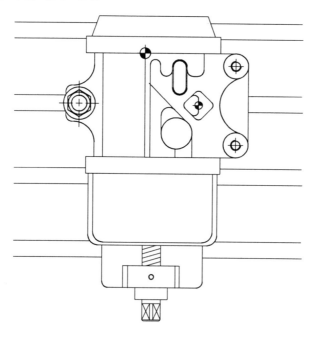

* 테이블 위에 설치된 바이스와 바이스 위에 설치된 공작물의 형상이다.
(공작물 밑면에 평행대를 설치한다.)

6) 프로그램 및 해설

| 프로그램 | ** |

03210 (3-21 SAMPLE PROGRAM) ;

G17 G40 G80 ;

(DRILL 25MM T01 H01) ;

G30 G91 Z0. T01 M06 ;

G54 G90 G00 X31. Y-77. ;

G43 Z20. H01 S950 M03 ;

G73 G98 Z-34.5 R3. Q2000 F380 M08 ;

M09 ;

G49 G00 Z400. M19 ;

* ∅20 황삭 엔드밀 공구경로

(ROUGHING ENDMILL 20MM T02 H02 D12) ;

G30 G91 Z0. T02 M06 ;

G00 G90 X88. Y12. ;

G43 Z20. H02 S1310 M03 ;

G01 Z-27. F2000 M08 ;

G41 Y0. D12 F520 ;

G02 X100. Y-12. R12. ;

G01 Y-88. ;

G02 X88. Y-100. R12. ;

G40 G01 Y-112. ;

G00 Z10. ;

X8. Y-112. ;

Z-6.9 ;

G01 Y-53. ;

X25. Y-70. ;

Y-102. ;

G41 X46. ;

Y-77. ;

G03 X41.607 Y-66.393 R15. ;

G01 X0 Y-24.786 ;

출발점 ⓐ

출발점 ⓑ

```
G40 X-12. ;
G00 Z10. ;
X8. Y12. ;
Z-3.9 ;
G01 Y-52. ;
X34. ;
G41 Y-40. ;
G02 X27. Y-33. R7. ;
G01 Y-13. ;
G02 X41. R7. ;
G01 Y-33. ;
G02 X34. Y-40. R7. ;
G40 G01 Y-52. ;
X51. Y-55. ;
Y-102. ;
X62. ;
Y12. ;
G00 Z10. ;
X88. Y-112. ;
Z-3.9 ;
G41 G01 Y-100. ;
G02 X100. Y-88. R-12. ;
G40 G00 X112. ;
Y-12. ;
G41 G01 X100. ;
G02 X88. Y0. R-12. ;
G40 G00 Y12. ;
Z10. ;
X31. Y-77. ;
Z-27. ;
G41 G01 Y-62. F250 ;
G03 J-15. ;
G40 G00 Y-77. ;
Z10. ;
```

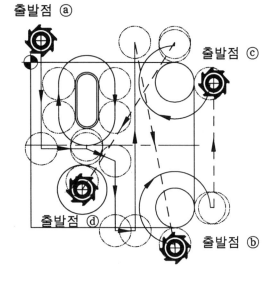

출발점 ⓐ

출발점 ⓒ

출발점 ⓑ

출발점 ⓓ

X112. Y-50. ;
Z-12.9 ;
G01 X90. F520 ;
G00 Z10. ;
X112. Y-12. ;
Z-12.9 ;
G41 G01 X100. ;
G02 X91.257 Y-23.4 R12. ;
G03 Y-76.6 R28. ;
G02 X100. Y-88. R12. ;
G40 G00 X112. ;
Z20. M09 ;
G49 Z400. M19 ;
(2F-7MM ENDMILL T03 H03 D13) ;
G30 G91 Z0. T03 M06 ;
G00 G90 X6. Y0. ;
G43 Z20. H03 S3420 M03 ;
Z-10.9 M08 ;
G01 X49. F340 ;
Y-16. ;
G00 Z10. ;
X21. Y5. ;
Z-10.9 ;
G01 Y-16. ;
G00 Z10. ;
X0. Y-106. ;
Z-10.9 ;
G41 G01 X5. D13 ;
Y-11. ;
G02 X15. R5. ;
G01 Y-16. ;
G03 X27. R6. ;
G01 Y-13. ;
G02 X41. R7. ;
G01 Y-16. ;

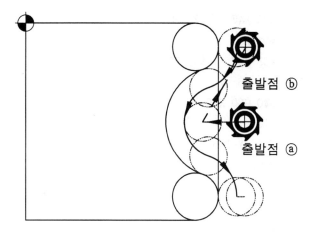

출발점 ⓑ

출발점 ⓐ

출발점 ⓐ

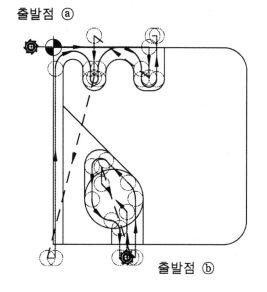

출발점 ⓑ

```
G03 X47. Y-22. R6. ;
G01 X51. ;
G03 X57. Y-16. R6. ;
G01 Y5. ;
G40 G00 X50. ;
Z10. ;
X38. Y-106. ;
Z-10.9 ;
G01 Y-80. ;
G00 X25. Y-75. ;
G01 Y-60. ;
G00 Z10. ;
X40. Y-106. ;
Z-10.9 ;
G41 G01 X46. ;
Y-77. ;
G03 X41.607 Y-66.393 R15. ;
G01 X29.657 Y-54.443 ;
G03 X16. Y-60.1 R8. ;
G01 Y-77. ;
G03 X30. Y-91.967 R15. ;
G01 Y-106. ;
G40 G00 X36. ;
Z10. ;
G52 G90 X52. Y-50. ;
G68 X0. Y0. R45. ;
X-3. Y0. ;
G01 Z-6.9 F80 ;
X-3. Y-6. F250 ;
X3. Y-6. ;
X3. Y6. ;
X-3. Y6. ;
X-3. Y0. ;
G41 X-11. Y0. ;
X-11. Y-7. ;
```

좌표회전

G03 X-7. Y-11. R4. ;
G01 X7. Y-11. ;
G03 X11. Y-7. R4. ;
G01 X11. Y7. ;
G03 X7. Y11. R4. ;
G01 X-7. Y11. ;
G03 X-11. Y7. R4. ;
G01 X-11. Y0. ;
G40 X-3. Y0. ;
G00 Z10. ;
G69 ;
X-7. Y0. ;
Z-6. ;
G01 Z-10.9 F80 ;
G41 X0. F250 ;
Y5.899 ;
G03 X-6.829 Y8.727 R4. ;
G01 X-12.728 Y2.828 ;
G03 Y-2.828 R4. ;
G01 X-6.829 Y-8.727 ;
G03 X0. Y-5.899 R4. ;
G01 Y0. ;
G40 X-5. ;
G00 Z20. M09 ;
G52 X0. Y0. ;
G49 Z400. M19 ;
(4MM CENTER DRILL T04 H04)
G30 G91 Z0. T04 M06 ;
G00 G90 X88. Y-12. ;
G43 Z20. H04 S3180 M03 ;
G81 G99 Z-6. R3. F310 M08 ;
Y-88. ;
M09 ;
G49 G00 Z400. M19 ;
(8.5MM DRILL T05 H05)

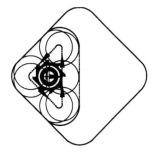

```
G30 G91 Z0. T05 M06 ;
G00 G90 X88. Y-12. ;
G43 Z20. H05 S2540 M03 ;
G73 G99 Z-18.5 R3. Q1500 F440 M08 ;
Y-88. ;
M09 ;
G49 G00 Z400. M19 ;
(M10 TAP T06 H06)
G30 G91 Z0. T06 M06 ;
G00 G90 X88. Y-12. ;
G43 Z20. H06 S955 M03 ;
G84 G99 Z-14. R5. F955 M08 ;
Y-88. ;
M09 ;
G49 G00 Z400. M19 ;
(CHAMFER T07 H07 D17)
G30 G91 Z0. T07 M06 ;
G00 G90 X34. Y-45. ;
G43 Z20. H07 S1350 M03 ;
Z-3.5 M08 ;
G41 G01 Y-40. D17 F210 ;
G02 X27. Y-33. R7. ;
G01 Y-13. ;
G02 X41. R7. ;
G01 Y-33. ;
G02 X34. Y-40. R7. ;
G40 G00 Y-45. ;
Z20. M09 ;
G49 Z400. M19 ;
(4F-20MM FINISHING T08 H08 D18)
G30 G91 Z0. T08 M06 ;
G00 G90 X88. Y12. ;
G43 Z20. H08 S1110 M03 ;
G01 Z-27. F2000 M08 ;
G41 Y0. D18 F260 ;
G02 X100. Y-12. R12. ;
```

＊ 면취량 계산 방법

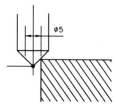

가상으로 5mm직경
부위를 아래와 같
이 계산하고 면취
량 만큼 절입한다.

$$Z = \tan45 \times 2.5$$
$$= 2.5$$

```
G01 Y-88. ;
G02 X88. Y-100. R12. ;
G40 G01 Y-112. ;
G00 Z10. ;
X8. Y-112. ;
Z-7. ;
G01 Y-53. F  ;
X25. Y-70. ;
Y-102. ;
G41 X46. ;
Y-77. ;
G03 X41.607 Y-66.393 R15. ;
G01 X0 Y-24.786 ;
G40 X-12. ;
G00 Z10. ;
X8. Y12. ;
Z-4. ;
G01 Y-52. ;
X34. ;
G41 Y-40. ;
G02 X27. Y-33. R7. ;
G01 Y-13. ;
G02 X41. R7. ;
G01 Y-33. ;
G02 X34. Y-40. R7. ;
G40 G01 Y-52. ;
X51. Y-55. ;
Y-102. ;
X62. ;
Y12. ;
G00 Z10. ;
X88. Y-112. ;
Z-4. ;
G41 G01 Y-100. ;
G02 X100. Y-88. R-12. ;
G40 G00 X112. ;
```

```
Y-12. ;
G41 G01 X100. ;
G02 X88. Y0. R-12. ;
G40 G00 Y12. ;
Z10. ;
X31. Y-77. ;
Z-27. ;
G41 G01 Y-62. ;
G03 J-15. ;
G40 G00 Y-77. ;
Z10. ;
X112. Y-50. ;
Z-13. ;
G01 X90. ;
G00 Z10. ;
X112. Y-12. ;
Z-13. ;
G41 G01 X100. ;
G02 X91.257 Y-23.4 R12. ;
G03 Y-76.6 R28. ;
G02 X100. Y-88. R12. ;
G40 G00 X112. ;
Z20. M09 ;
G49 Z400. M19 ;
(4F-7MM ENDMILL T09 H09 D19) ;
G30 G91 Z0. T09 M06 ;
G00 G90 X6. Y0. ;
G43 Z20. H09 S2700 M03 ;
Z-11. M08 ;
G01 X49. F430 ;
Y-16. ;
G00 Z10. ;
X21. Y5. ;
Z-11. ;
G01 Y-16. ;
G00 Z10. ;
```

```
X0. Y-106. ;
Z-11. ;
G41 G01 X5. D19 ;
Y-11. ;
G02 X15. R5. ;
G01 Y-16. ;
G03 X27. R6. ;
G01 Y-13. ;
G02 X41. R7. ;
G01 Y-16. ;
G03 X47. Y-22. R6. ;
G01 X51. ;
G03 X57. Y-16. R6. ;
G01 Y5. ;
G40 G00 X50. ;
Z10. ;
X38. Y-106. ;
Z-11. ;
G01 Y-80. ;
G00 X25. Y-75. ;
G01 Y-60. ;
G00 Z10. ;
X40. Y-106. ;
Z-11. ;
G41 G01 X46. ;
Y-77. ;
G03 X41.607 Y-66.393 R15. ;
G01 X29.657 Y-54.443 ;
G03 X16. Y-60.1 R8. ;
G01 Y-77. ;
G03 X30. Y-91.967 R15. ;
G01 Y-106. ;
G40 G00 X36. ;
Z10. ;
G52 G90 X52. Y-50. ;
G68 X0. Y0. R45. ;
```

```
X-3. Y0. ;
G01 Z-7. F80 ;
X-3. Y-6. F250 ;
X3. Y-6. ;
X3. Y6. ;
X-3. Y6. ;
X-3. Y0. ;
G41 X-11. Y0. ;
X-11. Y-7. ;
G03 X-7. Y-11. R4. ;
G01 X7. Y-11. ;
G03 X11. Y-7. R4. ;
G01 X11. Y7. ;
G03 X7. Y11. R4. ;
G01 X-7. Y11. ;
G03 X-11. Y7. R4. ;
G01 X-11. Y0. ;
G40 X-3. Y0. ;
G00 Z10. ;
G69 ;
X-7. Y0. ;
Z-6. ;
G01 Z-11. F80 ;
G41 X0. F250 ;
Y5.899 ;
G03 X-6.829 Y8.727 R4. ;
G01 X-12.728 Y2.828 ;
G03 Y-2.828 R4. ;
G01 X-6.829 Y-8.727 ;
G03 X0. Y-5.899 R4. ;
G01 Y0. ;
G40 X-5. ;
G00 Z20. M09 ;
G52 X0. Y0. ;
G49 Z400. M19 ;
M02 ;
```

3.14 응용과제 3

아래 도면에 대해 수평형 머시닝센타에서 가공하는 프로그램을 작성한다.

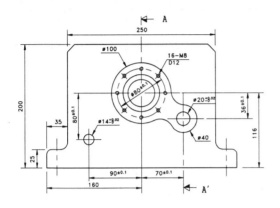
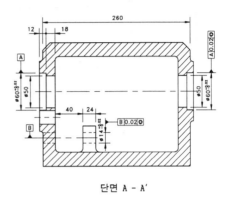

단면 A - A'

1) 가공면의 형상

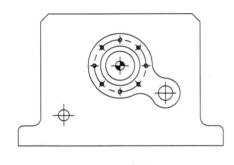

A면(0°)

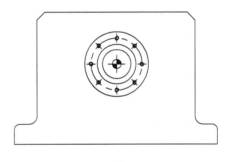

B면(180°)

2) 테이블에 설치된 공작물의 형상

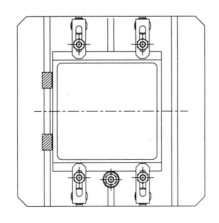
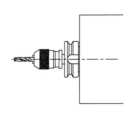

3) 공정표

공정번호 공정명	가공부위	공 구 형 상	툴홀더 규 격 절삭공구규격	절삭속도 이송속도	회전수
#010 Facing	∅100, ∅40		BT40-FMA- ∅80 Face Mill	110 390	440
#020 Center Drill	탭 기초 구멍		BT40-JTA6-45 5mm End mill	28 178	1780
#030 Drilling	M8 탭 기초 구멍		BT40-JTA6-45 ∅6.8 Drill	28 177	1270
#040 Tapping	M8 Tap		BT40-Z12-90 M8 Tap	7 350	280
#050 Drilling	∅14		BT40-MTA2- ∅14 Drill	28 166	640
#060 Drilling	∅20		BT40-MTA2- ∅20 Drill	28 180	450
#070 황삭 Boring	∅60		BT40- ∅59.6 황삭	86 64	460
#080 Boring	∅60		BT40- ∅60 Boring	115 42	610
#090 Reamer	∅20		BT40-C32-90 ∅20 Reamer	5.7 90	90
#100 롱 Reamer	∅14		BT40-C32-90 ∅20 Reamer	5.7 104	130

4) 프로그램 및 해설

| 프로그램 | ********************** | 해설 | **************************** |

03220 (3-22 SAMPLE PROGRAM) ;

G17 G40 G80 ;

(FACE MILL 80MM T01 H01) ;

```
G30 G91 Y0. Z0. T01 M06 ;
M80 B0. ;                          -- B축(인텍스 테이블) A면 회전
G54 G00 G90 X-94. Y20. ;            -- 공작물 좌표계 선택 1번(A면)
G43 Z20. H01 S440 M03 ;
G01 Z0. F1000 M08 ;
X94. F390 ;
Y-20. ;
X-94. ;
G00 Z300. M09 ;
M80 B180. ;                        -- B축 B면 회전
G55 G00 G90 X-94. Y0. ;            -- 공작물 좌표계 선택 2번(B면)
Z20. M08 ;
G01 Z-0. F1000 ;
X40. F390 ;
G02 I40. ;
G01 X-94. ;
G00 Z20. M09 ;
G49 Z350. M19 ;
(CENTER DRILL 5MM T02 H02) ;
G30 G91 Y0. Z0. T02 M06 ;
G00 G90 X-90. Y-80. ;
G43 Z20. H02 S1780 M03 ;
G81 G98 Z-19. R-7. F178 M08 ;
G99 Z-7. X70. Y-36. R3. ;
M98 P3221 ;                        -- 보조 프로그램 호출
G00 Z300. M09 ;
M80 B0. ;                          -- B축(인텍스 테이블) A면 회전
G54 G00 G90 X40. Y0. ;
Z20. M08 ;
G81 G99 Z-7. R3. K0 ;
M98 P3221 ;                        -- 보조 프로그램 호출
G00 Z20. M09 ;
G43 Z350. M19 ;
```

```
(DRILL 6.8MM T03 H03) ;
G30 G91 Y0. Z0. T03 M06 ;
G54 G00 G90 X40. Y0. ;
G43 Z20. H03 S1270 M03 ;
G81 G99 Z-18. R3. F177 K0 M08 ;
M98 P3221 ;                          -- 보조 프로그램 호출
G00 Z300. M09 ;
M80 B180. ;                          -- B축(인텍스 테이블) B면 회전
G55 G00 G90 X40. Y0. ;               -- 공작물 좌표계 선택 2번(B면)
Z20. M08 ;
G81 G99 Z-18. R3. K0 ;
M98 P3221 ;                          -- 보조 프로그램 호출
G00 Z20. M09 ;
G43 Z350. M19 ;
(TAP M8 T04 H04) ;
G30 G91 Y0. Z0. T04 M06 ;
G55 G00 G90 X40. Y0. ;
G43 G00 Z20. H04 S280 M03 ;
G84 G99 Z-12. R5. F350 K0 M08 ;
M98 P3221 ;                          -- 보조 프로그램 호출
G00 Z300. M09 ;
M80 B0. ;                            -- B축(인텍스 테이블) A면 회전
G54 G00 G90 X40. Y0. ;
Z20. M08 ;
G84 G99 Z-12. R5. K0 ;
M98 P3221 ;                          -- 보조 프로그램 호출
G00 Z20. M09 ;
G43 Z350. M19 ;
(DRILL 14MM T05 H05) ;
G30 G91 Y0. Z0. T05 M06 ;
G54 G00 G90 X-90. Y-80. ;
G43 Z20. H05 S640 M03 ;
G81 G98 Z-36. R-7. F166 M08 ;
```

M09 ;

G49 Z350. M19 ;

(DRILL 20MM T06 H06) ;

G30 G91 Y0. Z0. T06 M06 ;

G54 G00 G90 X70. Y-36. ;

G43 Z20. H06 S450 M03 ;

G81 G98 Z-39. R5. F180 M08 ;

M09 ;

G49 Z350. M19 ;

(BORING 59.6MM T07 H07) ;

G30 G91 Y0. Z0. T07 M06 ;

G54 G00 G90 X0. Y0. ;

G43 Z20. H07 S460 M03 ;

G86 G98 Z-11.9 R3. F64 M08 ;

M09 ;

G49 Z350. M19 ;

(BORING 60MM T08 H08) ;

G30 G91 Y0. Z0. T08 M06 ;

G54 G00 G90 X0. Y0. ;

G43 Z20. H08 S610 M03 ;

G86 G98 Z-12. R3. F42 M08 ;

M09 ;

G49 Z350. M19 ;

(REAMER 20MM T09 H09) ;

G30 G91 Y0. Z0. T09 M06 ;

G54 G00 G90 X0. Y0. ;

G43 Z20. H09 S90 M03 ;

G85 G98 Z-36. R5. F90 M08 ;

M09 ;

G49 Z350. M19 ;

(REAMER 14MM T10 H10) ;

G30 G91 Y0. Z0. T10 M06 ;

G54 G00 G90 X0. Y0. ;

```
G43 Z20. H10 S130 M03 ;
G86 G98 Z-100. R5. F104 M08 ;
M09 ;
G49 Z350. M19 ;
M02 ;

O3221 (3-22 SUB PROGRAM) ;
X40. Y0. ;
X28.248 Y28.248 ;
X0. Y40. ;
X-28.248 Y28.248 ;
X-40. Y0. ;
X-28.248 Y-28.248 ;
X0. Y-40. ;
X28.248 Y-28.248 ;
M99 ;
```

제 4 장

조 작

4.1 FANUC 0T/0M 조작 일람표

구 분	기 능	KEY S/W	PWE 1	MODE	기능버튼	조 작
clear (삭제)	Memory All Clear		⊙	Power ON時		[RESET] and [DELET]
	파라메타 & offset		⊙	〃		[RESET]
	Program의 Clear		⊙	〃		[DELET]
reset (해제)	RUN 시간의 reset					[R/3] → [CAN]
	Parts 數의 reset					[P/Q] → [CAN]
	OT Alarm reset			Power ON時		[P/Q] and [CAN]
MDI에 의한등록	파라메타의 입력		⊙	MDI mode	PRGRM	[PQ]→파라메타 번호→[INPUT]→data→[INPUT]→PWE=0→[RESET]
	Offset의 입력				OFSET	[PQ]→offset번호→[INPUT]→offset량→[INPUT]
	setting data의 입력			MDI mode	PRGRM	[PQ]→0→[INPUT]→data→[INPUT]
	PC파라메타의 입력	⊙			DGNOS	[P/Q]→diagnous번호→[INPUT]→data→[INPUT]
	공구길이 측정			JOG mode	POS→ FOSET	[POS](상대좌표의 표시)[Z]→[CAN]→[OFFSET]→공구를 측정위치로[P/Q]→offset번호→[EOB]and[Z]→78[INPUT]
TAPE에 의한등록	파라메타의 입력 (tape→memory)		⊙	EDIT mode	PRGRM	[INPUT]
	Offset의 입력			〃	OFSET	[INPUT]
	program의 등록	⊙		EDIT/AUTO mode	PRGRM	[INPUT]
punch out	파라메타의 punch out			EDIT mode	PRGRM	[START]
	Offset의 punch out			〃	OFSET	[START]
	모든 PROGRAM의 punch out			〃	PRGRM	0→9999→[START]

구 분	기 능	KEY S/W	PWE 1	MODE	기능버튼	조 작
punch out	1 program의 punch out			EDIT mode	PRGRM	0→program번호→[START]
search (찾기)	program번호 search			EDIT/AUTO mode	PRGRM	0→program번호→[↓](cursor)
	sequence번호 search			EDIT mode	PRGRM	program번호 search후→N→sequence번호→[↓](cursor)
	address word search			"	PRGRM	search할 address→[↓](cursor)
	address만 search			"	PRGRM	search할 address [↓](cursor)
	offset번호의 search				OFSET	[P/Q]→offset번호→[INPUT]
편집	memory사용량의 표시			EDIT mode	PRGRM	[P]→[INPUT]
	전 program의 삭제	◎		EDIT mode	PRGRM	0→- 9999→[DELET]
	1 program의 삭제	◎		"	PRGRM	0→program번호→[DELET]
	수 block의 삭제	◎		"	PRGRM	N→sequence번호→[DELET]
	word의 삭제	◎		"	PRGRM	삭제하려는 word search후 [DELET]
	word의 변경	◎		"	PRGRM	변경하려는 word search 새로운 data→[ALTER]
	word의 삽입	◎		"	PRGRM	삽입하려는 직전의 word search후 새로운 data→[INSRT]
비교	memory 비교			EDIT mode	PRGRM	[INPUT]
FANUC cassette 로입출력	program의 등록	◎		EDIT mode	PRGRM	N→file번호→[INPUT]→[INPUT]
	전 program의 출력			EDIT mode	PRGRM	0→- 9999→[START]
	1 program의 출력			"	PRGRM	0→program번호→[START]

구 분	기 능	KEY S/W	PWE 1	MODE	기능버튼	조 작
FANUC cassette 로입출력	file의 선두찾기			EDIT/AUTO mode	PRGRM	N→file번호 또는 -9999 또는 -9998→[INPUT]
	file의 삭제	⊙		EDIT mode	PRGRM	N→file번호→[START]
	program의 비교				PRGRM	N→file번호→[INPUT]→ [INPUT]
play back	program의 비교			TEACH-IN JOG/HANDLE mode	PRGRM	기계를 이동→[X] [Y]or [Z]→[INSRT]→(NC data) [INSRT]→[EOB]→[INS RT]

4.2 시스템의 조작 상세

(1) 프로그램 메모리에 등록

1) 조작판 Key로 부터 등록

① 모드 선택을 EDIT 모드로 합니다.

② PRGRM 버튼을 누릅니다.

③ 프로그램 보호 KEY를 ON 합니다.

④ 등록하는 프로그램 번호를 입력합니다.

⑤ INSRT Key를 누릅니다.

　이 조작으로 프로그램 번호가 등록되기 때문에 이하 프로그램을 워드 단위로 Key In하고 INSRT Key를 이용하여 등록시킵니다.

2) CNC 테이프로부터 등록

① 모드를 EDIT 또는 AUTO 모드로 선택합니다.

② CNC 테이프를 Tape Reader에 장착합니다.

③ 프로그램 보호 KEY를 ON 합니다.

④ PRGRM 버튼을 눌러 프로그램 일람 화면을 나타냅니다.

⑤ CNC Tape에 프로그램 번호가 없는 경우 또는 프로그램 번호를 변경하고자 하는 경우에는 프로그램 번호를 입력합니다. (Tape에 프로그램 번호가 있어 변경하

지 않을 경우 ⑤의 조작을 할 필요가 없음)

(ⅰ) 어드레스(Address) O를 누릅니다.

(ⅱ) 프로그램 번호를 입력합니다.

⑥ INPUT Key를 누릅니다.

(2) 프로그램 번호 찾기

메모리에 프로그램이 여러개 등록되어 있을때 그중 하나를 찾을 수 있다.

1) 방법 1

① 모드를 EDIT 또는 AUTO로 선택합니다.

② PRGRM 버튼을 누릅니다.

③ 프로그램 보호 KEY를 ON 합니다.

④ 어드레스 O를 누릅니다.

⑤ 찾고자 하는 프로그램 번호를 입력합니다.

⑥ CURSOR Key의 [↓] 버튼을 누릅니다.

⑦ 찾기가 끝났을때 CRT화면의 오른쪽 상부에 찾고자 한 프로그램 번호가 표시
됩니다.

2) 방법 2

① 모드를 EDIT 또는 AUTO로 선택합니다.

② PRGRM 버튼을 누릅니다.

③ 프로그램 보호 KEY를 ON 합니다.

④ 어드레스 O를 누릅니다.

⑤ CURSOR Key의 [↓] 버튼을 누릅니다. EDIT 모드일때 CURSOR [↓]
Key를 계속 누르면 다음에 등록되어 있는 프로그램이 표시됩니다.

주) 끝에 등록된 프로그램을 표시하고 나면 처음 프로그램으로 돌아갑니다.

3) 방법 3

① 모드를 AUTO로 선택합니다.

② RESET 상태로 합니다. 주)③

③ 기계측에서 프로그램을 선택하는 신호를 01~15로 설정합니다.(상세는 기계
Maker에서 발행하는 설명서를 참고하여 주십시오.)

④ CYCLE START 버튼을 누릅니다.

①~②의 조작에 의해 기계측의 신호에 대응하는 프로그램번호(0001~0015)의 프로그램을 찾기(Search)하여 자동운전을 개시합니다.

주)① 기계측의 신호가 "00"일때는 프로그램번호 찾기가 행해지지 않습니다.

② 기계측의 신호에 대응하는 프로그램이 메모리에 등록되어 있지 않은 경우는 P/S 알람(NO 59)이 발생합니다.

③ Reset 상태란 자동운전중 Lamp가 꺼져있는 상태입니다.(기계 Maker에서 발행하는 설명서를 참고하여 주십시오.)

(3) 프로그램의 삭제

메모리에 등록되어 있는 프로그램을 삭제합니다.

① 모드 선택을 EDIT 모드로 합니다.

② PRGRM 버튼을 누릅니다.

③ 프로그램 보호 KEY를 ON 합니다.

④ 프로그램 번호를 입력합니다.

⑤ DELET Key를 누르면 입력한 번호의 프로그램이 삭제됩니다.

(4) 모든 프로그램의 삭제

메모리에 등록되어 있는 모든 프로그램을 삭제합니다.

① 모드 선택을 EDIT 모드로 합니다.

② PRGRM 버튼을 누릅니다.

③ 프로그램 보호 KEY를 ON 합니다.

④ 어드레스 O를 누릅니다.

⑤ -9999 를 입력하고 DELET Key를 누릅니다.

(5) 프로그램의 Punch

메모리에 등록되어 있는 프로그램을 Punch 합니다.

① Tape Punch Unit를 Punch 가능한 상태로 합니다.

② Setting 파라메타에 Punch Code를 설정합니다.

③ 모드 선택을 EDIT 모드로 합니다.

④ 프로그램 버튼을 누릅니다.

⑤ 어드레스 O를 누릅니다.

⑥ 프로그램 번호를 입력 합니다.

⑦ OUTPUT START를 누르면 입력한 번호의 프로그램이 Punch 됩니다.

주)① TV Check용의 Space Code는 자동적으로 Punch 됩니다.

② ISO Code로 Punch할 경우, LF뒤에 2개의 CR이 Punch 됩니다.

③ 3Feet의 Feed가 너무 길 경우, Feed를 Punch중 CAN을 누르십시오. 이하의 Feed를 Punch하지 않습니다.

④ RESET를 누르면 Punching을 멈춥니다.

(6) 모든 프로그램의 Punch

메모리에 등록되어 있는 모든 프로그램을 Punch 합니다.

① Tape Punch Unit를 Punch 가능한 상태로 합니다.

② Setting 파라메타에 Punch Code를 설정합니다.

③ 모드 선택을 EDIT 모드로 합니다.

④ 프로그램 버튼을 누릅니다.

⑤ 어드레스 O를 누릅니다.

⑥ -9999를 입력 합니다.

주) Punch되는 프로그램의 순서는 일정하지 않습니다.

(7) 워드의 찾기
1) Scan에 의한 방법

하나의 워드마다 Scan 합니다.

① 모드 선택을 EDIT 모드로 합니다.

② PRGRM 버튼을 누릅니다.

③ 프로그램 보호 KEY를 ON 합니다.

④ CURSOR [↓] Key를 누르는 경우

이때 화면에서는 Cursor가 워드마다 순(위쪽에서 아래쪽)방향으로 이동합니다. 즉 선택된 워드의 어드레스문자 아래 Cursor가 표시됩니다.

⑤ CURSOR [↑] Key를 누르는 경우

이때 화면에서는 Cursor가 워드마다 역(아래쪽에서 위쪽)방향으로 이동합니다. 즉, 선택된 워드의 어드레스문자 아래 Cursor가 표시됩니다.

⑥ CURSOR [↓]나 CURSOR [↑]을 계속 누르면 연속적으로 Scan 합니다.

⑦ PAGE [↓]를 누르면 화면이 다음 Page로 바뀌고, 선두의 워드에 Cursor가 이동합니다.

⑧ PAGE [↑]를 누르면 화면이 앞 Page로 바뀌고, 선두의 워드에 Cursor가 이동합니다.

⑨ PAGE [↓]나 PAGE [↑]를 계속 누르면 연속적으로 Page가 바뀝니다.

2) 워드 찾기에 의한 방법

현재 위치에서 순방향으로 지정된 워드를 찾기합니다.

① 모드 선택을 EDIT 모드로 합니다.
② PRGRM 버튼을 누릅니다.
③ 프로그램 보호 KEY를 ON 합니다.
④ 찾고자 하는 워드를 입력합니다.
⑤ CURSOR [↓]를 누르면 찾기를 시작합니다.

찾기를 완료하면 입력한 워드에 Cursor가 표시됩니다. CURSOR [↓]대신에 CURSOR [↑] Key를 누르면 역방향으로 찾기를 시작합니다.

3) 어드레스 찾기에 의한 방법

현재 위치에서 순방향으로 지정된 어드레스를 찾기합니다.

① 모드 선택을 EDIT 모드로 합니다.
② PRGRM 버튼을 누릅니다.
③ 프로그램 보호 KEY를 ON 합니다.
④ 찾고자 하는 어드레스를 입력합니다.
⑤ CURSOR [↓]를 누릅니다.

찾기를 완료하면 입력한 어드레스에 Cursor가 표시 됩니다. CURSOR [↓] 대신에 CURSOR [↑] Key를 누르면 역방향으로 찾기 합니다.

(8) 워드의 삽입

① 모드 선택을 EDIT 모드로 합니다.
② PRGRM 버튼을 누릅니다.

③ 프로그램 보호 KEY를 ON 합니다.

④ 삽입하고 싶은 장소 직전의 워드를 찾기 혹은 Scan 합니다.

⑤ 삽입하고 싶은 어드레스와 Data를 입력합니다.

⑥ INSRT Key를 누릅니다.

(9) 워드의 변경

① 모드 선택을 EDIT 모드로 합니다.

② PRGRM 버튼을 누릅니다.

③ 프로그램 보호 KEY를 ON 합니다.

④ 변경하고자 하는 워드를 찾기 혹은 Scan 합니다.

⑤ 변경하고자 하는 어드레스와 Data를 입력합니다.

⑥ ALTER Key를 누릅니다.

(10) 워드의 삭제

① 모드 선택을 EDIT 모드로 합니다.

② PRGRM 버튼을 누릅니다.

③ 프로그램 보호 KEY를 ON 합니다.

④ 삭제하고자 하는 워드를 찾기 혹은 Scan 합니다.

⑤ DELET Key를 누릅니다.

(11) EOB까지 삭제

① 모드 선택을 EDIT 모드로 합니다.

② PRGRM 버튼을 누릅니다.

③ 프로그램 보호 KEY를 ON 합니다.

④ 삭제하고자 하는 워드의 선두에 찾기 혹은 Scan 합니다.

⑤ EOB(;)를 누르고 DELET Key를 누릅니다.

(12) 수 블록의 삭제

① 모드 선택을 EDIT 모드로 합니다.

② PRGRM 버튼을 누릅니다.

③ 프로그램 보호 KEY를 ON 합니다.

④ 삭제하고자 하는 블록의 선두 워드에 찾기 혹은 Scan 합니다.

⑤ 삭제하고자 하는 마지막 워드를 입력하고 DELET를 누릅니다.

(13) 시퀀스 번호의 자동 삽입

EDIT 모드에서 MDI Key에 의한 프로그램 작성시에 각 블록에 시퀀스 번호를 자동적으로 삽입할 수 있습니다.

시퀀스 번호의 증분치는 파라메타 NO 550에 설정해 둡니다.

① Setting 파라메타 SEQ를 1로 합니다.

② 모드 선택을 EDIT 모드로 합니다.

③ PRGRM 버튼을 누릅니다.

④ 프로그램 보호 KEY를 ON 합니다.

⑤ 어드레스 N을 입력합니다.

⑥ N의 초기치 예를 들면 10을 입력하고 INSRT Key를 누릅니다.

⑦ 1 블록의 Data를 1 워드씩 입력합니다.

⑧ EOB를 입력합니다.

⑨ INSRT를 누릅니다. EOB가 Memory에 등록됩니다. 예를 들면 증분치의 파라메타 "2"가 설정되어 있으면 다음 행에 N12가 삽입되어 표시됩니다.

주)① 위의 N12를 다음 블록에 삽입하고 싶지 않을 때는 DELET Key를 누르면 N12가 소거됩니다.

② 또 위의 열에서 다음 블록에 삽입할 것이 N12가 아니고 N100으로 하고 싶을 때는 N100을 입력하고 ALTER를 누르면 N100이 등록되고 초기치도 변경되어 100으로 됩니다.

(14) Back Ground 편집

모드의 선택과 CNC의 상태(자동운전 중인가 아닌가 등)에 관계없이 Back ground에서 편집이 가능합니다. Back ground 편집에서 발생한 알람은 Fore ground 운전에는 전혀 영향을 주지 않습니다. 역으로 Fore ground에서의 알람에 Back ground 편집이 영향을 받는 일도 없습니다.

4.3 조작판 기능 설명

조작판(Operator Panel)의 기능은 같은 콘트롤라(Controller)를 사용해도 공작기계 메이커(Maker)에 따라서 스위치(Switch) 모양과 종류, 조작방법 등은 다르다. 그러나 메이커와 기계 종류에 따라서 조작방법은 다소 차이가 있겠지만 한가지의 모델만 익혀두면 전혀다른 메이커의 기계를 접해도 어려움 없이 조작할 수 있다. (기계 메이커의 조작설명서를 참고 하십시오.)

아래의 내용은 조작 스위치들의 사용방법에 대한 설명이다.

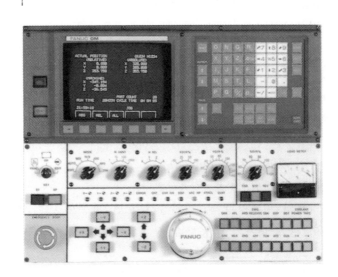

사진 4-1 조작판

(1) 모드 스위치(Mode Switch)

어떤 종류의 작업(조작)을 할 것인지 결정한다.

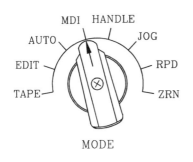

① 테이프(TAPE)

테이프운전 및 DNC운전을 한다.

② 편집(EDIT)

프로그램의 신규작성 및 메모리(Memory)에 등록된 프로그램을 수정할 수 있다.

③ 자동운전(AUTO)

메모리에 등록된 프로그램을 자동운전 한다.

④ 반자동(MDI : Manual Data Input)

프로그램을 작성하지 않고 기계를 동작시킬 수 있다. 예를 들면 공구회전, 주축회전, 간단한 절삭이송등을 지령한다.

⑤ 핸들(Handle)

MPG(Manual Pulse Generator)로도 표시하며 조작판의 핸들을 이용하여 축을 이동시킬 수 있다.

핸들의 한 눈금(1 Pulse)당 이동량은 파라메타의 설정에 따라 0.001mm, 0.01mm, (0.1mm)의 종류가 있다.

⑥ 수동절삭(JOG)

공구이송을 연속적으로 외부 이송속도 조절 스위치의 속도로 이송시킨다.

엔드밀(End Mill)의 직선절삭, Face Mill의 직선절삭등 간단한 수동작업을 한다.

⑦ 급속이송(RPD : Rapid)

공구를 급속(기계의 최대속도 G00)으로 이동시킨다.

⑧ 원점복귀(ZRN : Zero Return)

공구를 기계원점으로 복귀시킨다.

조작판의 원점방향 축 버튼을 누르면 자동으로 기계원점까지 복귀하고 원점복귀 완료 램프가 점등한다.

(2) 비상정지 버튼(Emergency Stop Button)

돌발적인 충돌이나 위급한 상황에서 작동시킨다. 누르면 비상정지 Stop하고 Main 전원을 차단한 효과를 나타낸다. 해제 방법은 화살표 방향으로 **비상정지 버튼** 돌리면 튀어 나오면서 해제된다.

(3) 급속 오버라이드(Rapid Override)

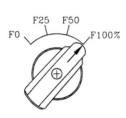

RAPID OVERRIDE

자동, 반자동, 급속이송 모드에서 G00의 급속위치결정 속도를 외부에서 변화를 주는 기능이다.

(4) 이송속도 오버라이드(Feed Override)

FEED OVERRIDE

자동, 반자동 모드에서 지령된 이송속도(Feed)를 외부에서 변화시키는 기능이다.
보통 0 ～ 150%까지이고 10%의 간격을 가진다.

(5) 주축속도 오버라이드(Spindle Override)

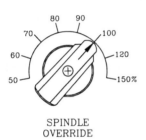

SPINDLE
OVERRIDE

모드에 관계없이 주축속도(rpm)를 외부에서 변화시키는 기능이다.

(6) Pulse 선택

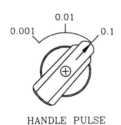

HANDLE PULSE

핸들(MPG)의 한 눈금 이동단위를 선택한다.
주) 0.1 Pulse에서 핸들의 사용은 천천히 돌려야한다. 핸들이동에는 자동 가감속 기능이 없기때문에 축의 이동에 충격을 주며 볼스크류와 볼스크류 지지 베어링의 파손 원인이 된다.

(7) 핸들(MPG : Manual Pulse Generator)

MANUAL PULSE GENERATOR

축(Axis)의 이동을 핸들(MPG) 모드에서 선택한 펄스(0.001mm, 0.01mm, 0.1mm Pulse)단위로 이동시킨다.

(8) 자동개시(Cycle Start)

CYCLE START

자동, 반자동, DNC(TAPE) 모드에서 프로그램을 실행한다.

(9) 이송정지(Feed Hold)

FEED HOLD

자동개시의 실행으로 진행중인 프로그램을 정지시킨다.

이송정지 상태에서는 자동개시 버튼을 누르면 현재 위치에서 재개한다. 이송정지 상태에서는 주축정지, 절삭유등은 이송정지 직전의 상태로 유지된다.

주) 나사가공(G33, G74, G84)실행중에는 이송정지를 작동시켜도 나사가공 블록은 정지하지 않고 다음 블록에서 정지한다.

(10) 스핀들 회전(Spindle Rotate)

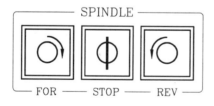

① FOR(스핀들 정회전)

수동조작(HANDLE, JOG, RAPID, ZRN 모드)에서 마지막에 지령된 조건으로 스핀들을 정회전 한다.

② STOP(스핀들 정지)

모드에 관계없이 회전중인 스핀들을 정지시킨다.

③ REV(스핀들 역회전)

수동조작(HANDLE, JOG, RAPID, ZRN 모드)에서 마지막에 지령된 조건으로 스핀들을 역회전시킨다.

(11) M01 (Optional Program Stop)

프로그램에 지령된 M01을 선택적으로 실행되게 한다. 조작판의 M01 스위치가 ON일때는 프로그램 M01의 실행으로 프로그램이 정지하고 OFF일때는 M01을 실행해도 기능이 없는 것으로 간주하고 다음 블록을 실행한다.

M01 정지할 때는 M00기능과 동일한 기능을 발생한다.(보조 기능편 참고)

(12) 드라이런(Dry Run)

이 스위치가 ON되면 프로그램에 지령된 이송속도를 무시하고 JOG속도(조작판의 Jog Feed Override)로 이송된다.

(13) 이송속도 조정 무시(Feed Override Cancel)

이송속도 오버라이드 스위치로 조작판에서 이송속도를 조절하는 것을 무시하고 프로그램에 지령된 이송속도로 고정된다.(이송속도 오버라이드를 100%로 고정 시킨다.)

(14) 머신 록(Machine Lock)

축 이동을 하지않게 하는 기능이다.
(프로그램 Test나 A/S할때 많이 사용한다.)

(15) 보조기능 록(AUX, F, Lock)

보조기능(M기능)의 작동을 하지 못하게 한다.

단, 프로그램을 제어하는 M기능(M00, M01, M02, M30, M98, M99) 6가지는 예외다.

(16) 싱글블록(Single Block)

자동개시의 작동으로 프로그램이 연속적으로 실행하지만 싱글블록 기능이 ON 되면 한 블록씩 실행한다.

다시 자동개시를 실행시키면 한 블록 실행하고 정지하는 것을 반복한다.

(17) 옵셔날 블록 스킵(Optional Block Skip)

선택적으로 프로그램에 지령된 "/"(슬래쉬)에서 ";"(EOB) 까지를 건너뛰게 할 수 있다.

스위치가 ON되면 "/"에서 ";"까지를 건너뛰고 OFF일때는 "/"가 없는 것으로 간주한다.

슬래쉬 사용 예)

/ N01 G28 G91 X0. Y0. Z0. ;

N02 G54 G90 G00 X0. Y0. ;

N03 G43 Z20. H01 / M08 ;

위 프로그램을 실행할때 옵셔날 블록 스킵 스위치가 ON 이면 N01 블록과 N03 블록의 M08을 실행하지 않는다.

(18) 절삭유 ON, OFF(Coolant ON, OFF)

절삭유의 작동을 제어한다. 프로그램에서 지령된 것(M08, M09)보다 우선이다.

(19) **Manual ABS**(ABSolute)

ON

OFF

자동운전중 수동 이동량을 공작물 좌표계에 가산하는지 하지 않는지를 결정한다. 이 스위치가 ON 되면 공작물 좌표계에 이동량을 가산하지 않는다. 초보자인 경우 항상 ON 상태에서 작업하는 것이 안전하다. 조작판에 이 스위치가 없는 경우는 기계 취급설명서를 참고하십시오.

(20) 행정오버 해제(EMG-Limit Switch Release)

EMG-RELEASE

기계 최대영역의 마지막에 설치되어 있는 Limit Switch까지 기계가 이동하면 행정오버 알람이 발생된다. 이때 알람을 해제하기 위해서 이 스위치를 누른 상태에서 행정오버된 축을 반대로 이동시키면 된다. 이 알람이 발생되면 전원을 재투입한 상태로 된다.

보통 이 알람이 발생되기 전에 OT(Over Travel) 알람(제 1 Limit)이 발생되지만 기계원점이 설정되지 않은 경우와 제 1 Limit의 파라메타가 정확하게 설정되지 않은 경우에 발생된다.

* 행정오버 해제 원리

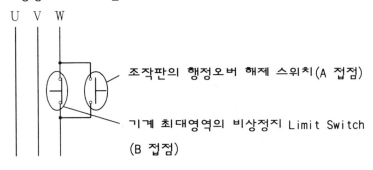

1. 축 이동이 기계의 최대영역을 넘어가면 비상정지 Limit Switch가 OFF 되어 "EMG-Limit Switch ON" 알람이 발생된다.
2. 이때 조작판의 행정오버 해제 스위치를 누른상태(정상적

인 회로를 구성한다.)에서 안전한 위치로 축을 이동시킬 수 있다.

(21) 프로그램 보호 키(Program Protect Key)

프로그램의 편집(수정, 삽입, 삭제)이나 파라메타를 Key OFF 상태에서 변경할 수 있다.

4.4 공작물 좌표계 설정 방법 1(FANUC 0M 시스템)

기계원점에서 공작물 좌표계 원점(프로그램 원점)까지의 거리를 찾아내는 방법을 셋팅(Setting)이라 한다. 〈그림 4-2〉의 X, Y, Z 값을 찾아내는 방법을 설명한다.

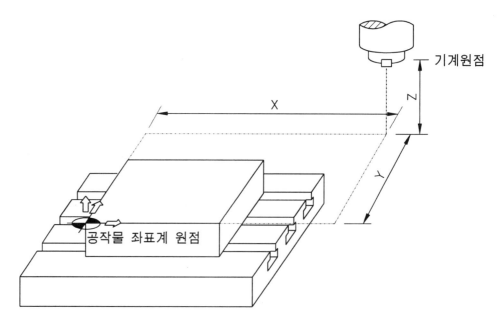

그림 4-2 공작물 좌표계 설정

(1) 공작물 좌표계 X, Y값을 찾는 방법

☞ 준비

> 터치센서(Touch Sensor)를 이용하는 방법과 엔드밀을 이용하는 방법
> 이 있다. 터치센서나 엔드밀을 사용하여 좌표계를 찾는 방법은 같지만
> 터치센서를 이용하면 정밀하고 쉽게 할 수 있다. 하지만 터치센서 가격
> 이 비싸기 때문에 일반적으로 현장에서는 엔드밀을 이용하는 경우가 많
> 다. 본 교재에서는 엔드밀 ∅20mm 4날 공구를 사용한다.

① 원점복귀(ZRN) 모드를 선택하고 ⇒ 각축을 원점복귀 시킨다.(Z축을 먼저 원점
복귀 시키고 X, Y축을 원점복귀 시킨다.)

② 엔드밀 ∅20mm를 밀링척에 고정하고, 밀링척을 스핀들(Spindle)에 장착한다.

③ 반자동(MDI) 모드 선택후 ⇒ ⎨PRGRM⎬ 버튼을 누르고 S400 타자후 ⎨INPUT⎬
버튼을 누르고 다시 M03 타자후 ⎨INPUT⎬ 버튼을 누르고 ⎨OUTPT START⎬ 버튼을 누
르면 주축이 400rpm 으로 회전한다.

* 반자동(MDI) 화면

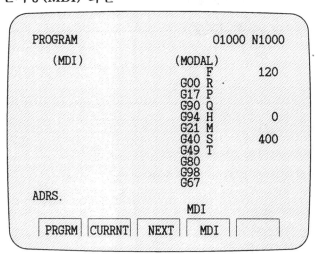

④ 핸들(MPG) 모드 선택후 ⇒ 각축을 이동시켜 〈그림 4-3〉와 같이 X축 방향의
공작물 측면에 터치 시킨다.(터치하는 순간에 0.01mm 정도 절삭이 되도록 핸
들의 펄스(Pulse)를 0.01에 선택하고 천천히 이동시킨다.)

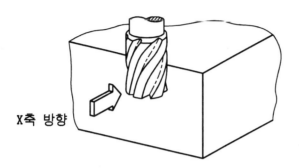

그림 4-3 X축 기준면 터치

〈그림 4-3〉와 같이 터치된 상태에서 [POS] 버튼을 누르고 다시 상대좌표 (Relative)를 선택한다. [X] 를 타자하고(화면의 X가 깜빡깜빡 함) [CAN] 버튼 을 누르면 X축의 상대좌표가 아래와 같이 된다.

* **상대좌표(RELATIVE) 화면**

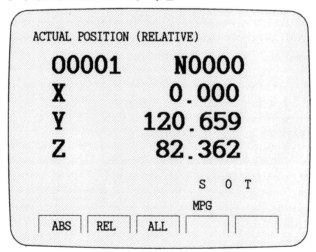

```
ACTUAL POSITION (RELATIVE)
  00001        N0000
  X              0.000
  Y            120.659
  Z             82.362

                  S  O  T
              MPG
  ABS    REL    ALL
```

다시 핸들을 이용하여 〈그림 4-4〉와 같이 Y축 공작물 단면에 터치시킨다.

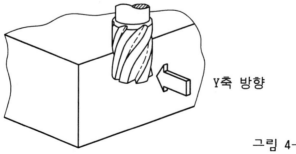

Y축 방향

그림 4-4 Y축 기준면 터치

표시 되어 있는 상대좌표 화면에서 $\boxed{Y}$ 를 타자하고(화면의 Y가 깜빡깜빡 함) $\boxed{CAN}$ 버튼을 누르면 Y축의 상대좌표가 아래와 같이 된다.

* **상대좌표(RELATIVE) 화면**

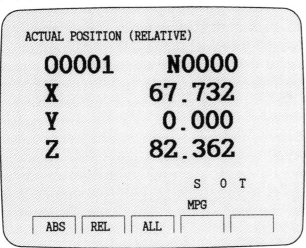

```
ACTUAL POSITION (RELATIVE)
00001          N0000
X            67.732
Y             0.000
Z            82.362
                  S O T
              MPG
 ┌ABS┐┌REL┐┌ALL┐┌   ┐┌   ┐
```

스핀들을 정지시키고, 다시 핸들을 이용하여 Z축을 공작물에 간섭받지 않도록 위쪽으로 이동시키고, 〈그림 4-5〉와 같이 X축과 Y축을 상대좌표가 0(Zero)가 되게 이동시킨다. 하지만 현재공구의 스핀들 중심 위치는 공구(또는 터치센서)반경 만큼 이동되어 있다. 스핀들 중심이 공작물 원점의 위치와 일치하도록 공구반경 만큼 이동시킨다.(현재 ∅20mm 엔드밀이므로 10mm 를 이동시킨다.)

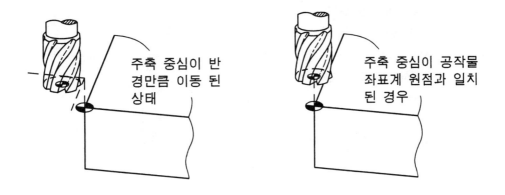

주축 중심이 반경만큼 이동 된 상태

주축 중심이 공작물 좌표계 원점과 일치 된 경우

그림 4-5 주축(공구) 중심위치

〈그림 4-5〉의 위치에서 전체(ALL) 좌표 화면을 선택하고 기계좌표(MACHINE)
의 X, Y 좌표를 기록한다. 이 값이 기계원점에서 공작물 좌표계 원점까지의 값
이다.

* 좌표계 화면

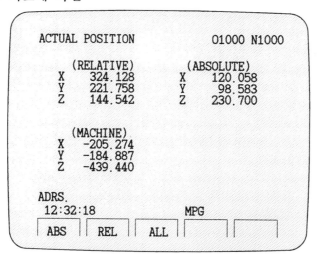

```
ACTUAL POSITION                    01000 N1000

        (RELATIVE)              (ABSOLUTE)
    X      324.128           X     120.058
    Y      221.758           Y      98.583
    Z      144.542           Z     230.700


        (MACHINE)
    X     -205.274
    Y     -184.887
    Z     -439.440

ADRS.
   12:32:18                      MPG
  ┌──────┬──────┬──────┬──────┬──────┐
  │ ABS  │ REL  │ ALL  │      │      │
  └──────┴──────┴──────┴──────┴──────┘
```

참고 31) 밀링척에 절삭공구를 고정하는 방법

  일반적으로 범용밀링 기계의 밀
링척에 절삭공구를 고정하는 방법
은 밀링척을 스핀들에 장착하고
절삭공구를 콜렛(Collet)에 끼워
서 렌치를 이용하여 고정하지만
머시닝센타의 경우는 작업대에 설
치된 치구를 이용해야 한다. 만약
스핀들 오리엔테이션(M19)을 지령
하고 범용밀링과 같이 고정하면
정확한 고정이 되지 않고 스핀들
모터에 무리한 힘을 주어 순간적
으로 회전하는 현상이 발생하여
안전사고의 원인이 된다.

사진 4-6 절삭공구의 고정

(2) 공작물 좌표계 Z 값을 찾는 방법

공작물 좌표계 X, Y 값을 찾는 방법과 마찬가지로 〈그림 4-2〉의 Z 값을 찾는 방법으로 아래 〈그림 4-7〉의 "Z" 값을 구한다.

H : Z축 기계원점에서 테이블 상면까지 거리(기계 제작회사에서 결정)

h : 공작물 높이(테이블 상면에서 공작물 상면까지)

Z : 공작물 좌표계 Z값

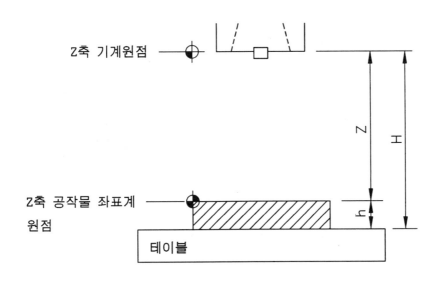

그림 4-7 Z축 공작물 좌표계 설정

☞ 준비

테이블(Table)과 공작물의 Z축 원점 위치(일반적으로 공작물 상면을 Z0 위치로 한다.)까지의 높이를 측정하기 위하여 다이얼 게이지를 준비한다.

① 〈그림 4-8〉와 같이 다이얼 게이지를 스핀들에 부착한다.

② 핸들을 이용하여 공작물 상면에 다이얼 게이지의 핀을 터치시키고 다이얼 눈금판을 회전시켜 0(Zero)에 셋팅한다.

③ 상대좌표 화면을 선택하고 ⇒ Z 를 타자하고(화면의 Z가 깜빡깜빡 함) CAN 버튼을 누르면 Z축의 상대좌표가 0(Zero)이 된다.

④ 다시 핸들 X, Y, Z축을 이용하여 테이블 상면에 다이얼 게이지 핀을 셋팅한 0(Zero)까지 이동시켜 맞춘다.(다이얼 게이지 눈금판을 돌리면 안된다.) 이때 상대좌표의 값을 기록한다.

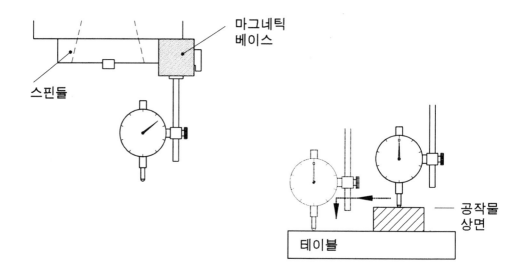

그림 4-8 다이얼 게이지 이용 방법

⑤ 기계원점과 공작물 좌표계 Z축 원점 위치까지의 계산

$$Z = H - h$$

    Z : 기계원점에서 공작물 좌표계(Z축) 원점까지 거리

    H : 테이블 상면과 Z축 기계원점까지의 거리(기계 제작 회사에서 제공)

    h : 테이블 상면에서 공작물 좌표계(Z축) 원점까지 거리

* Z값 계산 예)

  H = 660 mm 이고, h값은 측정결과 55.790 mm 라고 하면

  Z = 660 − 55.790

    = 604.21 이다.(이 값이 기계원점에서 공작물 좌표계(Z축) 원점까지의 좌표값이다.)

참고 32) Z축의 공작물 좌표계 원점이 아랫면인 경우

Z축의 공작물 좌표계 설정은 일반적으로 공작물 상면을 기준으로 설정하고 프로그램을 작성하지만 경우에 따라서 공작물의 아래쪽을 기준으로 설정하면 프로그램 작성이 편리한 경우가 있다. 이때 〈그림 4-9〉과 같이 다이얼 게이지를 이용하여 h값을 측정하고 다음과 같이 계산할 수 있다.

Z : 기계원점에서 공작물 좌표계(Z축) 원점까지 거리

H : 테이블 상면과 기계원점까지의 거리 (기계 제작회사에서 제공)

$$Z = H - (h - W)$$

h : 테이블 상면에서 공작물 좌표계(Z축)원점까지 거리

W ; 공작물 상면에서 공작물 좌표계(Z축)원점까지 거리(공작물 두께)

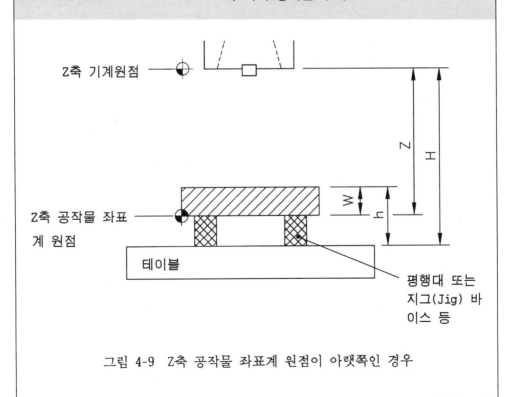

그림 4-9 Z축 공작물 좌표계 원점이 아랫쪽인 경우

4.5 공작물 좌표계 원섬을 프로그램에서 이용하는 방법

기계원점에서 공작물 좌표계 원점까지의 거리를 찾았지만 이 값을 NC기계가 인식할 수 있도록 해야한다. 이 방법으로는 여러가지 방법이 있지만 가장 많이 사용하는 3가지의 방법을 설명한다.

아래 〈그림 4-10〉와 같이 기계원점에서 공작물 원점까지 거리 X-205.274 Y-184.887 Z-436.692 의 셋팅 값으로 예를 든다.

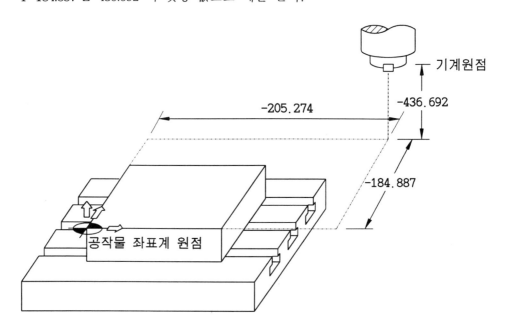

그림 4-10 공작물 좌표계 설정

(1) 기계원점에서 공작물 좌표계를 설정하는 방법

이 방법은 일반적으로 많이 사용하지만 항상 원점복귀를 하고, 좌표계 설정을 하기 때문에 필요없는 이동을 하는 것이 단점이다. 하지만 다음에 설명한 공작물 좌표계 선택(G54~G59) 기능과 기계좌표계 선택(G53) 기능은 옵션기능을 추가해야만 사용할 수 있기 때문에 이 두가지 옵션이 없을 경우 많이 사용한다.

* 프로그램의 구성

　01234 ;

　N01 G40 G80 ;

N02 G28 G91 X0. Y0. Z0. ;

N03 G92 G90 X205.274 Y184.887 Z436.692 ;

N04 G30 G91 Z0. T01 M06 ;

N05 G00 G90 X0. Y0. ;

⋮

N58 M02 ;

* **프로그램 해설**

　　N02 블록은 현재 위치에서 X0. Y0. Z0. 만큼 움직이고 기계원점 복귀한다. (증분지령(G91) 이므로 0(현재위치)에서 기계원점 복귀한다.)

　　N03 블록은 공작물 좌표계 설정이다. 기계원점에서 공작물 좌표계 원점까지의 거리를 절대지령으로 프로그램 한다. (셋팅에서 구한 X, Y, Z 값에서 "－" 부호를 생략하고 지령한다. 바꾸어 말하면 공작물 좌표계 원점위치에 이동시켜 놓고 G92 G90 X0. Y0. Z0. ; 를 지령하는 것을 어떤 위치만큼 이동시켜 놓고 이동거리 만큼의 좌표값을 프로그램에 지령하는 방법의 차이점이다.)

(2) 공작물 좌표계 선택(G54~G59) 기능을 사용하는 방법

　　최근에 생산 현장에서 많이 사용하는 방법이다. 공작물 좌표계 선택 옵션기능이 추가되어야 하고, 두가지 방법으로 사용한다.

① 워크보정 화면에 공작물 좌표계 값을 수동으로 입력하는 방법

　　보정 화면에서 Work를 선택하여 공작물 좌표계 원점의 값을 수동으로 입력한다.

* **프로그램의 구성**

　01234 ;

　N01 G40 G80 ;

　N02 G30 G91 Z0. T01 M06 ;

**　N03 G54 G00 G90 X0. Y0. ;**

⋮

　N58 M02 ;

* 프로그램 해설

　　N03 블록은 워크보정 화면의 NO. 01번에 입력된 값이 기계원점에서 공작물 원점까지의 값이므로 공작물 좌표계 선택(G54)을 사용하여 프로그램을 작성한다.(G92 기능은 사용하지 않는다.)

* 워크보정 화면

```
╭─────────────────────────────────────────╮
│                                         │
│   WORK COORDINATES          01000 N1000 │
│                                         │
│       NO.     DATA      NO.     DATA     │
│       00  X     0.000   02  X     0.000  │
│           Y     0.000       Y     0.000  │
│           Z     0.000       Z     0.000  │
│                                         │
│                                         │
│       01  X  -205.274   03  X     0.000  │
│           Y  -184.887       Y     0.000  │
│           Z  -436.692       Z     0.000  │
│                                         │
│   ADRS.                                 │
│    12:32:18             MDI             │
│   ┌────────┬───────┐ ┌┌──────┬┐         │
│   │OFFSET │ MACRO │ ││ WORK ││         │
│   └────────┴───────┘ └└──────┴┘         │
╰─────────────────────────────────────────╯
```

② 워크보정 화면에 공작물 좌표계 값을 프로그램으로 입력하는 방법

　　워크보정 화면에 프로그램의 Data 설정(G10) 기능을 이용하여 공작물 좌표계 원점의 값을 자동으로 입력한다.

* 프로그램의 구성

01234 ;

N01 G40 G80 ;

N02 G10 G90 L2 P00 X0. Y0. Z0. ;

N03 G10 L2 P01 X-205.274 Y-184.887 Z-436.692 ;

N04 G30 G91 Z0. T01 M06 ;

N05 G54 G00 G90 X0. Y0. ;

N58 M02 ;

* 프로그램 해설

N02 블록을 실행하면 워크보정 화면의 NO. 00번에 X0. Y0. Z0.를 입력한다.(Data 설정(G10) 기능 편을 참고 하십시오.)

N03 블록을 실행하면 워크보정 화면의 NO. 01번에 X-205.274 Y-184.887 Z-436.692 의 값을 자동으로 입력한다. 공작물 좌표계 선택(G54)을 사용하여 프로그램을 작성한다.(G92 기능은 사용하지 않는다.)

(3) 기계좌표계 선택(G53) 기능을 사용하는 방법

기계좌표계 선택 기능을 응용한다.

* 프로그램의 구성

O1234 ;

N01 G40 G80 ;

N02 G53 G90 X-205.274 Y-184.887 Z0. ;

N03 G92 X0. Y0. Z436.692 ;

N04 G30 G91 Z0. T01 M06 ;

N05 G00 G90 X0. Y0. ;

N58 M02 ;

* 프로그램 해설

N02 블록은 기계좌표계의 X-205.274 Y-184.887 Z0. 위치로 이동하고(X, Y축은 공작물 원점과 일치하고 Z축은 기계원점의 위치로 이동한다.) N03 블록에서 공작물 좌표계를 설정한다.

참고 33) 공작물 좌표계 X, Y원점을 찾는 여러가지 방법

① 터치센서를 이용하는 방법

최근에 많이 사용하는 방법으로 정밀하고 신속하게 좌표를 찾을 수 있지만 터치센서의 가격이 비싸고 전기가 통하지 않는 비철금속은 좌표설정을 할 수 없고, 정기적으로 교정을 해야 신뢰성 있는 좌표설정을 할 수 있다.

② **Accu 센타를 이용하는 방법**

　신속하게 좌표설정을 할 수 있다. 범용 밀링에 많이 사용되고 정밀하지 않는 좌표설정에 이용하면 생산성을 높일 수 있다.

③ **엔드밀을 이용하는 방법**

　터치센서나 Accu 센타가 없는 경우 간단하게 좌표를 찾는 방법으로 현장에서 정밀하지 않은 공작물의 셋팅에 많이 사용하는 방법이다. (본 교재에 상세히 설명하고 있다.)

④ **인디게이터를 이용하는 방법**

　저자가 기능올림픽대회 훈련과정에서 개발한 방법으로 정밀하고 신뢰성이 높은 좌표설정을 할 수 있다. 인디게이터 눈금이 반대면에 있는 경우 작은 손거울을 이용하면 정밀하게 눈금을 확인할 수 있다.

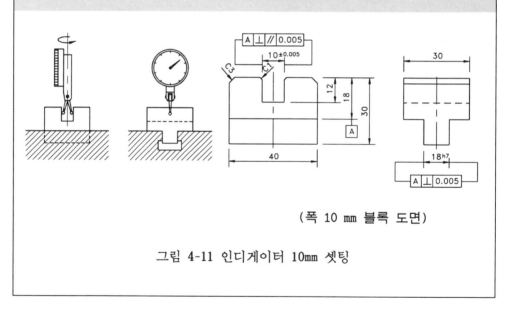

(폭 10 mm 블록 도면)

그림 4-11 인디게이터 10mm 셋팅

4.6 공구길이 측정(공구 셋팅) 방법 1(FANUC 0M 시스템)

　프로그램을 작성할때 공구길이를 생각하지 않고 프로그램을 작성하지만 실제 가공에는 각각 공구들의 길이에 차이가 있다. 스핀들 게이지 라인(Spindle Gauge Line)에서의 공구길이 측정법과 기준공구를 사용하여 공구길이를 측정하는 방법을 설명한다.

(1) 스핀들 게이지 라인(Spindle Gauge Line)에서의 공구길이 측정

아래 〈그림 4-12〉는 스핀들 게이지 라인에서 공구 선단까지가 공구길이 이다.

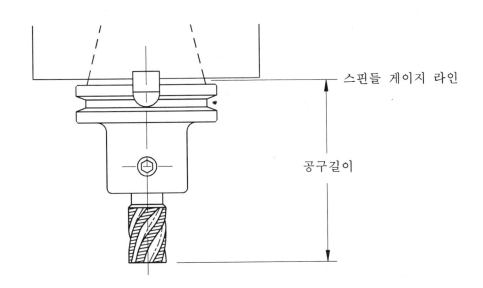

스핀들 게이지 라인

공구길이

그림 4-12 스핀들 게이지 라인에서의 공구길이

☞ 준비

　　스핀들 게이지 라인에서의 공구길이는 두가지로 측정이 가능하다. 한 가지 방법은 기계에서 측정하는 방법이고, 다른 한가지 방법은 툴프리셋타(Tool Freesetter)를 이용하는 방법이다. 본 교재에서는 기계에서 공구길이를 측정하는 방법을 상세히 설명한다.
　　〈그림 4-13〉과 같이 테이블 상면에서 Z축 기계원점까지 거리(H 값)는 기계제작 회사에서 결정한다.

〈그림 4-13〉에서 H=660, h=100의 조건에서 t 값을 찾아낸다. 먼저 스핀들에 공구가 장착되지 않은 상태에서 테이블 상면까지 이동하면 기계좌표계의 Z 값은 -660mm 가 된다. 그러면 100mm 하이트프리셋타(Height Presetter)를 놓고 Z축을 이동하면 -560mm가 되고, 이번에는 공구를 장착하고 하이트프리셋타에 공구선단을 터치(Touch)하면 공구길이 만큼 작게 이동하게 될 것이다. 결과적

으로 560-(하이트프리셋타에 터치한 상태의 Z축 기계좌표)를 계산하면 공구길 이를 정밀하게 찾을 수 있다.

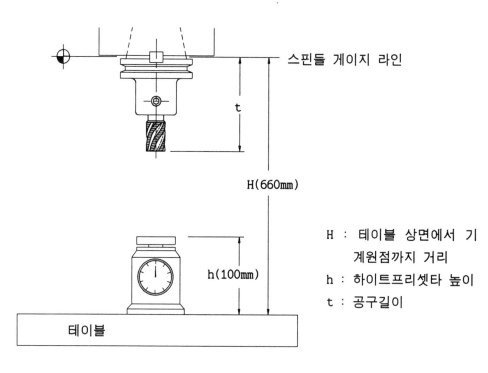

스핀들 게이지 라인

t

H(660mm)

h(100mm)

테이블

H : 테이블 상면에서 기
　　계원점까지 거리
h : 하이트프리셋타 높이
t : 공구길이

그림 4-13 공구길이 측정 방법

① 원점복귀(ZRN) 모드를 선택하고 ⇒ Z축을 원점복귀 시킨다.(원점복귀가 실행 된 경우는 생략한다.)

② 길이 측정할 공구를 스핀들에 장착한다. (1번 공구)

　　반자동(MDI) 모드 선택하고 ⇒ PRGRM 버튼을 누르고 G30 타자후 INPUT 하고, G91 타자후 INPUT 하고 Z0 타자후 INPUT 하고, T01 타자후 INPUT 하고, M06 타자후 INPUT 하고 OUTPT START 를 누르면 1번 공구가 교환된다.

③ 하이트프리셋타를 테이블 위에 놓고 핸들을 이용하여 공구 선단이 하이트프리 셋타의 상면에 터치하여 다이얼 눈금이 "0"이 되도록 이동시킨다. 아래 〈그림 4-14〉와 같은 상태가 된다.

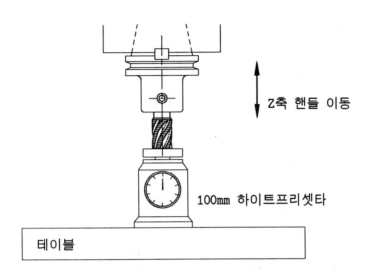

Z축 핸들 이동

100mm 하이트프리셋타

테이블

그림 4-14 공구길이 측정 방법

* 좌표계 화면

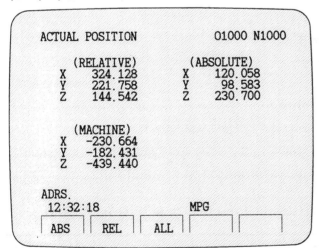

④ 공구 선단이 하이트프리셋타에 터치된 상태에서 POS 버튼을 누르고 다시 ALL 버튼을 선택한다. 위의 좌표계 화면에서 기계좌표(Machine)의 Z 값을 메모한다. (439.440mm)

⑤ 공구길이 값을 계산한다.

560 － 439.440(기계좌표 Z축 메모한 수치) ＝ 120.560(1번 공구의 공구길이 값)

⑥ 보정화면에 1번 공구길이 값을 입력한다.

아래 그림과 같이 ｜OFSET｜ 버튼을 누르고 커서(Cursor: 깜빡깜빡하는 막대 모양) 버튼을 ｜⬆｜ , ｜⬇｜ 을 이용하여 NO. 001번에 이동하고, 계산된 공구길이 값을 타자하고 ｜INPUT｜ 버튼을 누른다.

＊ 보정 화면

```
┌─────────────────────────────────────────┐
│  OFFSET                    01000  N1000   │
│    NO.    DATA       NO.     DATA         │
│   _001   120.560     009     0.000        │
│    002     0.000     010     0.000        │
│    003     0.000     011    20.000        │
│    004     0.000     012     0.000        │
│    005     0.000     013     0.000        │
│    006     0.000     014     0.000        │
│    007     0.000     015     0.000        │
│    008     0.000     016     0.000        │
│  ACTUAL POSITION (RELATIVE)               │
│      X   250.612        Y    55.253       │
│      Z  -140.097                          │
│  NO.  001 =                               │
│                      MPG                  │
│  ┌──────┐┌───────┐┌──┐┌──────┐┌──────┐   │
│  │OFFSET││ MACRO ││  ││ WORK ││      │   │
│  └──────┘└───────┘└──┘└──────┘└──────┘   │
└─────────────────────────────────────────┘
```

NO: 보정번호

DATA : 공구길이 및
          공구 반경 값

⑦ 다음 공구의 공구길이 측정

②번부터 ⑥번까지 반복한다.(②번부터 ⑤번까지 반복하여 측정할 전체의 공구길이를 기록하고 ⑥번을 실행하는 방법이 좋다.)

참고 34) 하이트프리셋타(Height Presetter)가 없는 경우 공구길이 측정

공구길이를 측정하는 하나의 방법으로 정밀하게 제작된 100mm 블록을 이용하는 방법이다. 기본적으로 공구길이를 찾는 방법은 "공구길이 측정방법" 편과 같고, 다른 내용은 하이트프리셋타 대용으로 100mm 블록을 이용하는 것이다. 이 방법의 주의사항은 공구날의 파손을 방지하기 위하여 Z축을 먼저 내리고 블록을 통과시켜 보고 통과되는 경우 블록을 빼고 다시 Z축의 공구를 내리고 블록을 통과시켜 보면서 정확하게 공구길이를 측정할 수 있다. 이 방법은 좋은 것은 아니지만 중소기업체에서 간단하게 많이 활용하고 있다.

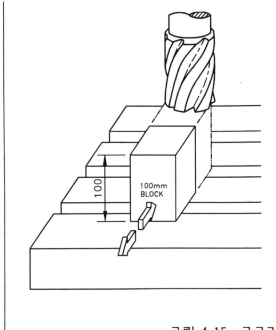

100mm 블록을 Y축 방향으로 전진 후진하면서 공구선단과 테이블 상면이 100mm 되게 한다.

그림 4-15 공구길이 측정

참고 35) 프로그램 번호 표시

① **프로그램의 번호 표시**

파라메타 40번의 4비트를

"1" 로 하면 프로그램 번호표시를 내림차순으로 하고

"0" 이면 입력 순서대로 표시한다.

* 통상 1로 선택하면 사용이 편리하다.

② **프로그램 번호표시 화면에 주역부 표시**

파라메타 40번의 0비트를

"1" 로 하면 프로그램 번호 다음에 입력된 주역부의 내용(프로그램 명)이 표시되고

"0" 이면 프로그램 번호만 표시한다.

* 프로그램 번호에 주역부가 입력된 경우 1로 사용하면 편리하다.

4.7 SENTROL 시스템의 조작 상세

SENTROL CNC 시스템은 통일중공업(주)에서 개발한 국산 CNC Controller로써 FANUC 시스템과 프로그램 및 기본적인 조작방법은 같다.

(1) SENTROL 조작판의 스위치와 위치

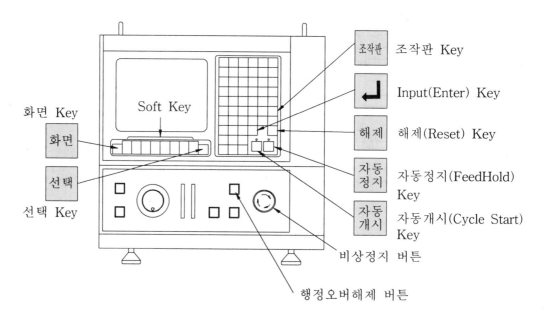

그림 4-16 SENTROL 조작판의 스위치와 위치

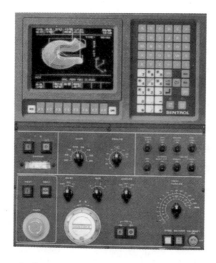

외부 조작판은 다품종 소량 생산을 하는 중소기업체에서 편리하게 사용할 수 있다.

사진 4-17 SENTROL 외부 조작판

1. **선택** Key : 선택 Key를 누르고 다음과 같은 모드(DNC운전, 원점복귀, 편집, 자동운전, 수동운전, 반자동, 핸들운전)를 선택한다.

2. **화면** Key : 위치, 이송속도, 보정, 설정, 진단 기능을 선택할 수 있다.

3. Soft Key : 기능에 따라서 F1~F8까지 나타나는 기능을 표시한다.

4. 조작판 Key : 〈그림 4-17〉과 같이 외부에 없는 조작 스위치가 Soft Key로 내장되어 있다.

5. 마침 Key : ";"(EOB)를 표시하는 Key이다.

6. ⇦ Key : 입력준비 Line의 Data를 뒤쪽부터 한 비트씩 삭제한다.(Back Space)

7. 취소 Key : 입력준비 Line의 Data를 전부 삭제한다.

8. 해제 Key : 알람을 취소하고 NC를 Reset 상태로 한다.

9. 자동개시 Key : 자동운전, 반자동 모드에서 자동운전을 실행한다.

10. 자동정지 Key : 자동운전 상태에서 축이동을 일시정지 시킨다.(자동개시 Key를 누르면 재개한다.)

11. 행정오버해제 버튼 : 행정오버해제 알람을 해제 시킬때 사용한다.

(2) 신규 프로그램 편집

아래 조건으로 프로그램을 작성한다.

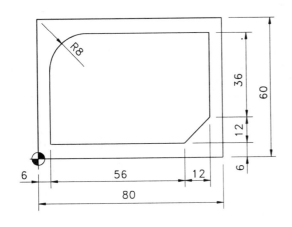

사용공구	공구 번호	공구 직경
엔드밀	T01	∅20

* 공작물 재질 : S45C

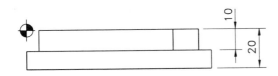

1. 조작판의 **"전원투입"** 스위치(녹색)를 누르면 NC 장치에 전원이 투입되고 잠시 후(약4초) **"SYSTEM CHECK"**의 자막이 점멸하면서 내부 시스템을 Check하고 초기화면이 나타난다.

2. 초기화면에서 **머시닝센타-F6** Soft Key를 누른다.(밀링기계인 경우는 자동으로 초기화면이 선택된다.)

⚠ 이때 **"0724 EMERGENCY BUTTON ON"** 알람이 발생되면 조작판의 **비상정지** 버튼을 오른쪽으로 돌리면 알람이 해제된다.

3. 프로그램의 신규작성이나 이미 등록된 프로그램을 수정하기 위해서는 **PRO, PROTECT** Key를 ON 시킨다. 조작방법은 다음과 같다.

▶ **조작판 기능 사용방법**

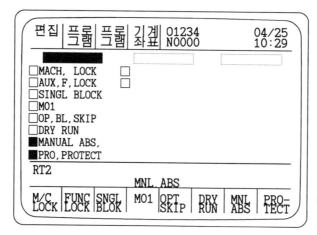

* 조작판 Key를 한번누르면 (분홍색 커서)가 오른쪽으로 이동한다.
현재 커서가 있는 아래쪽의 기능들이 Soft Key에 순차적으로 표시된다.

　　조작판 Key을 누르고 **PRO, PROTECT-F8** Key를 한번 눌러서 □ PRO, PROTECT 상태에서 ■ PRO, PROTECT 상태로 바꾼다.(□ 상태는 OFF이고 ■ 상태는 ON 이다.)

4. **선택** Key를 누르고 **편집-F4** Soft Key를 누른다.

5. ☞-**F8** Key를 누르고, **신규작성-F1** Soft Key를 누른다.

6. 프로그램 번호를 타자하고 입력시킨다.("O"를 생략하고 4자리 숫자만 타자한
   다.) **예) "4010"**를 타자하고 입력 Key를 누른다.

(이미 **등록된 프로그램 번호**
와 같은 번호를 입력하면 **"같은**
번호가 있습니다." 는 메세지가
나타난다. 등록되지않은 번호를
다시 입력한다.)

⋯⋯⋯ 입력 Key

7. 〈그림 4-18〉과 같이 프로그램 편집 화면이 나타난다.

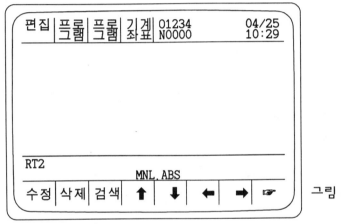

그림 4-18 프로그
램 편집 화면

▶ **프로그램 편집의 기초사항**

① 프로그램 편집에서 입력준비 LINE과 프로그램 영역

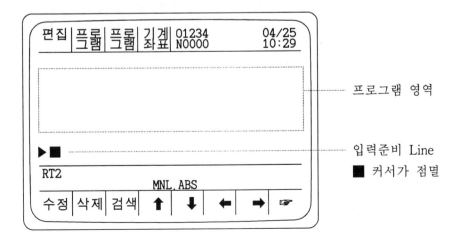

⋯⋯⋯⋯ 프로그램 영역

⋯⋯⋯⋯ 입력준비 Line
■ 커서가 점멸

② 입력준비 LINE에서 프로그램 영역으로 입력

프로그램 편집 DATA를 타자하면 먼저 입력준비 LINE에 나타나고 입력 Key를 누르면 프로그램 영역으로 입력된다.

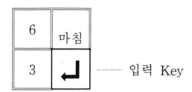

　　　　　　　　　　　　　　　　 입력 Key

💡 프로그램 이름을 일람표에 표시하기 위하여 "O4010(MILLING TEST 1)"와 같이 타자하여 입력한다.(SENTROL에서는 프로그램 선두에 프로그램 번호를 생략할 수 있지만 프로그램 일람표에 이름을 표시하기 위하여 프로그램 선두에 번호를 등록하는 것이 좋다.)

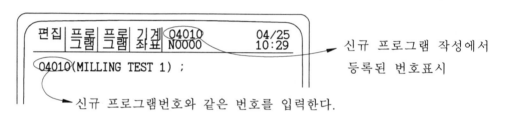

신규 프로그램 작성에서
등록된 번호표시

신규 프로그램번호와 같은 번호를 입력한다.

☞ 다음 내용을 프로그램 영역으로 입력하십시오.

O4010(MILLING TEST 1) ;　　--- 프로그램 번호의 선두는 알파벳 "O"를 지령한다. ;(EOB)의 입력은 생략해도 프로그램 영역으로 등록 되면서 생성된다.(단. 블록과 블록사이에 블록을 삽입할 경우 입력준비 LINE의 마지막에 ;(EOB)를 타자후 프로그램 영역으로 등록해야 한다.

G28 G90 X0. Y0. Z0. ;　　--- 입력준비 LINE에서 워드와 워드의 공백은 입력하지 않는다. 프로그램 영역으로 등록되면서 자동으로 워드사이에 공백이 생긴다.

③ 입력준비 LINE의 DATA를 삭제하는 방법

ⓐ 입력준비 LINE의 DATA를 뒤쪽에서 부터 1 Byte 삭제방법

취소 버튼 오른쪽의 ⇦ 버튼(Back Space)을 누르면 뒤쪽에서 부터 1 Byte 의 DATA가 삭제된다.

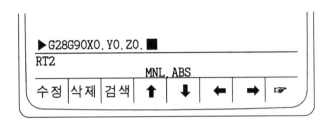

ⓑ 입력준비 LINE의 DATA를 전부삭제

오른쪽의 취소 버튼을 누른다.

④ 워드의 삽입

현재 커서의 앞쪽으로 워드가 삽입된다.

예) G28 G90 X0. Y0. Z0. ; 에서

G90과 X0.사이에 S2000의 워드를 삽입할려면 먼저 커서 이동 Key를 이용하여 X0.에 커서를 이동하고 S2000을 타자한후 입력 Key를 누르면 아래와 같이 입력된다.

G28 G90 S2000 X0. Y0. Z0. ;

☿ 편집화면에서 Soft Key에 커서 이동 Key(↑-F4, ↓-F5, ←-F6, →-F7)가 없으면 ☞-F8 Key를 눌러서 아래와 같이 선택할 수 있다.(☞-F8 Key는 다음 페이지의 다른 기능을 선택한다.)

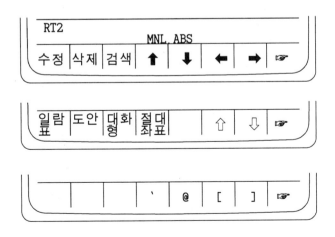

⑤ 워드의 수정

수정하고자 하는 워드에 커서를 이동하고 수정할 DATA를 타자한 후 **수정
-F1** Key를 누른다.

예) G28 G90 S2000 X0. Y0. Z0. ; 에서

G90을 G91로 수정하기 위하여 먼저 커서 이동 Key를 이용하여 G90에 커
서를 이동하고 G91을 타자한 후 **수정-F1** Key를 누르면 아래와 같이 수정
된다.

G28 G91 S2000 X0. Y0. Z0. ;

⑥ 워드의 삭제

삭제하고자 하는 워드에 커서를 이동하고 **삭제-F2** Key를 누른다.

예) G28 G91 S2000 X0. Y0. Z0. ; 에서

S2000을 삭제하기 위하여 먼저 커서 이동 Key를 이용하여 S2000에 커서
를 이동하고 **삭제-F2** Key를 누르면 아래와 같이 삭제된다.

G28 G91 X0. Y0. Z0. ;

8. 아래 프로그램을 입력하십시오.

```
O4010(MILLING TEST 1) ;
G28 G91 X0. Y0. Z0. ;
G92 G90 X250. Y200. Z420. ;
G30 G91 Z0. T01 M06 ;
G00 G90 X-12. Y-5. ;
G43 Z10. H01 S560 M03 ;
Z-9.9 M08 ;
G01 X6. F150 ;
Y46. ;
G02 X14. Y54. R8. ;
G01 X74. ;
G91 Y-36. ;
X-12. Y-12. ;
G90 X-12. ;
G40 G00 Y-12. ;
Z50. M09 ;
G49 Z400. M19 ;
M02 ;
```

⚠ 도안을 실행하기 전에 커서를 프로그램 선두로 복귀시킨다.

☞ -**F8** Soft Key 누른후 ⌂-**F5** Soft Key를 누르면 커서가 선두로 복귀된다.

9. 프로그램 확인(도안 확인)

☞ -**F8** Soft Key를 누르고 **도안-F2** Soft Key를 누른후 **스케일링-F6** Soft Key를 누르면 자동으로 도안이 작성된다.(스케일링 기능은 "**SCAL**" 자막이 점멸하면서 내부적으로 공작물의 크기와 프로그램의 이상을 체크한다.)

스케일링 중 프로그램에 이상이 있으면 경보화면에서 알람내용을 표시한다. 알람내용을 Memo하고 **복귀-F8** Soft Key를 누른후 **프로그램-F1** Soft Key를 누르면 이상이 발생한 프로그램의 위치에 커서가 있다. 보통 알람이 발생한 위치를 찾기위해서는 알람이 발생한 상태의 커서 위치의 앞(스케일링, 신속확인), 뒤쪽(이송확인, 자동운전)의 2~3 블록을 확인한다.)

⚠ 스케일링이 완료 될때까지 다른 조작을 하지 마십시오.(스케일링 실행중 정지시키고자 할 경우 해제 Key를 누른다.)

10. **신속확인-F7** Soft Key를 누르면 "**QCHK**" 자막이 점멸하면서 내부적으로 결정된 표준크기로 신속하게 도안을 작성한다.

⚠ 신속확인이 완료 될때까지 다른 조작을 하지 마십시오.(신속확인을 실행중 정지시키고자 할 경우 해제 Key를 누른다.)

(3) 자동운전 실행

1. **선택** Key를 누르고 **자동운전-F5** Soft Key를 누른다.
2. **선택-F5** Soft Key를 누른다.
3. ⬇-**F4,** ⬆-**F5** Key를 사용하여 자동운전을 실행할 프로그램 번호에 커서(노란색)를 이동시키고 **선택결정-F3** Soft Key를 누른다.(자동실행할 프로그램 번호를 확인하고 현재 선택된 프로그램 번호가 다른 경우 **일람표-F1** Soft Key를 누르고, **선택-F5** Soft Key를 누른후 자동실행할 프로그램에 커서를 이동하고 **선택결정-F3** Soft Key를 누른다.)

⚠ 편집 모드에서 프로그램을 확인하고 자동운전을 실행하십시오.
⚠ 자동운전을 실행하기 전에 커서를 프로그램 선두로 복귀시킨다.

공구경로 표시에서 프로그램의 앞쪽부분이 나타나지 않는 경우 도안을 시작하기 전에 커서를 프로그램 선두로 복귀시킨다.(**프로그램 F-1 Key**를 누르고 ☞ -F8 Key 누른후 ◖-F5 Key를 누르면 커서가 선두로 복귀된다.)

4. 자동개시 버튼을 누른다.

(4) 파라메타 수정 방법

1. 파라메타를 수정하기 위해서는 **PRO, PROTECT** Key를 ON 시킨다.

▶ 조작판기능 사용방법

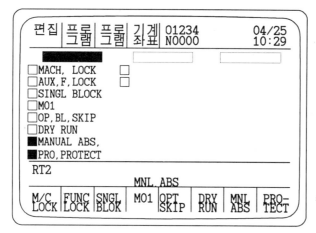

* 조작판 Key를 한번누르면 (분홍색 커서)가 오른쪽으로 이동한다. 현재 커서가 있는 아래쪽의 기능들이 Soft Key에 순차적으로 표시된다.

조작판 버튼을 누르고 **PRO, PROTECT-F8** Key를 한번 눌러서 On 시킨다.(□ **PRO, PROTECT** 상태에서 ■ **PRO, PROTECT** 상태로 바꾼다.)

2. **선택** Key를 누르고 **반자동-F7** Soft Key를 누른다.
   (파라메타 수정은 반자동 모드에서 가능하다.)

3. **화면** Key를 누르고 **설정-F7** Key를 누른후 **조작설정-F1, 보수설정-F4** 를 선택하고 수정할 파라메타 번호를 선택하고 수정 DATA를 입력한다.

4.8 공작물 좌표계 설정 방법 2(SENTROL−M 시스템)

SENTROL 시스템의 기계에서 공작물 좌표계 설정방법을 설명한다. 기본적인 내용은 FANUC 시스템과 같고 조작방법에 약간의 차이점이 있다. 기계원점에서 공작물 좌표계 원점(프로그램 원점)까지의 거리를 찾아내는 방법을 셋팅(Setting)이라 하고, ⟨그림 2-18⟩의 X, Y, Z 값을 찾아내는 방법을 설명한다.

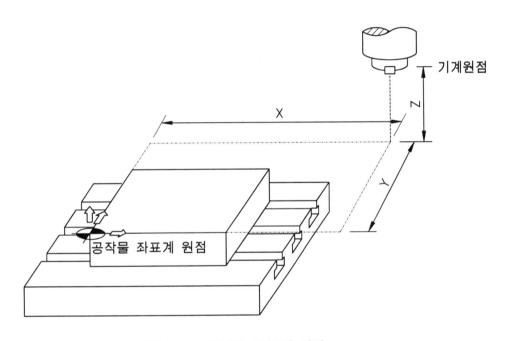

그림 4-18 공작물 좌표계 설정

(1) 공작물 좌표계 X, Y 값을 찾는 방법

☞ 준비

> 터치센서(Touch Sensor)를 이용하는 방법과 엔드밀을 이용하는 방법이 있다. 터치센서나 엔드밀을 사용하여 좌표계를 찾는 방법은 같지만 터치센서를 이용하면 정밀하고 쉽게 할 수 있다. 하지만 터치센서 가격이 비싸고 정기적으로 교정을 하지 않을 경우 정밀도가 나빠지기 때문에 일반적으로 현장에서는 엔드밀을 이용하는 경우가 많다. 본 교재에서는 엔드밀 ∅20mm 4날 공구를 사용한다.

① 선택 버튼을 누르고, 원점복귀 −F3 버튼을 누른다. ⇒ 각축을 원점복귀

　시킨다.(Z축을 먼저 원점복귀 시키고 X, Y축을 원점복귀 시킨다.)

② 엔드밀 ∅20mm를 밀링척에 고정하고, 밀링척을 스핀들(Spindle)에 장착한다.

③ ┌선택┐ 버튼을 누르고, ┌반자동┐-F7 버튼을 누른후 ⇒ S400M03 타자후

　┌←┐ 버튼을 누르고 ┌자동개시┐ 버튼을 누르면 주축이 회전한다.

＊ 반자동 화면

```
┌─────────────────────────────────────────────┐
│┌──┬──┬──┬──┐                               │
││반자│프로│프로│기계│ 01234        01/26       │
││동 │그램│그램│좌표│ N0001        12:30       │
│└──┴──┴──┴──┘                               │
│ S400 M03 ;                                  │
│ %                                           │
│                                             │
│                                             │
│   절대좌표      잔여이동량      F   0        │
│                               S   0        │
│ X   124.970   X    0.000      T   0        │
│ Y    56.275   Y    0.000      D   0        │
│ Z   115.773   Z    0.000      H   0        │
│ ▶□                                          │
│                                             │
│ RT2                                         │
│              MNL, ABS                       │
│┌──┬──┬──┬──┬──┬──┬──┬──┐                    │
││수정│삭제│ ↑ │ ↓ │ ← │ → │  │  │          │
│└──┴──┴──┴──┴──┴──┴──┴──┘                    │
└─────────────────────────────────────────────┘
```

④ ┌선택┐ 버튼을 누르고, ┌핸들운전┐-F8 버튼을 누른다. ⇒ 각축을 이동시켜
〈그림 4-19〉와 같이 X축 방향의 공작물 측면에 터치(Touch) 시킨다.(터치하는
순간에 0.01mm 정도 절삭이 되도록 핸들의 펄스(Pulse)를 0.01 에 선택하고 천
천히 이동시킨다.)

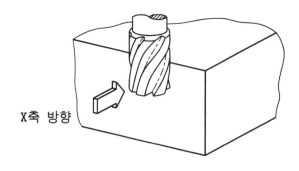

X축 방향

그림 4-19 X축 기준면 터치

〈그림 4-19〉와 같이 터치된 상태에서 위치선택 —F1 버튼을 눌러 상대좌표를 선택한다. 상대OSET —F4 버튼을 누르면 X축의 상대좌표가 아래와 같이 된다.

* **핸들운전 화면**(상대좌표)

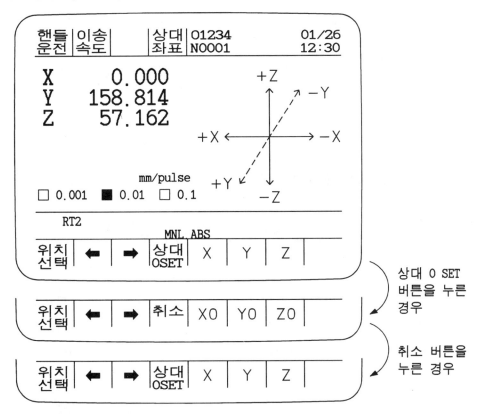

다시 취소 —F4 버튼을 누르고 핸들을 이용하여 〈그림 4-20〉과 같이 Y축 공작물 단면에 터치시킨다.

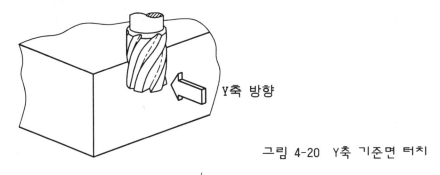

그림 4-20 Y축 기준면 터치

표시되어 있는 핸들운전 화면에서 | 상대|OSET |—F4 버튼을 누르고 | Y0 |— F6 버튼을 누르면 Y축의 상대좌표가 아래와 같이 된다.

* 핸들운전 화면(상대좌표)

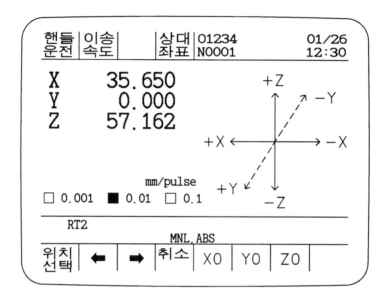

| 핸들운전 | 이송속도 | 상대좌표 | 01234 N0001 | 01/26 12:30 |

X   35.650
Y   0.000
Z   57.162

+Z
—Y
+X ← → —X
+Y
—Z

mm/pulse
☐ 0.001 ■ 0.01 ☐ 0.1

RT2
MNL, ABS

위치선택 | ← | → | 취소 | X0 | Y0 | Z0 |

| 취소 |—F4 버튼을 누르고, 스핀들을 정지시킨 후 다시 핸들을 이용하여 Z 축을 공작물에 간섭받지 않도록 위쪽으로 이동시키고, 〈그림 4-21〉과 같이 X축 과 Y축을 상대좌표가 0(Zero)가 되게 이동시킨다. 하지만 현재공구 스핀들 중 심위치는 공구(또는 터치센서)반경만큼 이동되어 있다. 스핀들 중심이 공작물

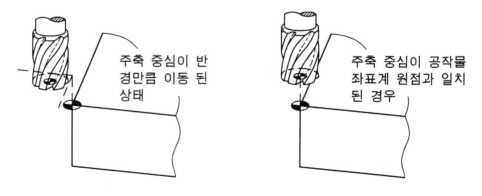

주축 중심이 반경만큼 이동 된 상태

주축 중심이 공작물 좌표계 원점과 일치 된 경우

그림 4-21 주축(공구) 중심위치

원점의 위치와 일치하도록 공구반경만큼 이동시킨다.(현재 Ø20mm 엔드밀 이 므로 10mm를 이동시킨다.)

〈그림 4-21〉의 공구 중심위치에서 위치선택 −F1 버튼을 이용하여 기계 좌표를 화면에 선택하고 기계좌표 X, Y 좌표값을 기록한다. 이 값이 기계원점 에서 공작물 좌표계 원점까지의 X, Y 값이다.

＊ 핸들운전 화면(기계좌표)

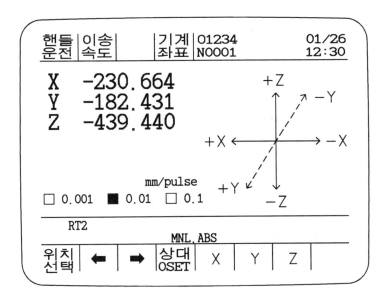

(2) 공작물 좌표계 Z 값을 찾는 방법

공작물 좌표계 X, Y 값을 찾는 방법과 마찬가지로 〈그림 4-18〉의 Z 값을 찾 는 방법으로 〈그림 4-22〉의 "Z" 값을 구한다.

H : Z축 기계원점에서 테이블 상면까지 거리(기계 제작회사에서 결정)

h : 공작물 높이(테이블 상면에서 공작물 상면까지)

Z : 공작물 좌표계 Z값

☞ **준비**

테이블(Table)과 공작물의 Z축 원점위치(일반적으로 공작물 상면을 Z0 위치로 한다.)까지의 높이를 측정하기 위하여 다이얼 게이지를 준비 한다.

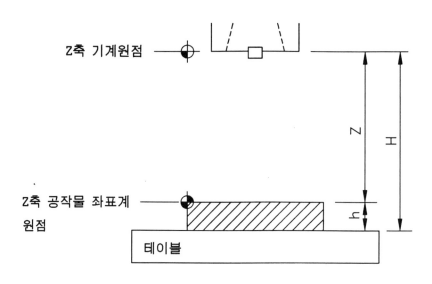

Z축 기계원점

Z축 공작물 좌표계
원점

테이블

그림 4-22 Z축 공작물 좌표계 설정

① 〈그림 4-23〉과 같이 다이얼 게이지를 스핀들에 부착한다.

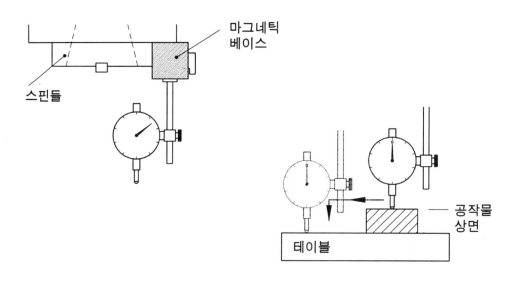

마그네틱
베이스

스핀들

공작물
상면

테이블

그림 4-23 다이얼 게이지 이용 방법

② 선택 버튼을 누르고, 핸들운전 —F8 버튼을 누른후 Z —F7 버튼을 누르

고, 핸들을 이용하여 공작물 상면에 다이얼 게이지의 핀을 터치시킨 후 다이얼 눈금판을 회전시켜 0(Zero)에 셋팅한다.

③ 위치선택 ─F1 버튼을 이용하여 상대좌표를 선택하고 ⇒ 상대0SET ─F4 버튼을 누르고 Z0 ─F7 버튼을 누르면 Z축의 상대좌표가 0(Zero)이 된다.

④ 다시 핸들 X, Y, Z축을 이용하여 테이블 상면에 다이얼 게이지를 터치하면서 다이얼 게이지 눈금이 0(Zero)이 되게 이동시켜 맞춘다.(다이얼 게이지 눈금 판을 돌리면 안된다.)

이때 상대좌표의 값을 기록한다.

⑤ 기계원점과 공작물 좌표계 Z0 위치까지의 계산방법

$$Z = H - h$$

Z : 기계원점에서 공작물 좌표계(Z축) 원점까지 거리

H : 테이블 상면과 기계원점까지의 거리(기계 제작회사에서 제공)

h : 테이블 상면에서 공작물 좌표계(Z축) 원점까지 거리

* Z값 계산 예)

H = 660mm 이고, h값은 측정결과 55.790mm 라고 하면

Z = 660 ─ 55.790

= 604.21 이다.(이 값이 기계원점에서 공작물 좌표계(Z축) 원점까지 치수다.)

4.9 공작물 좌표계 원점을 프로그램에서 이용하는 방법

기계원점에서 공작물 좌표계 원점까지의 거리를 찾았지만 이 값을 NC기계가 인식할 수 있도록 해야한다. 이 방법으로는 여러가지 방법이 있지만 가장 많이 사용하는 세가지의 방법을 설명한다.

아래 〈그림 4-24〉와 같이 기계원점에서 공작물 원점까지 거리 X-205.274 Y-184.887 Z-436.692 의 셋팅 값으로 예를 든다.

(1) 기계원점에서 공작물 좌표계를 설정하는 방법

이 방법은 일반적으로 많이 사용하고 있지만 항상 원점복귀를 하고 좌표계 설

정을 하기 때문에 필요없는 이동을 하는 것이 단점이다. 하지만 다음에 설명한
G54~G59 기능과 G53 기능이 없을 경우 많이 사용한다.

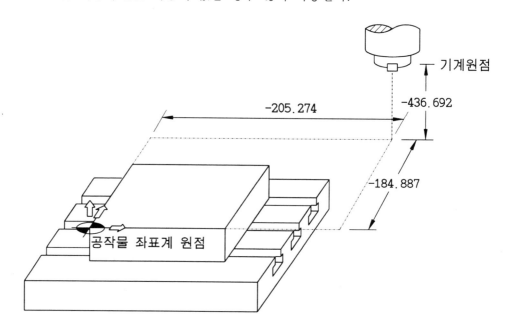

그림 4-24 공작물 좌표계 설정

* 프로그램의 구성

    01234 ;

    N01 G40 G80 ;

    N02 G28 G91 X0. Y0. Z0. ;

    N03 G92 G90 X205.274 Y184.887 Z436.692 ;

    N04 G30 G91 Z0. T01 M06 ;

    N05 G00 G90 X0. Y0. ;

    N58 M02 ;

* 프로그램 해설

    N02 블록은 현재 위치에서 X0. Y0. Z0. 만큼 움직이고 기계원점 복귀한다.

(상대지령(G91) 이니까 현재위치에서 기계원점 복귀 한다.)

N03 블록은 공작물 좌표계 설정이다. 기계원점에서 공작물 좌표계 원점까지의 거리를 절대지령으로 프로그램 한다.(셋팅에서 구한 X, Y, Z 값에서 "−"부호를 생략하고 지령한다. 바꾸어 말하면 공작물 좌표계 원점위치에 이동시켜 놓고 G92 G90 X0. Y0. Z0. ; 를 지령하는 것을 어떤 위치만큼 이동시켜 놓고 이동 거리만큼의 프로그램을 작성하는 방법의 차이점이다.)

(2) 공작물 좌표계 선택(G54~G59) 기능을 사용하는 방법

최근에 생산 현장에서 많이 사용하는 방법이다. 그러나 공작물 좌표계 선택 기능이 추가 되어야 하고 2가지 방법으로 사용한다.

① 워크보정 화면에 공작물 좌표계 값을 수동으로 입력하는 방법

| 선택 | 버튼을 누르고 | 핸들운전 |−F8 버튼 누른후 | 화면 | 버튼을 누르고 | 보정 |−F5 버튼을 누른후 | 워크 |−F2 버튼을 누른 상태에서 공작물 좌표계 원점의 값을 수동으로 입력한다.

＊ 워크보정 화면

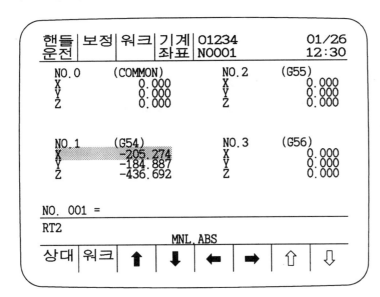

* 프로그램의 구성

  01234 ;

  N01 G40 G80 ;

  N02 G30 G91 Z0. T01 M06 ;

  N03 G54 G00 G90 X0. Y0. ;

  N58 M02 ;

* 프로그램 해설

  N03 블록은 워크보정 화면의 NO. 1번에 입력된 값이 기계원점에서 공작물 원점까지의 값이므로 공작물 좌표계 선택(G54) 기능을 사용하여 프로그램을 작성한다.(G92 기능은 사용하지 않는다.)

② 워크보정 화면에 공작물 좌표계 값을 프로그램으로 입력하는 방법

  워크보정 화면에 프로그램의 G10 기능을 이용하여 공작물 좌표계 원점의 값을 자동으로 입력한다.

* 프로그램의 구성

  01234 ;

  N01 G40 G80 ;

  N02 G10 G90 L2 P00 X0. Y0. Z0. ;

  N03 G10 L2 P01 X-205.274 Y-184.887 Z-436.692 ;

  N04 G30 G91 Z0. T01 M06 ;

  N05 G54 G00 G90 X0. Y0. ;

  N58 M02 ;

* 프로그램 해설

  N02 블록을 실행하면 워크보정 화면의 NO. 0번에 X0. Y0. Z0.를 입력한

다.(Data 설정(G10) 기능편 참고 하십시오.)

　　N03 블록을 실행하면 워크보정 화면의 NO. 1번에 X-205.274 Y-184.887 Z-436.692의 값을 자동으로 입력한다. 공작물 좌표계 선택(G54) 기능을 사용하여 프로그램을 작성한다.(G92 기능은 사용하지 않는다.)

(3) 기계좌표계 선택(G53) 기능을 사용하는 방법

　　기계좌표계 선택 기능을 응용한다.

* 프로그램의 구성

```
01234 ;
N01 G40 G80 ;
N02 G53 G90 X-205.274 Y-184.887 Z0. ;
N03 G92 X0. Y0. Z436.692 ;
N04 G30 G91 Z0. T01 M06 ;
N05 G00 G90 X0. Y0. ;
          ┊
N58 M02 ;
```

* 프로그램 해설

　　N02 블록은 기계원점에서 X-205.274 Y-184.887 Z0. 만큼 이동하고(X, Y축은 공작물 원점과 일치하고 Z축은 기계원점의 위치로 이동한다.) N03 블록에서 공작물 좌표계를 설정한다.

4.10 공구길이 측정(공구 셋팅) 방법 2(SENTROL-M 시스템)

프로그램을 작성할때 공구길이를 생각하지 않고 프로그램을 작성하지만 실제 가공에는 여러 종류의 공구들이 길이에 차이가 있다. 스핀들 게이지 라인 (Spindle Gauge Line)에서의 공구길이 측정법과 기준공구를 사용하여 공구길이를 측정하는 방법을 설명한다.

(1) 스핀들 게이지 라인(Spindle Gauge Line)에서의 공구길이

아래 〈그림 4-25〉는 스핀들 게이지 라인에서 공구 선단까지가 공구길이 이다.

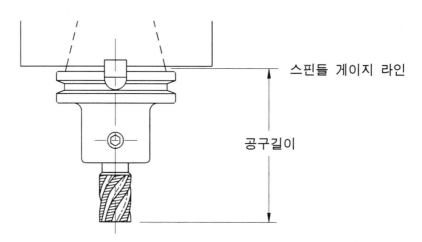

스핀들 게이지 라인

공구길이

그림 4-25 스핀들 게이지 라인에서의 공구길이

☞ 준비

스핀들 게이지 라인에서의 공구길이는 두가지로 측정이 가능하다. 한 가지 방법은 기계에서 측정하는 방법이고 다른 한가지 방법은 툴프리셋 타(Tool Freesetter)를 이용하는 방법이다. 본 교재에서는 기계에서 공 구길이 측정하는 방법을 상세히 설명한다.

〈그림 4-26〉과 같이 테이블 상면에서 Z축 기계원점까지 거리(H 값)는 기계 제작회사에서 결정한다.

〈그림 4-26〉에서 H=660, h=100의 조건에서 t 값을 찾아낸다. 먼저 스핀들에 공구가 장착되지 않은 상태에서 테이블 상면까지 이동하면 기계좌표계의 Z 값

은 660mm 가 된다. 그러면 100mm 하이트프리셋타를 놓고 Z축을 이동하면 560mm가 되고, 이번에는 공구를 장착하고 하이트프리셋타에 터치(Touch)하면 공구길이 만큼 작게 이동하게 될 것이다. 결과적으로 560-(하이트프리셋타에 터치한 상태의 Z축 기계좌표)를 계산하면 공구길이를 정밀하게 찾을 수 있다.

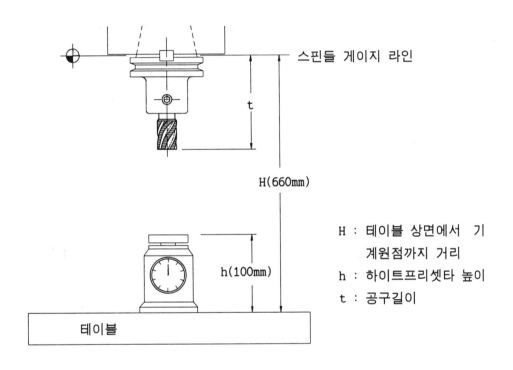

그림 4-26 공구길이 측정 방법

① 선택 버튼을 누르고, 원점복귀 -F3 버튼을 선택하여 ⇒ Z축을 원점복귀 시킨다.(원점복귀가 실행된 경우는 생략한다.)

② 길이 측정할 공구를 스핀들에 장착한다.(1번 공구)

반자동 -F7 버튼을 누르고 ⇒ G30 G91 Z0 T01 M06 타자후 ⏎ 버튼을 누르고 자동개시 버튼을 누르면 1번 공구가 교환된다.

③ 하이트프리셋타를 테이블 위에 놓고 핸들을 이용하여 공구 선단이 하이트프리 셋타의 상면에 터치하여 다이얼 눈금이 0(Zero)이 되도록 이동시킨다. 〈그림 4-27〉과 같은 상태가 된다.

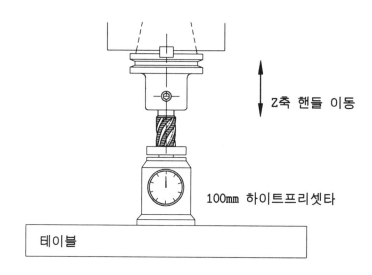

그림 4-27 공구길이 측정

* 핸들운전 화면(기계좌표)

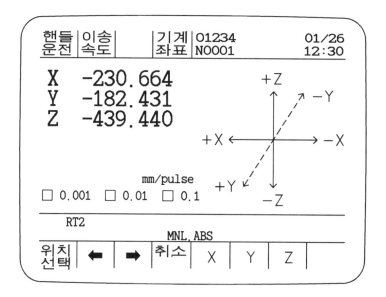

④ 공구 선단이 하이트프리셋타에 터치된 상태에서 위치선택 —F1 버튼을 누

르고 기계좌표의 Z 값을 메모한다. 439.440mm ("ㅡ" 부호는 생략)

⑤ 공구길이 값을 계산한다.

560 ㅡ 439.440(기계좌표 Z축 메모한 수치) = 120.560(1번 공구의 공구길이

값)

⑥ 보정 화면에 1번 공구길이 값을 입력한다.

아래 일반보정 화면과 같이 선택 버튼을 누르고 핸들운전 -F8 버튼

누른후 화면 버튼을 누르고 보정 -F5 버튼을 누른후 일반 -F1 버

튼을 누른 상태에서 커서 버튼 이용하여 NO. 001번에 커서를 이동하고, 계산

된 공구길이 값을 타자하고 ⏎ 버튼을 누른다.

* **일반보정 화면**

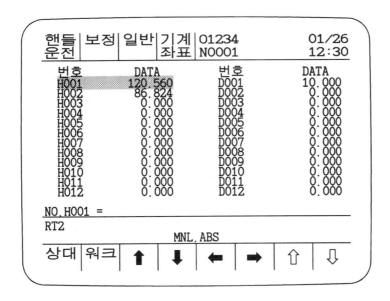

⑦ 다음 공구의 공구길이 측정

②번부터 ⑥번까지 반복한다.(②번부터 ⑤번까지 반복하여 측정할 전체의 공

구길이를 기록하고 ⑥번을 실행하는 방법이 좋다.)

4.11 기준공구를 사용한 공작물 좌표계 설정과 공구길이 측정

(1) 공작물 좌표계 설정

이 방법은 중소기업체에서 간단하게 셋팅하는 방법으로 많이 사용하지만 기준공구가 파손이나 마모가 되면 다른 공구길이 보정은 기준공구 보정부터 다시 셋팅하는 문제점이 있다. 4.8 공작물 좌표계 설정 방법 2 〈그림 4-18〉에서 X, Y 좌표를 찾아내는 방법과 같다.

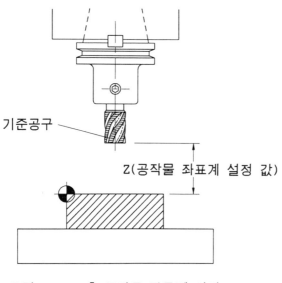

공작물 좌표계 Z값은 〈그림 4-28〉과 같이 기준공구의 선단을 공작물 좌표계 Z0 위치(공작물 상면)에 터치 시키고 기계좌표계 Z값을 기록한다. 이 값이 공작물 좌표계 설정의 Z값이다.

그림 4-28 Z축 공작물 좌표계 설정

(2) 공구길이 측정방법

기준공구에 대한 차이값이 공구길이 보정값이 된다.

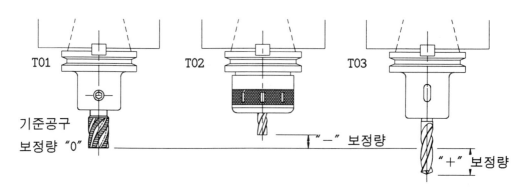

그림 4-29 공구길이

기준공구를 공작물 상면이나 하이트프리셋타의 상면에 터치하고 Z축 상대좌 표를 "0"(Zero)로 만든다. 다음 공구를 터치한 상태에서 Z축의 상대좌표 값이 공구길이 보정량이 된다.

4.12 Test 운전 방법

Test 운전하는 목적은 프로그램의 이상유무와 그래픽기능이 없는 경우 공구경로를 확인하고 셋팅(공작물 좌표계 설정과 공구보정)이 정확하게 되었는지를 확인한다. 수동이나 자동프로그램(CAM)으로 작성된 프로그램을 NC 장치에 입력하고 셋팅을 완료한다. Test 운전의 순서는 공작물 고정장치에 Stopper(기준면)가 있는 경우는 공작물을 고정장치에서 분리시키고 자동 실행하는 방법과 공작물 고정장치에 Stopper가 없는 경우 공작물 좌표계 Z축 원점을 가상으로 위쪽으로(50~100mm) 이동시켜 자동운전을 실행하는 방법 이다.

★ 공작물 좌표계 Z값 50mm 수정 예

① G92 기능을 사용하는 프로그램

      01234 ;

      G40 G80 ;

      G28 G91 X0. Y0. Z0. ;

      G92 G90 X205.274 Y184.887 **Z386.692** ;

                             ㄴ Z436.692(Test가 완료되면 원래의 Z축

                                         공작물 좌표값으로 수정한다.)

② G54~G59 기능을 사용하는 프로그램

워크보정 화면의 G54~G59에 입력된 Z값을 수정한다. Test가 완료되면 원래의 Z축 공작물 좌표값으로 수정한다.)

⚠ 이상한 공구경로나 위험한 상황이 발생하면 비상정지 버튼을 누른다.

Test 운전을 실행하기 전에 싱글블록 스위치 ON 시키고 절삭유 스위치는 OFF 시킨 상태에서 급속속도를 최저로 설정하고 자동개시 버튼을 누른다. 현재블록이 종료하면 다음 블록의 프로그램을 확인(보정번호, 소숫점 사용, 좌표값의 부호, 보정말소 등)하면서 프로그램 끝까지 실행한다. Test 운전중에 프로그램 이상이 있는 경우 편집화면에서 프로그램을 수정하고 처음부터 다시 실행한다. 약간의 문제가 있는 부분은 Memo를 하여 Test 운전이 완료된 후 프로그램을 수정하는 방법이 시간을 절약할 수 있다.

(Test 운전의 조작판 스위치 상태 : Manual ABS ON, 급속속도 저속, 싱글블록 ON, 절삭유 OFF, 경우에 따라 드라이런 스위치를 사용한다.)

4.13 시제품 가공 방법

TEST 운전이 완료되면 공작물 좌표계 원점의 Z값을 원래 값으로 수정한다. 공작물을 고정장치에 고정하고, 절삭유 스위치를 자동상태로 한다. 프로그램 Check 화면을 선택하고 자동운전을 실행한다.

⚠ 이상한 공구경로나 위험한 상황이 발생하면 비상정지 버튼을 누른다.

* 프로그램 Check 화면

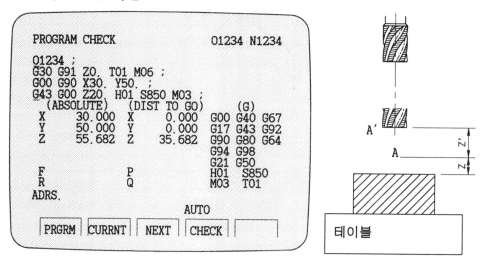

그림 4-30 공구보정 확인

Test 운전에서 정확한 공구길이 보정을 확인하지 못한 상태이므로 공구길이 보정을 하면서 Z축이 아래 방향으로 이동할 때 공구 선단이 공작물 상단에 근접하면(〈그림 4-30〉의 A'점) 자동정지(Feed Hold) 버튼을 누르고 프로그램 Check 화면의 Dist To Go(잔여이동 좌표 : 현재 블록의 나머지 거리) 좌표계를 확인한다. 이때 잔여이동 좌표값과 공구 선단과 공작물 상면과의 거리를 눈으로 확인하여 비슷하면 자동개시(Cycle Start)를 누른다. 다시 자동정지를 눌러 확인하고 이상이 없는 경우 다음 공구도 마찬가지 방법으로 계속한다. 가공이 완료되면 전 부위의 치수를 측정하여 편차가 발생한 량을 보정화면에서 보정량을 수정하고 보정값으로 수정할 수 없는 편차량은 프로그램을 수정한다.

가공중 주축회전수와 이송속도가 맞지않을 경우 가능하면 조작판의 주축 오버라이드, 이송속도 오버라이드 스위치를 이용하여 조절하고 가공이 완료되면 프로그램을 수정한다.

(시제품 가공의 조작판 스위치 상태 : Manual ABS ON, 급속속도 저속, 싱글블록 ON, 절삭유 Auto)

4.14 공작물 연속가공

⚠ 이상한 공구경로나 위험한 상황이 발생하면 비상정지 버튼을 누른다.

공작물을 교환하여 고정장치에 설치하고 자동개시를 실행한다. 시제품 가공 후 수정한 프로그램을 확인하면서 연속가공을 한다.

(공작물 연속가공의 조작판 스위치 상태 : Manual ABS ON, 급속속도 고속, 싱글블록 OFF, 절삭유 Auto)

참고 36) 프로그램 재개(Restart)

∗ P 형 프로그램 재개

1. Manual ABS 스위치 ON 상태에서 원인조치(공구교환, 공구보정 등)
2. 기계 조작판의 프로그램 재개 스위치를 ON 한다.
3. 프로그램 편집 화면에서 재개할 프로그램 번호를 선택한다. (보조 프로그램은 주 프로그램에서 실행할 수 있다.)
4. 커서(Cursor)를 선두로 복귀시킨다.
   ① 편집 모드인 경우 해제(Reset) 버튼을 누른다.
   ② 자동 모드인 경우 "0"를 타자하고 위쪽 커서 버튼을 누른다.
5. P를 타자하고 재개하고자 하는 시퀀스번호를 타자한다.

```
P□□□□△△△△
          └── 재개할 시퀀스번호
    └── 반복회수
```

아래 커서 버튼을 누르면 프로그램 Search를 하고 재개 화면이 나타난다.

6. 프로그램 재개 스위치를 OFF한다.(이때 프로그램 재개 화면 DISTANCE TO GO 좌표계의 왼쪽에 나타난 숫자가 점멸한다. 이 숫자가 점멸하지 않으면 Soft Key의 "RSRT" Key를 누른다. 이 숫자가 점멸해야만 재개를 실행할 수 있다.)

주) 프로그램 재개에서 보조기능이 실행되지 않는 경우가 있다. 자동개시를 실행하기 전 반자동 모드에서 필요한 기능을 실행시킨다.

7. 자동개시 버튼을 누른다.

4.15 특수한경우의 셋팅 예

① X, Y축 공작물 좌표계 원점이 모서리 부분이 아닌 경우

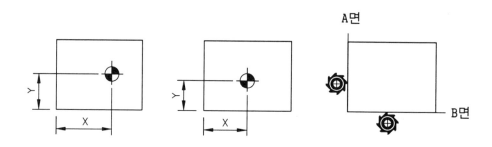

그림 4-31 공작물 좌표계 설정

〈그림 4-31〉와 같이 A면과(X방향) B면(Y방향)을 터치하여 상대좌표를 0(Zero)로 만들고 X, Y값(도면에 표시된 치수) 만큼 이동시켜 X, Y공작물 좌표계 원점을 찾을 수 있다.(기계좌표계의 값)

주) 상대좌표 0에서 이동 시킬때 측정공구의 반경값을 포함하여 이동 시킨다.

② **Jig와 고정장치 등으로 기준면에 터치할 수 없는 경우**

〈그림 4-32〉과 같이 공작물 좌표계 원점의 기준면에 Jig등의 고정장치의 간섭으로 측정공구를 기준면에 터치할 수 없는 경우이다. 이 경우는 임의의 측면을 선택하여 측정공구를 터치하고 상대좌표를 0으로 한다. 이 상태에서 터치한 면과 공작물 좌표계 원점까지의 거리만큼 이동시켜 공작물 좌표계 원점을 찾을 수 있다.

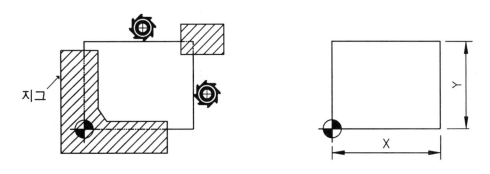

그림 4-32 공작물 좌표계 설정

③ **원호의 중심을 원점으로 셋팅할 경우**

2차 가공의 기준면이나 조립되는 구조물의 경우 1차 공정에서 가공된 핀의 중심위치나 보링면의 중심점이 공작물 좌표계 원점이 되는 경우이다.

① 외측 중심 잡기   ② 내측 중심 잡기   ③ 터치센서 중심 잡기

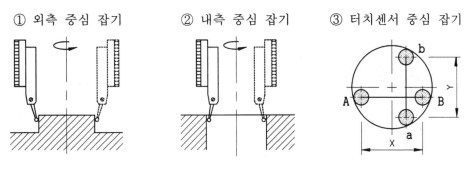

그림 4-33 공작물 중심 잡기

〈그림 4-33〉와 같이 터치센서나 인디게이터를 밀링척에 고정시켜 정밀하게 공작물 좌표계 값을 찾을 수 있다. ③ 터치센서 중심 잡기의 경우는 A점에서

상대좌표를 0으로 만들고 B점에 터치한 상태에서 X치수의 반값을, a에서 b까지 Y치수 반값의 수치가 되게 이동하면 원호의 정확한 중심위치를 찾을 수 있다.

참고 37) 툴홀더(Tool Holder) 관리에 관하여

머시닝센타에서 정밀한 가공은 기계자체의 정밀도와 밀접한 관계가 있지만 툴홀더의 상태에 따라서 공작물의 정밀도에 많은 영향을 준다. 툴홀더의 고정은 스핀들의 테이퍼와 툴홀더의 테이퍼가 접촉하여 고정된다. 만약 이 접촉면에 칩(Chip)이나 먼지 등의 이물질이 들어가면 스핀들의 중심과 절삭공구의 중심이 일치하지 않는다. 이 상태에서 절삭가공을 하면 기계의 정밀도가 좋다 하더라도 정밀한 가공을 할 수 없게 된다. 그래서 툴홀더 관리는 항상 청결하고 방청(녹슬지 않게)이 잘 되게 보관하고 스핀들의 테이퍼 부분과 공구 매거진(Tool Magaine)의 테이퍼 부위를 주기적(약1주)으로 청소를 해야 한다.

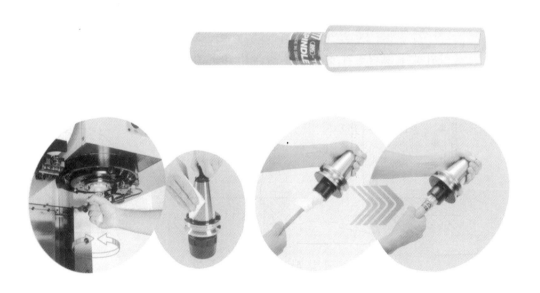

사진 4-34 툴홀더 관리

4.16 수평형 머시닝센타의 공작물 좌표계 설정 방법 1

  FANUC 0M 시스템 수평형 머시닝센타(Horizontal Machining Center)에서 공작물 좌표계 설정방법을 설명한다. 수직 머시닝센타와 기본적인 원리는 같지만 테이블을 회전하면서 공작물을 가공하기 때문에 공작물 좌표계 설정도 테이블을 회전하면서 각 공정마다 셋팅(1공정은 G54, 2공정은 G55와 같은 방법)을 한다. 〈그림 4-35〉의 X, Y, Z 값(공작물 좌표계 원점에서 기계원점까지 거리)을 찾아내는 방법을 설명한다.

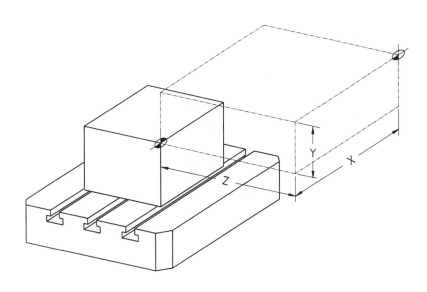

그림 4-35 공작물 좌표계 설정

(1) 공작물 좌표계 X, Y값을 찾는 방법

☞ 준비

> 터치센서(Touch Sensor)를 이용하는 방법과 엔드밀을 이용하는 방법이 있다. 터치센서나 엔드밀을 사용하여 좌표계를 찾는 방법은 같지만 터치센서를 이용하면 정밀하고 쉽게 할 수 있다. 하지만 터치센서 가격이 비싸기 때문에 일반적으로 현장에서는 엔드밀을 이용하는 경우가 많다. 본 교재에서는 엔드밀 ∅20mm 4날 공구를 사용한다.

① 원점복귀(ZRN) 모드를 선택하고 ⇒ 각축을 원점복귀 시킨다.(Z축을 먼저 원점복귀시키고 X, Y축을 원점복귀 시킨다.)

② 엔드밀 ∅20 mm를 밀링척에 고정하고, 밀링척을 스핀들(Spindle)에 장착한다.

③ 반자동(MDI) 모드 선택하여 주축을 400 rpm으로 회전시킨다.

④ 핸들(MPG) 모드 선택후 ⇒ 각축을 이동 시켜 〈그림 4-36〉과 같이 X축 방향의 공작물 측면에 터치시킨다.(터치하는 순간에 0.01 mm 정도 절삭이 되도록 핸들의 펄스(Pulse)를 0.01 에 선택하고 천천히 이동시킨다.) 〈그림 4-36〉과 같이 터치된 상태에서 ☐POS☐ 버튼을 누르고 다시 상대좌표 (Relative)를 선택한다. ☐X☐ 를 타자하고(화면의 X가 깜빡깜빡 함) ☐CAN☐ 버튼을 누르면 X축의 상대좌표가 아래와 같이 된다.

* 상대좌표(RELATIVE) 화면

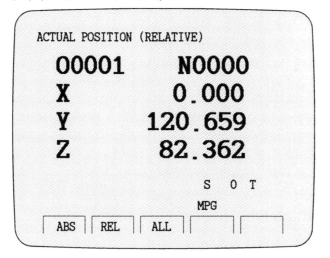

```
ACTUAL POSITION (RELATIVE)
   00001          N0000
   X             0.000
   Y           120.659
   Z            82.362

                         S  O  T
                   MPG
   ABS    REL    ALL
```

X축 방향

Y축 방향

그림 4-36 X, Y축 기준면 터치

다시 핸들을 이용하여 〈그림 4-36〉과 같이 Y축 공작물 단면에 터치시킨다. 표시되어 있는 상대좌표 화면에서 Ⓨ 를 타자하고(화면의 Y가 깜빡깜빡 함) ☐CAN☐ 버튼을 누르면 Y축의 상대좌표가 아래와 같이 된다.

* 상대좌표(RELATIVE) 화면

```
ACTUAL POSITION (RELATIVE)

00001        N0000
X          67.732
Y           0.000
Z          82.362

                S O T
            MPG
  ┌─────┬─────┬─────┬─────┬─────┐
  │ ABS │ REL │ ALL │     │     │
  └─────┴─────┴─────┴─────┴─────┘
```

스핀들을 정지시키고, 다시 핸들을 이용하여 Z축을 공작물에 간섭받지 않도록 위쪽으로 이동시키고, 〈그림 4-37〉과 같이 X축과 Y축을 상대좌표가 0(Zero)이 되게 이동시킨다. 하지만 현재 공구의 스핀들 중심위치는 공구(또는 터치센서)반경만큼 이동되어 있다. 스핀들 중심이 공작물 원점의 위치와 일치하도록 공구반경만큼 이동시킨다.(현재 Ø20 mm 엔드밀이므로 10 mm를 이동시킨다.)

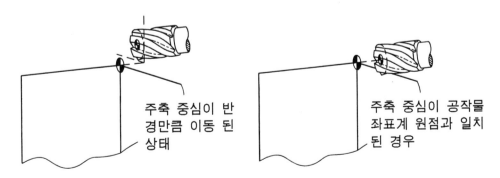

주축 중심이 반경만큼 이동 된 상태

주축 중심이 공작물 좌표계 원점과 일치 된 경우

그림 4-37 주축(공구) 중심위치

〈그림 4-37〉의 공구중심과 공작물 선단이 일치된 위치에서 전체(ALL) 좌표 화면을 선택하고 기계좌표(MACHINE)의 X, Y좌표를 기록한다. 이 값이 기계 원점에서 공작물 좌표계 원점까지의 값이다.

* 좌표계 화면

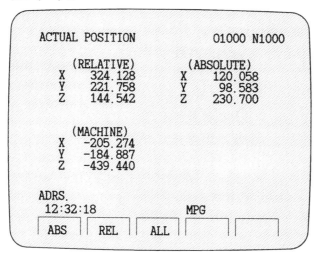

```
ACTUAL POSITION                      01000 N1000

       (RELATIVE)              (ABSOLUTE)
   X      324.128          X      120.058
   Y      221.758          Y       98.583
   Z      144.542          Z      230.700


       (MACHINE)
   X     -205.274
   Y     -184.887
   Z     -439.440

 ADRS.
 12:32:18                   MPG
   ABS      REL      ALL
```

(2) 공작물 좌표계 Z 값을 찾는 방법

공작물 좌표계 X, Y 값을 찾는 방법과 마찬가지로 〈그림 4-35〉의 Z 값을 찾는 방법으로 아래 〈그림 4-38〉의 "Z" 값을 구한다.

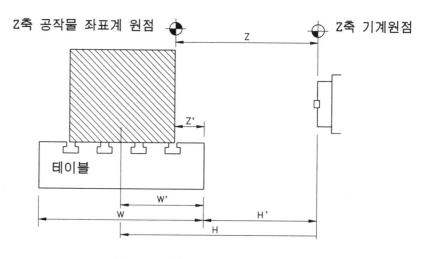

그림 4-38 Z축 공작물 좌표계 설정

H : Z축 기계원점에서 테이블 중심까지 거리(기계 제작회사에서 결정)

W : 테이블 폭(기계 제작회사에서 결정)

W' : 테이블 폭의 1/2배(W÷2)

H' : H − W'

Z' : 테이블 측면에서 Z축 공작물 좌표계 원점까지 거리

Z : Z축 공작물 좌표계 원점에서 기계원점까지의 거리

☞ 준비

> 테이블(Table)과 공작물의 Z축 원점 위치(일반적으로 공작물 상면을 Z0 위치로 한다.)까지의 높이를 측정하기 위하여 다이얼 게이지를 준비한다.

① 〈그림 4-39〉과 같이 다이얼 게이지를 스핀들에 부착한다.

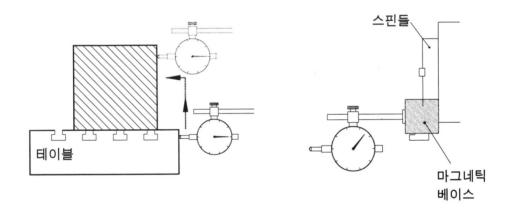

그림 4-39 다이얼 게이지 이용 방법

② 핸들을 이용하여 테이블 앞면에 다이얼 게이지의 핀을 터치시키고 다이얼 눈금판을 회전시켜 0(Zero)에 셋팅한다.

③ 상대좌표 화면을 선택하고 ⇒ $\boxed{Z}$ 를 타자하고(화면의 Z가 깜빡깜빡 함) $\boxed{CAN}$ 버튼을 누르면 Z축의 상대좌표가 0(Zero)이 된다.

④ 다시 핸들 X, Y, Z축을 이용하여 공작물 상면에 다이얼 게이지 핀을 셋팅한 0(Zero)까지 이동시켜 맞춘다.(다이얼 게이지 눈금판을 돌리면 안된다.)

이때 상대좌표의 값을 기록한다.

⑤ 기계원점과 공작물 좌표계 Z축 원점 위치까지의 계산 〈그림 4-38〉참고

    Z : Z축 공작물 좌표계 원점에서 기계원점까지의 거리

$$Z = H' + Z'$$

    W : 테이블 폭(기계 제작회사에서 결정)

    H' : H - W'

    Z' : 테이블 측면에서 Z축 공작물 좌표계 원점까지 거리

* Z값 계산 예)

H = 660mm, W = 400mm 일 때

H' = 460. 이다. Z'값은 측정결과 55.790mm 라고 하면

Z = 460. + 55.790

  = 515.79 이다.(이 값이 기계원점에서 공작물 좌표계(Z축) 원점까지 치수다.)

4.17 수평형 머시닝센타의 공구길이 측정 방법 1(FANUC 0M 시스템)

프로그램을 작성할때 공구길이를 생각하지 않고 프로그램을 작성하지만 실제 가공에는 여러종류의 공구들이 길이에 차이가 있다. 스핀들 게이지 라인(Spindle Gauge Line)에서의 공구길이 측정법과 기준공구를 사용하여 공구길이를 측정하는 방법을 설명한다.

☞ 준비

스핀들 게이지 라인에서의 공구길이는 2가지로 측정이 가능하다. 한가지 방법은 기계에서 측정하는 방법이고, 다른 한가지 방법은 툴 프리셋타(Tool Freesetter)를 이용하는 방법이다. 본 교재에서는 기계에서 공구길이 측정하는 방법을 상세히 설명한다.

〈그림 4-40〉과 같이 테이블 상면에서 Z축 기계원점까지 거리(H값)는 기계 제작회사에서 결정한다.

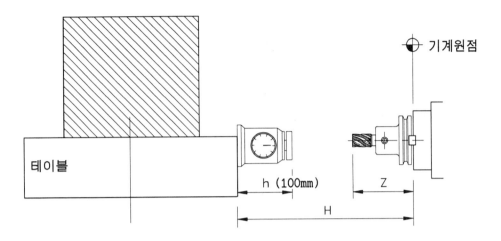

H : 테이블 상면에서 기
계원점까지 거리
h : 하이트프리셋타 높이
Z : 공구 길이

그림 4-40 공구길이 측정 방법

〈그림 4-40〉에서 H=660, h=100의 조건에서 t 값을 찾아낸다. 먼저 스핀들에 공구가 장착되지 않은 상태에서 테이블 상면까지 이동하면 기계좌표계의 Z 값은 660mm 가 된다. 그러면 100mm 하이트프리셋타(Height Presetter)를 놓고 Z축을 이동하면 560mm가 되고, 이번에는 공구를 장착하고 하이트프리셋타에 터치(Touch)하면 공구길이 만큼 작게 이동하게 될 것이다. 결과적으로 560-(하이트프리셋타에 터치한 상태의 Z축 기계좌표)를 계산하면 공구길이를 정밀하게 찾을 수 있다.

① 원점복귀(ZRN) 모드를 선택하고 ⇒ Z축을 원점복귀 시킨다.(원점복귀가 실행된 경우는 생략한다.)

② 길이 측정할 공구를 스핀들에 장착한다.(1번 공구)

반자동(MDI) 모드 선택하고 ⇒ PRGRM 버튼을 누르고 G30 타자후 INPUT 하고, G91 타자후 INPUT 하고 Z0 타자후 INPUT 하고, T01 타자후 INPUT 하고, M06 타자후 INPUT 하고 OUTPT START 를 누르면 1번 공구가 교환 된다.

③ 하이트프리셋타를 테이블 위에 놓고 핸들을 이용하여 공구 선단이 하이트프리
  셋타의 상면에 터치하고 다이얼 눈금이 "0"위치 까지 이동시킨다. 아래 〈그림
  4-41〉과 같은 상태가 된다.

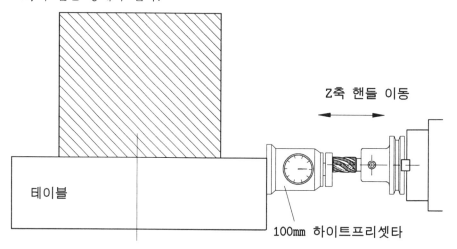

그림 4-41 공구길이 측정 방법

* 좌표계 화면

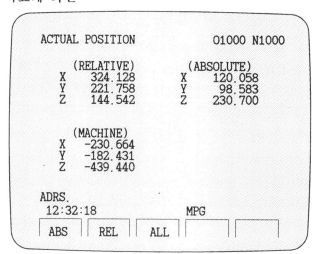

④ 공구선단이 하이트프리셋타에 터치된 상태에서 POS 버튼을 누르고 다시
  ALL 버튼을 선택한다. 위의 좌표계 화면에서 기계좌표(Machine)의 Z값을 메
  모한다.(439.440mm)

⑤ 공구길이 값을 계산한다.

560 - 439.440(기계좌표 Z축 메모한 수치) = 120.560(1번 공구의 공구길이 값)

⑥ 보정화면에 1번 공구길이 값을 입력한다.

아래와 같이 OFSET 버튼을 누르고 커서(Cursor : 깜빡깜빡하는 막대 모양) 버튼을 ⬆ , ⬇ 을 이용하여 NO. 001번에 이동하고, 계산된 공구길이 값을 타자하고 INPUT 버튼을 누른다.

* **보정 화면**

```
OFFSET                        O1000 N1000
  NO.    DATA      NO.    DATA
 _001   120.560    009    0.000          NO : 보정번호
  002     0.000    010    0.000
  003     0.000    011   20.000          DATA : 공구길이 및
  004     0.000    012    0.000                 공구 반경 값
  005     0.000    013    0.000
  006     0.000    014    0.000
  007     0.000    015    0.000
  008     0.000    016    0.000
ACTUAL POSITION (RELATIVE)
   X    250.612           Y    55.253
   Z   -140.097
 NO.  001 =
                      MPG
 OFFSET   MACRO          WORK
```

⑦ 다음 공구의 공구길이 측정

②번부터 ⑥번까지 반복한다.(②번부터 ⑤번까지 반복하여 측정할 전체의 공구길이를 기록하고 ⑥번을 실행하는 방법이 좋다.)

4.18 기능올림픽대회 훈련 작업순서 및 양식

저자가 기능올림픽대회 훈련당시 사용한 훈련순서 및 필요한 양식을 소개한
다. 현장에서의 작업순서도 같은 방법으로 활용할 수 있다.

1. 도면검토
   ① 공정설정
   ② 작업시간 계획
2. 프로그램 작성(일정 양식 사용)
   ① 수동 프로그램 작성
   ② 자동(CAM) 프로그램 작성
3. 장비확인 및 정밀도 Check
   ① 조작판 스위치 확인
   ② 백래쉬 측정 및 보정
4. 프로그램 입력
   ① 수동입력
   ② 자동입력(DNC 통신)
5. 공구 셋팅
   ① 공구 장착
   ② 공작물 좌표계 설정
   ③ 공구길이 보정량 측정
   ④ 공작물 좌표계 수정 및 보정량 입력
6. 프로그램 Test
   ① 가공조건과 동일한 상태에서 확인(Z축 공작물 좌표계 50mm 이동한다.)
7. 시제품 가공
8. 시제품 측정 및 수정
   ① "시제품 측정 결과" 양식에 측정값 기록
   ② 측정 결과에 따라 보정값 수정
   ③ 보정값으로 수정 안되는 부위는 프로그램 수정
9. 본제품 가공
10. 마무리 작업
    ① 마무리 작업 시간은 30분으로 한다.

******************** 작업시간 계획 및 사용공구 ********************

순	항 목	예상시간	소요시간	비 교
1	도면검토			
2	프로그램 작성			
3	프로그램 입력			
4	장비 Check 및 셋팅			
5	시제품 가공(측정, 보정 포함)			
6	본제품 가공			
7	마무리 작업			
	TOTAL 작업시간			

공작물 좌표계 원 점	1. X Y Z	2. X Y Z

	순	공구번호	공 정 내 용	절삭공구	H 보정량	D 보정량
사 용 공 구	1					
	2					
	3					
	4					
	5					
	6					
	7					
	8					
	9					
	10					
	11					
	12					
	13					
	14					

********************** 시 제 품 측 정 결 과 **********************

순	도면치수	측정결과	보정할치수	참 고 사 항
1				
2				
3				
4				
5				
6				
7				
8				
9				
10				
11				
12				
13				
14				
15				
16				
17				
18				
19				
20				
21				
22				
23				
24				
25				
26				

제 5 장

기술자료

5.1 Tooling System

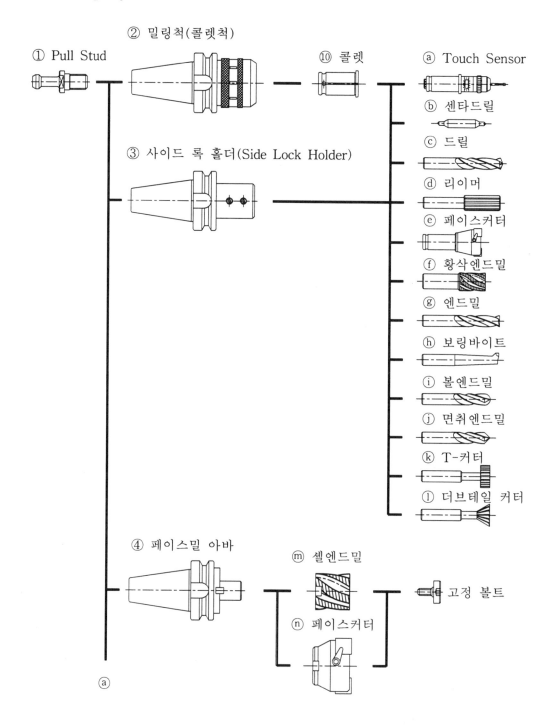

① Pull Stud

② 밀링척(콜렛척)

③ 사이드 록 홀더(Side Lock Holder)

④ 페이스밀 아바

⑩ 콜렛

ⓜ 셸엔드밀

ⓝ 페이스커터

ⓐ Touch Sensor

ⓑ 센타드릴

ⓒ 드릴

ⓓ 리이머

ⓔ 페이스커터

ⓕ 황삭엔드밀

ⓖ 엔드밀

ⓗ 보링바이트

ⓘ 볼엔드밀

ⓙ 면취엔드밀

ⓚ T-커터

ⓛ 더브테일 커터

고정 볼트

ⓐ

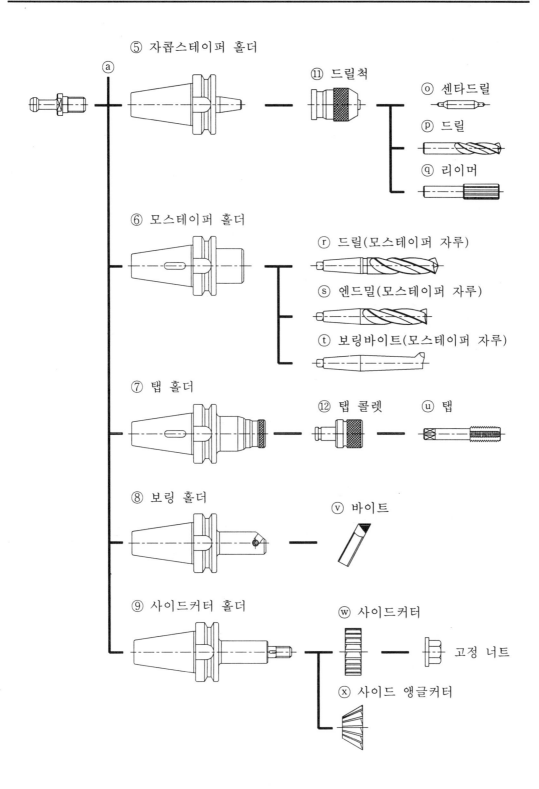

⑤ 자콥스테이퍼 홀더

⑪ 드릴척

ⓞ 센타드릴

ⓟ 드릴

ⓠ 리이머

⑥ 모스테이퍼 홀더

ⓡ 드릴(모스테이퍼 자루)

ⓢ 엔드밀(모스테이퍼 자루)

ⓣ 보링바이트(모스테이퍼 자루)

⑦ 탭 홀더

⑫ 탭 콜렛

ⓤ 탭

⑧ 보링 홀더

ⓥ 바이트

⑨ 사이드커터 홀더

ⓦ 사이드커터

고정 너트

ⓧ 사이드 앵글커터

5.2 각종 절삭공구에 의한 가공의 예

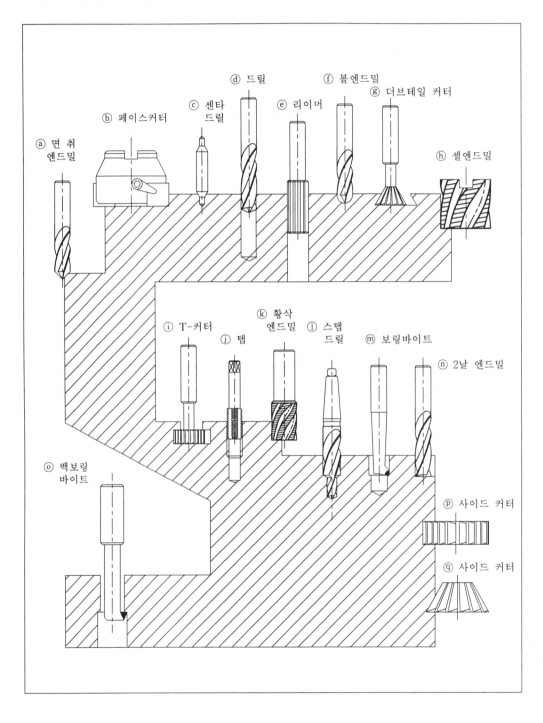

5.3 Tool Holder 규격

(1) BT Tool Holder

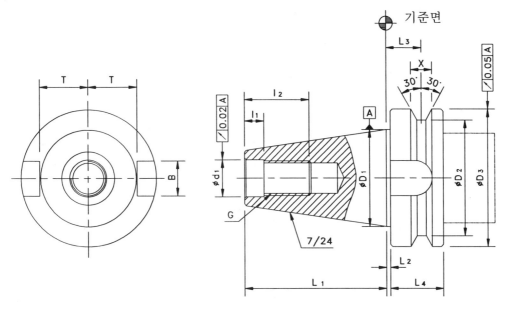

규격번호	D1	D2	D3 h8	d1 H8	L1 ±0.2	L2 ±0.4	L3 ±0.1	L4	X +0.1 0	l1 +0.5 0	l2	G 0 −0.2	T	B
BT30	31.75	38	46		48.4		13.6	20	8				16.3	8
BT35	38.10	43	53	12.5	56.4	2	14.6	22		7.0	24	M12	19.6	
BT40	44.45	53	63	17	65.4		16.6	25	10	9.0	30	M16	22.6	10
BT45	57.15	73	85	21	82.8	3	21.2	30	12	11.0	38	M20	29.1	12
BT50	69.85	85	100	25	101.8		23.2	35	15	13.0	45	M24	35.4	15

(2) Pull Stud 규격

BT Tool Holder와 조립하여 사용하고 기계 종류에 따라 형상과 크기가 다른 것을 사용한다. 기계 취급설명서를 참고하십시오.

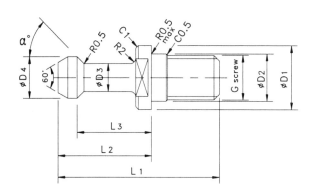

규 격	D1	D2	D3	D4	L1	L2	L3	α°	G screw	Type
MAS P40T-1	23	17	10	15	60	35	28	45	M16	BT40-Ⅰ Standard
MAS P40T-2								60		BT40-Ⅱ Standard
MAS P45T-1	31	21	14	19	70	40	31	45	M20	BT45-Ⅰ Standard
MAS P45T-2								60		BT45-Ⅱ Standard
MAS P50T-1	38	25	17	23	85	45	35	45	M24	BT50-Ⅰ Standard
MAS P50T-2								60		BT50-Ⅱ Standard
MAS P30T-1	16.5	12.5	7	11	43	23	18	45	M12	BT30-Ⅰ Standard
MAS P30T-2								60		BT30-Ⅱ Standard
MAS P35T-1	20		8.5	13	48	28	22.5	45		BT35-Ⅰ Standard
MAS P35T-2								60		BT35-Ⅱ Standard

많이 사용하는 NC Tool Holder의 규격은 Milling Chuck을 비롯한 모든 공구에 대하여 MAS(JIS) 규격, IT(ISO 또는 DIN) 규격이 사용되고, 특히 우리나라는 MAS 규격이 폭넓게 사용된다.

* **Tool Holder 규격 Code No 설명**

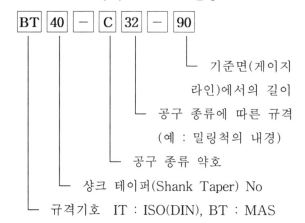

* **공구 종류 약호**

(공구 카다로그를 참고)

약 호	공 구 종 류
C	Milling chuck
SL	Side lock holder
MTA	Morse taper adapter
FMA	Face mill arbor
B	Drill chuck adapter
Z	Tapping holder

(3) 스핀들에 장착된 Tool Holder 형상

Pull Stud Bolt를 잡고 있는 드로바(Draw Bar)의 상하운동으로 BT Tool Holder를 고정하고, 분리시킨다. Tool Holder의 고정은 판 스프링의 힘으로 고정되고(Steel Ball 이 Pull Stud Bolt를 당기면서 테이퍼면을 접촉시킨다.), 분리하는 방법은 드로바와 연결된 실린다(Cylinder)가 아래쪽으로 작동하여 공구를 스핀들에서 분리시킨다. 결과적으로 공구 고정압력은 판 스프링의 힘으로 결정된다.

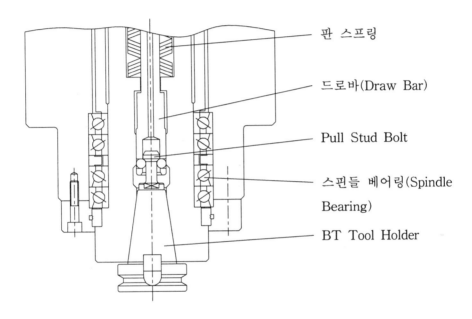

그림 5-1 스핀들에 장착된 Tool Holder 형상

5.4 공구 선택(Tooling)

1) 공구 선택의 순서

1. 공작물의 재질과 형상, 가공여유를 확인한다.
2. 공작물의 가공부위를 결정한다.
3. 다음 조건으로 공정을 구분한다.(1차 공정, 2차 공정 ... 등)
   ① 완성 가공후 정밀도를 생각한다.(찍힘, 변형등 방지)
   ② 각 공정의 가공부위 결정

③ 각 공정별 Clamping 부위를 결정하고 지그(Jig)를 결정한다.

(Clamping 부위의 폭과 두께를 결정하고 Clamping 압력을 상상하면서 절입량을 결정한다.)

④ 구분된 공정에 따라 적합한 기계 종류를 결정한다.

예) 1공정 : 머시닝센타

2공정 : CNC 선반

⑤ 각 공정의 공구를 선정한다.

결정된 공정에 따라 절삭공구를 결정하고, 결정된 기계 종류와 절삭공구에 맞추어 Tool Holder를 결정한다.

4. 가공시간(Cycle Time)을 산출하여 원가를 계산한다.

실절삭가공 시간과 비절삭시간(급속 위치결정, Clamping & Unclamping, 공구 회전시간)을 포함한다.

2) 머시닝센타 공구선택의 결정 조건

공구선택(Tooling)이란 가공 생산 시스템에서 피삭재부터 기계 스핀들 전면까지의 범위에 걸쳐 각종 공구와 지그(Jig : 공작물 및 공구 고정 장치)를 나타내는 다양한 조건들로 서로 관련되어 종합적인 기술을 포함하고 있다. 아래 내용은 공구와 지그를 결정하는 조건들이고 순서이다. 좋은 공구선택을 하기 위해서는 많은 실무경험과 자료관리 및 연구를 해야 한다.

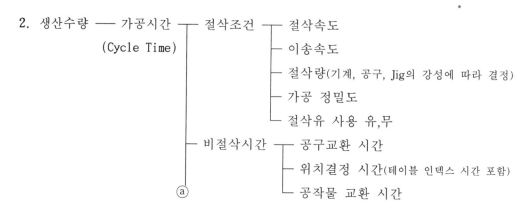

1. 소재 ┬ 재질
       ├ 형상(중량, 크기 등)
       └ 정밀도(가공여유)

2. 생산수량 ── 가공시간 ┬ 절삭조건 ┬ 절삭속도
              (Cycle Time)   ├ 이송속도
                              ├ 절삭량(기계, 공구, Jig의 강성에 따라 결정)
                              ├ 가공 정밀도
                              └ 절삭유 사용 유,무
                      ├ 비절삭시간 ┬ 공구교환 시간
                      ⓐ   ├ 위치결정 시간(테이블 인덱스 시간 포함)
                                 └ 공작물 교환 시간

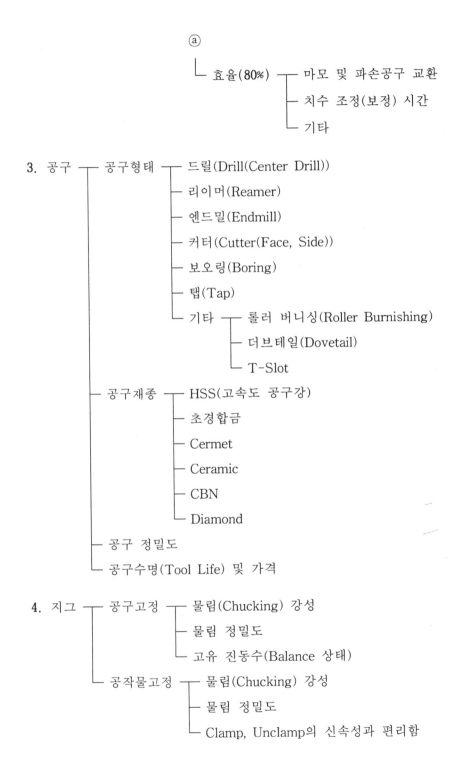

ⓐ

　└ 효율(80%) ┬ 마모 및 파손공구 교환
　　　　　　　├ 치수 조정(보정) 시간
　　　　　　　└ 기타

3. 공구 ┬ 공구형태 ┬ 드릴(Drill(Center Drill))
　　　　 │　　　　　├ 리이머(Reamer)
　　　　 │　　　　　├ 엔드밀(Endmill)
　　　　 │　　　　　├ 커터(Cutter(Face, Side))
　　　　 │　　　　　├ 보오링(Boring)
　　　　 │　　　　　├ 탭(Tap)
　　　　 │　　　　　└ 기타 ┬ 롤러 버니싱(Roller Burnishing)
　　　　 │　　　　　　　　 ├ 더브테일(Dovetail)
　　　　 │　　　　　　　　 └ T-Slot
　　　　 ├ 공구재종 ┬ HSS(고속도 공구강)
　　　　 │　　　　　├ 초경합금
　　　　 │　　　　　├ Cermet
　　　　 │　　　　　├ Ceramic
　　　　 │　　　　　├ CBN
　　　　 │　　　　　└ Diamond
　　　　 ├ 공구 정밀도
　　　　 └ 공구수명(Tool Life) 및 가격

4. 지그 ┬ 공구고정 ┬ 물림(Chucking) 강성
　　　　 │　　　　　├ 물림 정밀도
　　　　 │　　　　　└ 고유 진동수(Balance 상태)
　　　　 └ 공작물고정 ┬ 물림(Chucking) 강성
　　　　　　　　　　　├ 물림 정밀도
　　　　　　　　　　　└ Clamp, Unclamp의 신속성과 편리함

5.5 가공시간(Cycle Time) 계산

가공시간(Cycle Time) 이란 실절삭 시간과 비절삭 시간을 합하여 하나의 공작물을 가공하는데 소요되는 시간으로 원가계산의 기초가 되는 자료이다.

1) 비절삭 시간의 종류

① 급속위치 결정 시간(테이블 Index 시간 포함)

② 공구교환 시간

㉮ Tool to Tool : 공구교환 준비된 상태에서 순수한 공구교환 시간

㉯ Chip to Chip : 가공이 끝난 위치에서 공구교환하고, 가공 시작점까지 이동하는 시간

③ 공작물 교환 시간

* 아래 도면의 공구 선정과 가공시간을 계산한다.

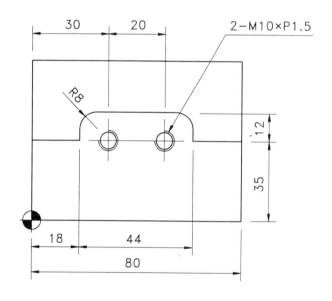

공작물 재질 S21C

1) 공구 선정

공정별 절삭공구를 결정한다. 기계의 사양에 맞는 Tool Holder 규격(예 BT30, BT35, BT40, BT50 등)으로 절삭공구를 장착할 수 있는 공구를 결정한다.

* 공구 List

순	공 정 명	직경	Tool Holder 규격	절 삭 공 구
1	황삭 엔드밀 가공	14	BT40-C32-90	∅14 황삭 Tin-코팅 엔드밀
2	센타드릴 가공	4	BT40-JTA6-45 드릴 척	∅4 센타드릴(HSS)
3	드릴 가공	8.5	BT40-JTA6-45 드릴 척	∅8.5 드릴(HSS)
4	탭 가공(M10)	10	BT40-Z12-90	M10 머신탭
5	정삭 엔드밀 가공	14	BT40-C32-90	∅14 4날 정삭 엔드밀(HSS)

2) 공구경로 및 절삭길이

① 황삭 엔드밀 공구경로

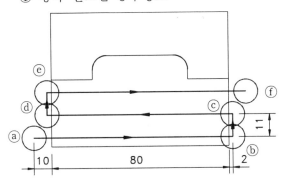 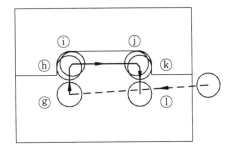

* 절삭 길이 계산

ⓐ - ⓑ 10+80+2=92

ⓑ - ⓒ 11

ⓒ - ⓓ 2+80+2=84

ⓓ - ⓔ 11

ⓔ - ⓕ 2+80+10=92

ⓖ - ⓗ 14

ⓗ - ⓘ 3.14×2×(90÷360)=1.57

* 원호길이 계산

$$L = \pi \cdot d \, \frac{\theta}{360°}$$

d = (8×2)-14 = 2

ⓘ－ⓙ 28

ⓙ－ⓚ 3.14×2×(90÷360)＝1.57

ⓚ－ⓛ 14

합계 : 349mm

② 센타드릴 공구경로

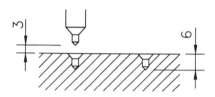

* 절삭길이 계산

(3＋6)×2회＝18mm

③ 드릴 공구경로

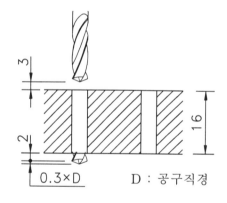

D : 공구직경

* 절삭길이 계산

(3＋16＋2＋(0.3×8.5))×2회

＝47mm

④ 탭 공구경로

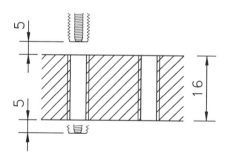

* 절삭길이 계산

((5＋16＋5)×2)×2회＝104mm

탭 절삭길이는 절입과 도피길

이를 같이 계산한다.

⑤ 정삭 엔드밀 공구경로 및 절삭길이는 황삭 엔드밀 조건과 같다.

3) 공작물 고정 형상

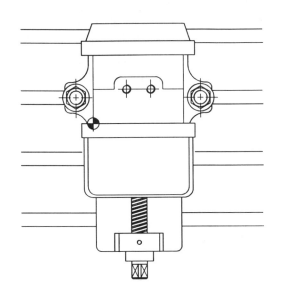

* 테이블 위에 바이스를 고정하고 공작물을 바이스 위에 고정했다.(공작물 밑면에 평행대가 설치되어 있다.)

4) 절삭 조건표

순	공 정 명	공구 직경	① 절삭 속도 (m/min)	② 회전수 (rpm)	③ 회전당 이송 (mm/rev)	④ 분 당 이 송 (mm/min)	⑤ 가공 길이 (mm)	⑥ 실절삭 시간 (sec)
1	황삭 엔드밀 가공	14	44	1000	0.07×4날 0.28	280	349	75
2	센타드릴 가공	4	25	1990	0.03×2날 0.06	120	18	9
3	드릴 가공	8.5	25	940	0.06×2날 0.12	112.8	47	25
4	탭 가공	10	5	160	1.5	240	104	26
5	정삭 엔드밀 가공	14	25	570	0.05×4날 0.2	114	349	184
								합계 : 319초

(절삭 조건의 Data는 제5장 각 공구의 "절삭 조건표"를 참고하십시오.)

5) 절삭 조건표 해설

① 절삭속도 V (m/min)

공작물(소재)과 절삭공구의 재종이 결정되면 절삭속도 값은 제5장 각 공구의

"절삭 조건표"에서 Data를 얻을 수 있다.

절삭속도 공식 $V = \dfrac{\pi \times D \times N}{1000}$ V = 절삭속도(m/min)
π = 원주율(3.14)
D = 공구의 직경
　　공작물의 직경(mm)
N = 회전수(rpm)

② 회전수 N (rpm)

  * 황삭 엔드밀(∅14)의 회전수 계산 예

  $V = \dfrac{\pi \times D \times N}{1000}$ 에서

  $N = \dfrac{1000 \times V}{\pi \times D}$ $N = \dfrac{1000 \times 44}{3.14 \times 14}$ = 1000(rpm) 이다.

③ 회전당 이송속도 f (mm/rev)

  스핀들 1회전당의 이송량을 표시한다.

  (제5장 각 공구의 "절삭 조건표"를 참고하십시오.)

④ 분당 이송속도 F (mm/min)

  1분 동안의 이송량을 표시한다.

  * 황삭 엔드밀의 분당 이송속도 계산 예

  분당 이송속도 F = 회전당 이송속도 f × 회전수 N

  　F = f × N 에서   F = 0.28 × 1000   = 280(mm/min) 이다.

⑤ 가공길이 L (mm)

  절삭 가공길이를 산출한다.

 주) 가공길이 계산에서 주의할 내용은 가공시작 할때와 끝부분의 여유를 가공길이
  에 포함하고 계산한다.

⑥ 실 절삭 시간 T (sec)

  * 황삭 엔드밀 실 절삭 시간 계산 예

  　$T = \dfrac{L}{F} \times 60$ 에서 $T = \dfrac{349}{280} \times 60$ = 75(sec) 이다.

5.6 공구 재종별 절삭자료

☐ 도표의 이송값은 1날당 이송량

작 업 공 구	피 삭 재 (HB 경도)	절 삭 속 도 (m/min)			이 송 (mm/rev)
		HSS	초경(KTP)	3중코팅	
드릴 (Drill)	주철 (200)	30~36	30~60	–	0.05~0.4
	칠드주철 (500)	18~25	20~30	–	0.05~0.28
	보통강, 합금강 (250)	22~27	22~35	–	0.05~0.25
	특수강, 소입강	10~14	16~20	–	0.05~0.25
	알루미늄	70~90	100~150	–	0.05~0.15
	동합금, 강화프라스틱	40~100	60~150	–	0.05~0.1
엔드밀 (End Mill)	주철 (200)	25~35	45~65	–	0.04~0.25
	보통강, 합금강 (250)	20~25	30~35	–	0.05~0.2
	공구강, 스텐레스	10~15	18~25	–	0.05~0.15
	동, 알루미늄, 프라스틱	60~100	80~150	–	0.1~0.28
페이스밀 (Face Mill)	구상흑연주철 (160)	–	80~180	80~220	0.1~0.4
	주철 (200)	–	80~150	80~200	0.1~0.5
	보통강, 합금강 (250)	–	100~180	120~200	0.1~0.4
	주강, 공구강	–	50~90	70~120	0.1~0.35
	특수강(250)	–	20~60	40~80	0.1~0.25
	동, 알루미늄, 프라스틱	–	150~500	150~500	0.1~0.55
보링 (Boring)	구상흑연주철 (160)	–	60~140	100~160	0.08~1.0
	회주철 (180)	–	60~150	140~260	0.08~1.0
	보통강 (160)	–	100~180	150~250	0.08~1.0
	공구강, 스텐레스	–	80~120	110~160	0.08~1.0
	알루미늄	–	120~280	200~300	0.08~1.0
버니싱 (Burnishing)	주철 (200)	–	30~60	–	0.05~0.1
	알루미늄	–	50~100	–	0.05~0.1
리이머 (Reamer)	주철 (200)	5~10	10~15	–	0.3~1.4
	보통강 (160)	3~6	6~12	–	0.3~0.55
	동, 알루미늄	10~15	13~18	–	0.2~1.4
탭 (Tap)	주철 (200)	7~9	–	–	피치×회전수
	보통강 (160)	4~9	–	–	〃
	알루미늄	15~20	–	–	〃
U-Drill	보통강, 합금강 (250)	–	–	100~200	0.07~0.3

※ 절삭속도와 이송속도는 공작물과 공구의 고정 상태에 따라서 적절하게 조정한다.

5.6.1 Face Mill 절삭 조건표

(1) 강(SS41, S45C) 소재를 가공하는 경우

(분당이송＝날당이송×회전수)
(회전당이송＝날당이송×날수)

Face Mill		황 삭 가 공				정 삭 가 공					
공구 직경	날수	절삭속도 (m/min)	회전수 (rpm)	이송속도(▽)		절삭속도 (m/min)	회전수 (rpm)	이송속도(▽▽)		이송속도(▽▽▽)	
				날당이송	분당이송			날당이송	분당이송	날당이송	분당이송
80	6	90	360	0.18	380	150	600	0.14	500	0.12	430
100	8	90	290	0.2	460	150	480	0.16	610	0.13	500
125	8	90	230	0.25	460	150	380	0.2	610	0.14	420
160	10	90	180	0.25	450	150	300	0.23	690	0.15	450
200	12	90	140	0.27	450	150	240	0.2	580	0.15	430
250	16	90	120	0.27	520	150	190	0.2	610	0.15	460

(2) 주물(FC, FCD) 소재를 가공하는 경우

Face Mill		황 삭 가 공				정 삭 가 공					
공구 직경	날수	절삭속도 (m/min)	회전수 (rpm)	이송속도(▽)		절삭속도 (m/min)	회전수 (rpm)	이송속도(▽▽)		이송속도(▽▽▽)	
				날당이송	분당이송			날당이송	분당이송	날당이송	분당이송
80	6	80	315	0.2	380	110	440	0.15	390	0.12	310
100	8	80	250	0.25	500	110	350	0.16	440	0.13	360
125	8	80	200	0.25	400	110	280	0.18	400	0.14	310
160	10	80	160	0.27	430	110	220	0.18	400	0.15	330
200	12	80	125	0.27	410	110	180	0.18	390	0.15	320
250	16	80	100	0.3	480	110	140	0.2	450	0.15	330

(3) 알루미늄(AL) 소재를 가공하는 경우

Face Mill		황 삭 가 공				정 삭 가 공					
공구 직경	날수	절삭속도 (m/min)	회전수 (rpm)	이송속도(▽)		절삭속도 (m/min)	회전수 (rpm)	이송속도(▽▽)		이송속도(▽▽▽)	
				날당이송	분당이송			날당이송	분당이송	날당이송	분당이송
80	6	160	640	0.2	770	210	840	0.15	760	0.12	600
100	8	160	510	0.25	1020	210	670	0.16	860	0.13	700
125	8	160	410	0.25	820	210	530	0.18	760	0.14	590
160	10	160	320	0.27	860	210	420	0.18	760	0.15	630
200	12	160	250	0.27	810	210	330	0.18	710	0.15	590
250	16	160	200	0.3	960	210	270	0.2	860	0.15	650

5.6.2 Tin-코팅 황삭용 End Mill 절삭 조건표

(1) 탄소강, 주철(S45C, FC25) 저탄소강, 연강(S15C, SS41) 소재를 가공하는 경우

황삭 End Mill		탄소강, 주철(S45C, FC25)				저탄소강, 연강(S15C, SS41)				
공구직경	날수	절삭속도 (m/min)	회전수 (rpm)	이송속도		날수	절삭속도 (m/min)	회전수 (rpm)	이송속도	
				날당이송	분당이송				날당이송	분당이송
6	4	35	1860	0.03	223	4	44	2330	0.04	372
8	4	35	1390	0.04	222	4	44	1750	0.05	350
10	4	35	1110	0.05	222	4	44	1400	0.06	336
12	4	35	930	0.06	223	4	44	1170	0.07	327
14	4	35	800	0.06	192	4	44	1000	0.07	280
16	4	35	700	0.07	196	4	44	880	0.07	246
20	4	35	560	0.07	156	4	44	700	0.08	224
24	5	35	460	0.07	161	5	44	580	0.08	232
30	6	35	370	0.07	155	6	44	470	0.08	225
40	6	35	280	0.07	117	6	44	350	0.08	168
45	6	35	250	0.07	105	6	44	310	0.08	148

(2) 알루미늄(AL), 조질강, 특수강(SKD, SKD61) 소재를 가공하는 경우

황삭 End Mill		알루미늄(AL)				조질강, 특수강(SKD, SKD61)				
공구직경	날수	절삭속도 (m/min)	회전수 (rpm)	이송속도		날수	절삭속도 (m/min)	회전수 (rpm)	이송속도	
				날당이송	분당이송				날당이송	분당이송
6	4	82	4350	0.04	696	4	15	800	0.03	96
8	4	82	3260	0.05	652	4	15	600	0.03	72
10	4	82	2610	0.06	626	4	15	480	0.04	76
12	4	82	2180	0.07	610	4	15	400	0.04	64
14	4	82	1860	0.08	595	4	15	340	0.04	54
16	4	82	1630	0.09	586	4	15	300	0.05	60
20	4	82	1310	0.1	524	4	15	240	0.05	48
24	5	82	1090	0.1	545	5	15	200	0.05	50
30	6	82	870	0.1	522	6	15	160	0.06	57
40	6	82	650	0.1	390	6	15	120	0.06	43
45	6	82	580	0.1	348	6	15	110	0.06	39

5.6.3 HSS End Mill 절삭 조건표

(1) 강(S45C) 소재를 가공하는 경우

HSS End Mill		황 삭 가 공				정 삭 가 공				
공구직경	날수	절삭속도 (m/min)	회전수 (rpm)	이송속도		날수	절삭속도 (m/min)	회전수 (rpm)	이송속도	
				날당이송	분당이송				날당이송	분당이송
4	2	23	1830	0.03	110	4	25	1990	0.02	159
6	2	23	1220	0.04	98	4	25	1330	0.03	160
8	2	23	920	0.05	92	4	25	990	0.04	158
10	2	23	730	0.06	88	4	25	800	0.04	128
12	2	23	610	0.06	73	4	25	660	0.05	132
14	2	23	520	0.07	73	4	25	570	0.05	114
16	2	23	460	0.07	64	4	25	500	0.05	100
20	2	23	370	0.07	52	4	25	400	0.06	96
24	2	23	310	0.07	43	4	25	330	0.06	79
30	2	23	240	0.07	34	4	25	270	0.06	65
40	2	23	180	0.07	25	4	25	200	0.06	48

(2) 주물(FC, FCD) 소재를 가공하는 경우

HSS End Mill		황 삭 가 공				정 삭 가 공				
공구직경	날수	절삭속도 (m/min)	회전수 (rpm)	이송속도		날수	절삭속도 (m/min)	회전수 (rpm)	이송속도	
				날당이송	분당아송				날당이송	분당이송
4	2	30	2390	0.05	239	4	34	2710	0.02	216
6	2	30	1590	0.06	190	4	34	1800	0.03	216
8	2	30	1190	0.07	166	4	34	1350	0.04	216
10	2	30	950	0.08	152	4	34	1080	0.05	216
12	2	30	800	0.09	144	4	34	900	0.05	180
14	2	30	680	0.1	136	4	34	770	0.05	154
16	2	30	600	0.1	120	4	34	680	0.05	136
20	2	30	480	0.1	96	4	34	540	0.06	130
24	2	30	400	0.1	80	4	34	450	0.06	108
30	2	30	320	0.1	64	4	34	360	0.06	86
40	2	30	240	0.1	48	4	34	270	0.06	64

(3) 알루미늄(AL) 소재를 가공하는 경우

HSS End Mill		황 삭 가 공				정 삭 가 공				
공구직경	날수	절삭속도 (m/min)	회전수 (rpm)	이송속도		날수	절삭속도 (m/min)	회전수 (rpm)	이송속도	
				날당이송	분당이송				날당이송	분당이송
4	2	70	5570	0.04	445	4	90	7160	0.03	859
6	2	70	3710	0.05	371	4	90	4770	0.03	572
8	2	70	2790	0.06	334	4	90	3580	0.03	429
10	2	70	2230	0.07	312	4	90	2860	0.03	343
12	2	70	1860	0.08	297	4	90	2390	0.04	382
14	2	70	1590	0.09	286	4	90	2050	0.04	328
16	2	70	1390	0.1	278	4	90	1790	0.04	286
20	2	70	1110	0.1	220	4	90	1430	0.05	286
24	2	70	930	0.1	186	4	90	1190	0.05	238
30	2	70	740	0.1	148	4	90	950	0.05	190
40	2	70	560	0.1	112	4	90	720	0.05	144

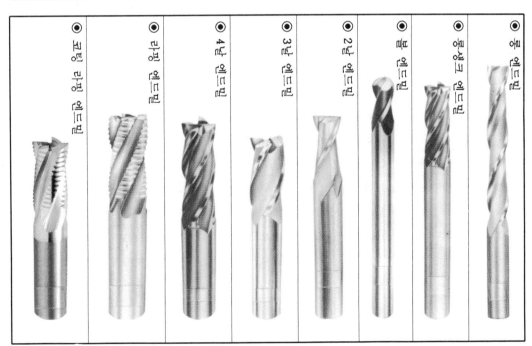

사진 5-2 엔드밀

5.6.4 초경 End Mill 절삭 조건표

(1) 강(S45C) 소재를 가공하는 경우

초경 End Mill		황 삭 가 공				정 삭 가 공				
공구직경	날수	절삭속도 (m/min)	회전수 (rpm)	이송속도 날당이송	이송속도 분당이송	날수	절삭속도 (m/min)	회전수 (rpm)	이송속도 날당이송	이송속도 분당이송
4	2	30	2390	0.04	191	4	34	2710	0.03	325
6	2	30	1590	0.05	159	4	34	1800	0.03	216
8	2	30	1190	0.06	142	4	34	1350	0.04	216
10	2	30	950	0.06	114	4	34	1080	0.04	172
12	2	30	800	0.06	96	4	34	900	0.04	144
14	2	30	680	0.06	81	4	34	770	0.05	154
16	2	30	600	0.07	84	4	34	680	0.05	136
20	2	30	480	0.07	67	4	34	540	0.05	108
24	2	30	400	0.07	56	4	34	450	0.05	90
30	2	30	320	0.08	51	4	34	360	0.06	86
40	2	30	240	0.08	38	4	34	270	0.06	64

(2) 주물(FC, FCD) 소재를 가공하는 경우

초경 End Mill		황 삭 가 공				정 삭 가 공				
공구직경	날수	절삭속도 (m/min)	회전수 (rpm)	이송속도 날당이송	이송속도 분당이송	날수	절삭속도 (m/min)	회전수 (rpm)	이송속도 날당이송	이송속도 분당이송
4	2	45	3580	0.04	286	4	64	5090	0.03	610
6	2	48	2550	0.04	204	4	68	3600	0.03	432
8	2	48	1910	0.05	191	4	68	2700	0.04	432
10	2	50	1590	0.05	159	4	70	2230	0.04	356
12	2	50	1330	0.05	133	4	70	1860	0.05	372
14	2	50	1340	0.06	160	4	70	1590	0.05	318
16	2	50	990	0.06	118	4	70	1390	0.06	333
20	2	50	800	0.07	112	4	70	1110	0.06	266
24	2	50	660	0.07	92	4	70	930	0.06	223
30	2	50	530	0.08	84	4	70	740	0.06	177
40	2	50	400	0.1	80	4	70	560	0.06	134

(3) 알루미늄(AL) 소재를 가공하는 경우

초경 End Mill		황 삭 가 공				정 삭 가 공				
공구직경	날수	절삭속도 (m/min)	회전수 (rpm)	이송속도		날수	절삭속도 (m/min)	회전수 (rpm)	이송속도	
				날당이송	분당이송				날당이송	분당이송
4	2	85	6760	0.04	540	4	92	7320	0.03	878
6	2	86	4560	0.04	364	4	95	5030	0.03	603
8	2	86	3420	0.05	342	4	98	3890	0.04	622
10	2	88	2800	0.05	280	4	99	3150	0.04	504
12	2	88	2330	0.05	233	4	100	2650	0.05	530
14	2	86	1950	0.06	234	4	120	2720	0.05	544
16	2	90	1790	0.06	214	4	130	2580	0.06	619
20	2	88	1400	0.07	196	4	140	2230	0.06	535
24	2	88	1160	0.07	162	4	140	1850	0.06	444
30	2	87	920	0.08	147	4	145	1540	0.06	369
40	2	89	700	0.1	140	4	150	1190	0.06	285

※ 초경 End Mill은 강 소재 가공에는 가공중 치핑현상이 발생하여 적합하지 않음

5.6.5 HSS 드릴 절삭 조건표

(1) 강, 주물, 알루미늄 소재를 가공하는 경우

HSS 드릴 직경	강(Steel)				주물(H_B350)				알루미늄(AL)			
	절삭속도	회전수 (rpm)	이송속도		절삭속도	회전수 (rpm)	이송속도		절삭속도	회전수 (rpm)	이송속도	
			회전당	분당			회전당	분당			회전당	분당
2	20	3180	0.04	127	23	3660	0.06	219	25	3980	0.06	238
3	24	2550	0.05	127	26	2760	0.08	220	30	3180	0.08	254
4	25	1990	0.06	119	28	2230	0.08	178	40	3180	0.10	318
5	25	1590	0.08	127	28	1780	0.10	178	50	3180	0.10	318
6	25	1330	0.10	133	28	1490	0.12	178	60	3180	0.12	381
7	25	1140	0.10	114	28	1270	0.14	177	65	2950	0.14	413
8	25	990	0.12	118	28	1110	0.16	177	70	2780	0.16	444
9	25	880	0.14	123	28	990	0.20	198	72	2540	0.18	457
10	25	790	0.16	126	28	890	0.24	213	75	2390	0.20	478
12	25	660	0.18	118	28	740	0.24	177	75	1990	0.20	398
14	25	570	0.2	114	28	640	0.26	166	78	1770	0.22	389
16	25	500	0.22	110	28	560	0.30	168	78	1550	0.24	372
18	25	440	0.24	105	28	500	0.34	170	78	1380	0.28	386
20	25	400	0.26	104	28	450	0.40	180	78	1240	0.32	396
22	25	360	0.28	100	28	410	0.40	164	78	1130	0.36	406
24	25	330	0.30	99	28	370	0.40	148	78	1030	0.40	412
26	25	310	0.30	93	28	340	0.40	136	78	950	0.40	380
28	25	280	0.30	84	28	318	0.40	127	78	890	0.40	356
30	25	270	0.30	81	28	300	0.40	120	78	830	0.40	332
35	25	230	0.30	69	28	250	0.40	100	78	710	0.40	284
40	25	200	0.30	60	28	220	0.40	88	78	620	0.40	248
45	25	180	0.30	54	28	200	0.40	80	78	550	0.40	220
50	25	160	0.30	48	28	180	0.40	72	78	500	0.40	200

5.6.6 초경 드릴 절삭 조건표

(1) 강, 주물, 알루미늄 소재를 가공하는 경우

초경 드릴	강(Steel)				주물(H$_B$350)				알루미늄(AL)			
	절삭 속도	회전수 (rpm)	이송속도		절삭 속도	회전수 (rpm)	이송속도		절삭 속도	회전수 (rpm)	이송속도	
직경			회전당	분당			회전당	분당			회전당	분당
4	28	2230	0.06	134	28	2230	0.06	134	180	14320	0.08	1146
5	30	1910	0.06	115	28	1780	0.08	142	200	12730	0.10	1273
6	32	1700	0.08	136	30	1590	0.08	127	200	10610	0.10	1061
7	34	1550	0.08	124	32	1460	0.10	146	250	11370	0.12	1364
8	36	1430	0.10	143	34	1350	0.10	135	250	9950	0.12	1194
9	40	1410	0.10	141	36	1270	0.12	152	250	8840	0.14	1238
10	40	1270	0.12	152	40	1270	0.15	191	300	9550	0.14	1337
12	44	1170	0.12	140	40	1060	0.15	159	300	7960	0.16	1274
14	44	1000	0.14	140	46	1050	0.18	189	300	6820	0.16	1091
16	48	950	0.14	133	50	990	0.18	178	300	5970	0.16	955
18	48	850	0.18	153	50	880	0.18	158	300	5310	0.16	850
20	50	800	0.20	160	50	800	0.20	160	300	4770	0.18	859
22	50	720	0.20	144	52	750	0.20	150	300	4340	0.18	781
24	50	660	0.22	145	52	690	0.24	166	300	3980	0.18	716
26	50	610	0.22	134	54	660	0.24	158	300	3670	0.20	734

※ 드릴 구멍 깊이에 따른 절삭 조건 감소율

순	구멍 깊이	절삭속도 감소율	이송속도 감소율
1	3 × 드릴직경	10%	10%
2	5 × 드릴직경	30%	15%
3	8 × 드릴직경	40%	20%
4	10 × 드릴직경	45%	30%

* 깊은구멍(심공) 가공은 G73, G83 기능을 사용하여 칩(Chip)배출을 원활하게 해야 한다. 깊은구멍은 일반적으로 드릴 직경의 3배 이상을 말한다.

5.6.7 Boring 절삭 조건표(초경 Insert Tip 사용)

(1) 강(S45C) 소재를 가공하는 경우

Boring 직 경	황 삭, 중 삭 가 공				정 삭 가 공			
	절삭속도 (m/min)	회전수 (rpm)	이송속도 날당이송	이송속도 분당이송	절삭속도 (m/min)	회전수 (rpm)	이송속도 날당이송	이송속도 분당이송
15	75	1590	0.1	159	100	2120	0.06	127
20	75	1190	0.1	119	100	1590	0.06	95
30	75	800	0.13	104	100	1060	0.07	74
40	75	600	0.13	78	100	800	0.07	56
50	75	480	0.13	62	100	640	0.07	44
60	75	400	0.16	64	100	530	0.08	42
80	75	300	0.16	48	100	400	0.08	32
100	75	240	0.2	48	100	320	0.08	25
120	75	200	0.2	40	100	270	0.1	27
150	75	160	0.2	32	100	210	0.1	21
200	75	120	0.2	24	100	160	0.1	16

(2) 주물(FC, FCD) 소재를 가공하는 경우

Boring 직 경	황 삭, 중 삭 가 공				정 삭 가 공			
	절삭속도 (m/min)	회전수 (rpm)	이송속도 날당이송	이송속도 분당이송	절삭속도 (m/min)	회전수 (rpm)	이송속도 날당이송	이송속도 분당이송
15	86	1820	0.1	182	115	2440	0.06	146
20	86	1370	0.1	137	115	1830	0.06	109
30	86	910	0.12	109	115	1220	0.06	73
40	86	680	0.12	81	115	920	0.06	55
50	86	550	0.14	77	115	730	0.06	43
60	86	460	0.14	64	115	610	0.07	42
80	86	340	0.16	54	115	460	0.07	32
100	86	270	0.16	43	115	370	0.08	29
120	86	230	0.18	41	115	310	0.08	24
150	86	180	0.18	32	115	240	0.08	19
200	86	140	0.18	25	115	180	0.08	14

(3) 알루미늄(AL) 소재를 가공하는 경우

Boring 직 경	황 삭, 중 삭 가 공				정 삭 가 공			
	절삭속도 (m/min)	회전수 (rpm)	이송속도		절삭속도 (m/min)	회전수 (rpm)	이송속도	
			날당이송	분당이송			날당이송	분당이송
15	148	3140	0.1	314	175	3710	0.06	222
20	148	2360	0.1	236	175	2790	0.06	167
30	148	1570	0.12	188	175	1860	0.06	111
40	148	1180	0.12	141	175	1390	0.06	83
50	148	940	0.14	131	175	1110	0.06	66
60	148	790	0.14	110	175	930	0.07	65
80	148	590	0.16	94	175	700	0.07	49
100	148	470	0.16	75	175	560	0.07	39
120	148	390	0.18	70	175	470	0.08	37
150	148	310	0.18	55	175	370	0.08	29
200	148	240	0.18	43	175	280	0.08	22

* 황삭 보오링에서 Balance Cut(2날 보오링) 공구를 사용할 경우 분당 이송속도를 2배
한다.

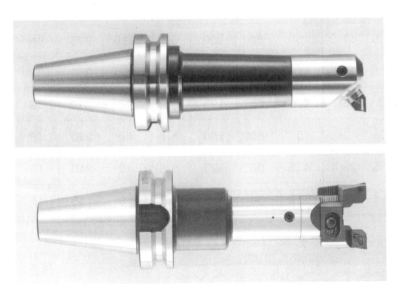

사진 5-3 Boring 공구

5.6.8 탭가공 절삭 조건표(탄소공구강 탭)

(1) 강, 주물, 알루미늄 소재를 가공하는 경우

탭 규격	피치	드릴 직경	강(Steel)			주물(FC)			알루미늄(AL)		
			절삭속도 (m/min)	회전수 (rpm)	이송속도 (mm/min)	절삭속도 (m/min)	회전수 (rpm)	이송속도 (mm/min)	절삭속도 (m/min)	회전수 (rpm)	이송속도 (mm/min)
M3	0.5	2.5	4.7	500	250	6.7	710	355	16	1700	850
M4	0.7	3.3	5	400	280	7	560	392	17	1350	945
M5	0.8	4.2	5	320	256	7	450	360	18	1150	920
M6	1	5	4.7	250	250	6.9	360	360	18	955	955
M8	1.25	6.8	5	200	250	7	280	350	18	720	900
M10	1.5	8.5	5	160	240	6.9	220	330	18	570	855
M12	1.75	10.2	5	132	231	6.8	180	315	18	480	840
M14	2	12	4.8	110	220	7	160	320	18	410	820
M16	2	14	5	100	200	7	140	280	18	360	720
M18	2.5	15.5	5	90	225	6.8	120	300	18	320	800
M20	2.5	17.5	5	80	200	6.9	110	275	18	290	725
M22	2.5	19.5	4.8	70	175	6.9	100	250	18	260	650
M24	3	21	4.9	65	195	6.8	90	270	18	240	720
M27	3	24	5	60	180	6.8	80	240	18	210	630
M30	3.5	26.4	4.7	50	175	6.6	70	245	18	190	665
M32	3.5	29.5	5.2	50	175	7.3	70	245	18	180	630

주)① 머신탭을 사용할 것

　② 알루미늄 소재 탭가공은 드릴구멍을 약간 크게하고 깊이가 탭직경의 2배 이상인 경우 절삭성이 크게 나빠진다.

　③ 주철용 전용 탭(특수재종)을 사용하여 절삭속도를 14m/min 으로 향상할 수 있다.

(2) 유니파이 나사의 Metric 환산

탭 규격 (Inch)	인치당 산 수	숫 나 사 외경직경	미리 피치	드릴 직경 (기초 드릴)
UNC - 1/4	20	6.350	1.2700	5.1
5/16	18	7.938	1.4111	6.5
3/8	16	9.525	1.5875	7.9
7/16	14	11.112	1.8143	9.3
1/2	13	12.700	1.9538	10.7
9/16	12	14.288	2.1167	12.2
5/8	11	15.875	2.3091	13.6
3/4	10	19.050	2.5400	16.5
7/8	9	22.225	2.8222	19.4
1	8	25.400	3.1750	22.2
1-1/8	7	28.575	3.6285	24.9
1-1/4	7	31.750	3.6285	28.1
1-3/8	6	34.925	4.2333	30.7
1-1/2	6	38.100	4.2333	33.9
1-3/4	5	44.450	5.0800	39.4
2	4-1/2	50.800	5.6444	45.2

* 막힌 구멍 탭가공 용
  (칩이 위쪽으로 배출된다.)

* 관통 구멍 탭가공 용
  (칩이 아래쪽으로 배출된다.)

사진 5-4 탭 공구

5.6.9 HSS 리이머(Reamer) 절삭 조건표

(1) 강, 주물, 알루미늄 소재를 가공하는 경우

리이머	강(Steel)				주물(FC)				알루미늄(AL)			
직 경	절삭속도	회전수 (rpm)	이송속도		절삭속도	회전수 (rpm)	이송속도		절삭속도	회전수 (rpm)	이송속도	
			회전당	분 당			회전당	분 당			회전당	분 당
3	4	420	0.2	84	5.7	600	0.3	180	12.5	1230	0.3	369
4	4	320	0.25	80	5.7	450	0.4	180	12.5	990	0.4	396
5	4	250	0.3	75	5.7	360	0.5	180	12.5	800	0.5	400
6	4	210	0.3	63	5.7	300	0.5	150	12.5	660	0.5	330
8	4	160	0.3	48	5.7	230	0.55	126	12.5	500	0.55	275
10	4	130	0.3	39	5.7	180	0.6	108	12.5	400	0.6	240
12	4	110	0.35	38	5.7	150	0.7	105	12.5	330	0.7	231
14	4	90	0.35	31	5.7	130	0.8	104	12.5	280	0.8	224
16	4	80	0.35	28	5.7	110	0.9	99	12.5	250	0.9	225
18	4	70	0.35	24	5.7	100	0.9	90	12.5	220	0.9	198
20	4	60	0.4	24	5.7	90	1	90	12.5	200	1	200
25	4	50	0.4	20	5.7	70	1	70	12.5	160	1	160
30	4	40	0.5	20	5.7	60	1.1	66	12.5	130	1.1	143
35	4	35	0.5	17	5.7	50	1.2	60	12.5	110	1.2	132

1. 리이머 가공의 주의 사항

① 리이머 가공시 충분한 절삭유를 주입하여 칩(Chip) 배출이 원활하게 한다.

② 리이머를 뺄 때 정회전 상태에서 절입시와 같은 이송속도로 뺀다.

③ 좋은 가공면을 얻기 위하여 낮은 절삭속도로 이송을 빠르게 한다.

④ 기계 리이머를 사용한다.(헬리칼 5° ~ 45° 리이머를 사용하는 것이 좋다.)

⑤ 직경(∅)이 작은 것은 절삭속도(V)를 1/2로 낮추어 적용한다.

⑥ 구멍 공차가 0.05 mm 이하의 경우 리이머 가공을 하는 것이 안전하다.(드릴 가공은 0.05 mm 이하의 정밀가공에 맞지 않다.)

⑦ 초경 리이머의 절삭속도는 HSS 리이머의 2배를 하고 이송속도는 같게 지령한다.

2. 리이머 가공의 정삭여유

리이머 직경	정삭 여유
0.8 ~ 1.2	0.05
1.2 ~ 1.6	0.1
1.6 ~ 3	0.15
3 ~ 6	0.2
6 ~ 18	0.3
18 ~ 30	0.4
30 ~ 100	0.5

5.6.10 특수 공구 절삭 조건표(공구 제작회사에 따라 공구품명이 다르다.)

순	공 구 명	절삭조건			특 장
		재질	절삭속도	회전당 이송	
1	FD Drill	AL	40~80	0.1~0.3	1. 센타 자리가 필요없다.
		주철	30~60	0.08~0.3	2. 주철 및 비철금속 가공 전용
					3. 표면조도를 높일 수 있다.
					4. 일반적으로 탭 기초 구멍가공 용으로 많이 사용한다.
2	Gun Reamer	강	60~120	0.01~0.03	1. 리이머 날 안쪽에서 절삭유가 나온다.
		주철	60~100	0.01~0.05	
		AL	80~180	0.02~0.08	2. 절삭속도가 높다.
					3. 이송속도가 낮다.
3	Reamer Drill	AL	40~60	0.05~0.15	1. 센타 자리가 필요없다.
		주철	30~50	0.05~0.1	2. 가공 정밀도 H7~H9 보장
					3. 다단 Step 가능

5.7 이론 조도

이론 조도는 설정된 절삭 조건에서 얻을 수 있는 최소값입니다.

** 다음 식으로 구할 수 있다.

$$Rmax = \frac{f^2}{8R} \times 10^3$$

f : 회전당이송(mm/rev)
R : 인선 R(mm)

Rmax	Rz	Ra	L	삼각기호
0.1S	0.1Z	0.025a		
0.2S	0.2Z	0.05a	--	▽▽▽▽
0.4S	0.4Z	0.10a		
0.8S	0.8Z	0.20a	0.25	
1.6S	1.6Z	0.40a		
3.2S	3.2Z	0.80a	0.8	▽▽▽
6.3S	6.3Z	1.6a		
12.5S	12.5Z	3.2a	2.5	▽▽
25S	25Z	6.3a		
50S	50Z	12.5a		▽
100S	100Z	25a		

* 각종 표면 조도를 구하는 방법

종류	기호	산출방법	상세도
최대높이	Rmax	단면 곡선중 기준길이 L 내에서 최대높이를 구하고 이것을 미크론 단위로 나타냄. 흠으로 간주되는 유별나게 높은 산이나 골은 제외한다.	
+점평균조도	Rz	단면 곡선중 기준길이 L 내에서 높은쪽으로부터 3번째 점과 낮은쪽으로부터 3번째 통과하는 2개의 평행선의 차이를 측정하여 미크론 단위로 나타냄.	
중심선평균조도	Ra	단면 곡선을 중심선에서 뒤집어 사선을 그은 부분의 면적을 길이로 나눈 값이다. 일반적으로 중심선 평균 거칠기 측정기로 눈금을 읽는다.	

5.8 좌표계산 공식

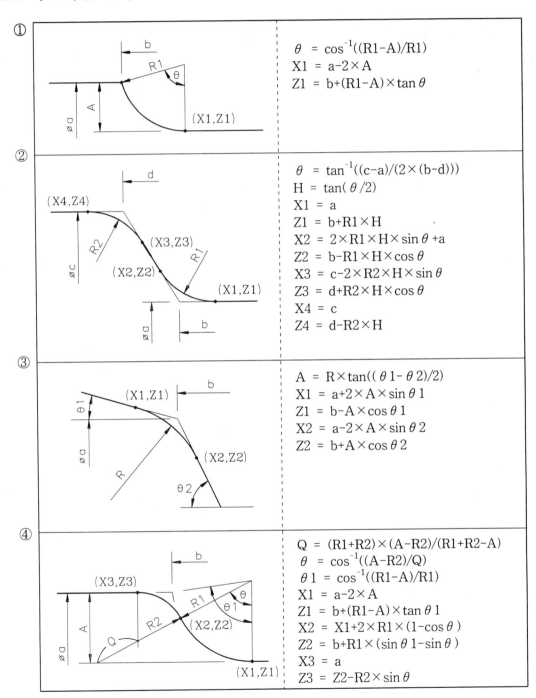

① $\theta = \cos^{-1}((R1-A)/R1)$
$X1 = a-2 \times A$
$Z1 = b+(R1-A) \times \tan\theta$

② $\theta = \tan^{-1}((c-a)/(2 \times (b-d)))$
$H = \tan(\theta/2)$
$X1 = a$
$Z1 = b+R1 \times H$
$X2 = 2 \times R1 \times H \times \sin\theta +a$
$Z2 = b-R1 \times H \times \cos\theta$
$X3 = c-2 \times R2 \times H \times \sin\theta$
$Z3 = d+R2 \times H \times \cos\theta$
$X4 = c$
$Z4 = d-R2 \times H$

③ $A = R \times \tan((\theta1-\theta2)/2)$
$X1 = a+2 \times A \times \sin\theta1$
$Z1 = b-A \times \cos\theta1$
$X2 = a-2 \times A \times \sin\theta2$
$Z2 = b+A \times \cos\theta2$

④ $Q = (R1+R2) \times (A-R2)/(R1+R2-A)$
$\theta = \cos^{-1}((A-R2)/Q)$
$\theta1 = \cos^{-1}((R1-A)/R1)$
$X1 = a-2 \times A$
$Z1 = b+(R1-A) \times \tan\theta1$
$X2 = X1+2 \times R1 \times (1-\cos\theta)$
$Z2 = b+R1 \times (\sin\theta1-\sin\theta)$
$X3 = a$
$Z3 = Z2-R2 \times \sin\theta$

5.9 절삭속도, 절삭시간, 소요동력 계산 공식

기종	내 용	계 산 공 식	
밀 링	절삭속도 (m/min)	$V = \dfrac{\pi \times D \times N}{1000}$	V = 절삭속도(m/min) π = 3.14(원주율) D = 공구 직경(mm) N = 회전수(rpm)
	이송속도	$F = f \times Z \times N \quad \left(f = \dfrac{F}{N \times Z} \right)$	F = 분당이송(mm/min) f = 회전당이송(mm/rev) Z = 날수 N = 회전수(rpm)
	소요동력 (Kw)	$HP = \dfrac{W}{0.75}$ $W = \dfrac{Q \times Ks}{60 \times 102 \times \eta}$ $Q = \dfrac{L \times F \times d}{1000}$	HP = 소요마력 Q = 칩(Chip)의 체적(cm^3) L = 절삭폭(mm) F = 분당이송(mm/min) d = 절삭깊이(mm) η = 기계효율(0.5~0.75) Ks= 피삭재 비절삭저항(kg/mm^2)
	절삭시간 (sec)	$T = \dfrac{L}{F} \times 60$	T = 절삭시간(sec) L = 공작물 절삭길이(mm) F = 분당이송(mm/min)
드 릴	절삭속도 (m/min)	$V = \dfrac{\pi \times D \times N}{1000}$	V = 절삭속도(m/min) π = 3.14(원주율) D = 공구직경(mm) N = 회전수(rpm)
	소요동력 (Kw)	$HP = \dfrac{d \times f \times Ks \times V}{6120} \left(1 - \dfrac{d}{D} \right)$	d = 공구반경(D:공구경) f = 회전당이송(mm/rev) Ks= 피삭재 비절삭저항(kg/mm^2) V = 절삭속도(m/min)
	절삭시간 (sec)	$T = \dfrac{\pi \times D \times L}{1000 \times V \times f} \times 60$	π = 3.14(원주율) D = 공구직경(mm) L = 공작물 절삭길이(mm) V = 절삭속도(m/min) f = 회전당이송(mm/rev)

1. 피삭재별 비절삭저항(Ks)

피 삭 재			경 도 (HB)	비절삭 저항(Ks) (Kg/mm2)	피 삭 재			경 도 (HB)	비절삭 저항(Ks) (Kg/mm2)
강	탄소강	(저)	100~150	220	주물	회주철	(저)	150~225	115
		(중)	120~180	250			(고)	200~300	150
		(고)	200~250	275		가단주철		110~250	175
	합금강	(연)	120~200	265		구상흑연	(연)	125~200	125
		(중)	250~300	300			(경)	200~300	190
		(경)	300~350	350					
	고속도강		150~250	290		칠드주철		HRc40~60	400
	스텐레스강		150~200	325	비철	알루미늄	(주조)		100
			175~225	300			(압연)		140
	주강	(탄소강)	225	215		동합금	(연)		140
		(합금강)	150~250	230			(중)		210
		(스텐레스강)	150~300	265					
	고경도강		HRc50이상	560					

2. 소요동력 계산 예

다음 절삭 조건으로 소요동력을 계산한다.

① 소재재질 : S45C (경도 HB220)

② 사용공구 : ∅120 페이스 커터(Face cutter) 사용 절삭폭 90 mm

③ 절입깊이 : 4 mm   ④ 이송속도 : 460 mm/min

【풀이】

공식　$HP = \dfrac{W}{0.75}$,　$W = \dfrac{Q \times Ks}{60 \times 102 \times \eta}$,　$Q = \dfrac{L \times F \times d}{1000}$　에서

* 칩체적 계산

$$Q = \frac{L \times F \times d}{1000} = \frac{90 \times 460 \times 4}{1000} = 165.6 \text{ cm}^3$$

* 소요동력 계산

$$W = \frac{Q \times Ks}{60 \times 102 \times \eta} = \frac{165.6 \times 275}{60 \times 102 \times 0.65} = \underline{11.45 \text{ kW}}$$

* 소요마력 계산

$$HP = \frac{W}{0.75} = \frac{11.45}{0.75} = \underline{15.27 \ HP}$$

5.10 공작기계의 정밀도와 열변형

정지된 물체에 외력을 가하여 운동을 시키면 외력을 받은 물체는 운동을 하고 이 물체는 운동에너지를 갖게 된다. 이때 운동을 방해하는 마찰력이 있는데 이 마찰력으로 발생되는 것이 마찰열이라 한다.

이때 발생되는 마찰열이 상승되면 물체의 온도가 상승되고 이로 인하여 물체는 팽창할 것이다. 이 물체를 볼스크류라고 생각하고 공작기계의 정밀도와 열변형의 관계에 대하여 설명하겠다.

(1) 볼스크류의 지지 방법에 따른 열변형

① 외팔보 지지 방법(한쪽 지지)

볼스크류의 샤프트(Shaft)를 한쪽만 지지하는 경우이며, 연속 및 고속으로 움직이는 기계에서는 정밀도를 보장하기 어렵다.

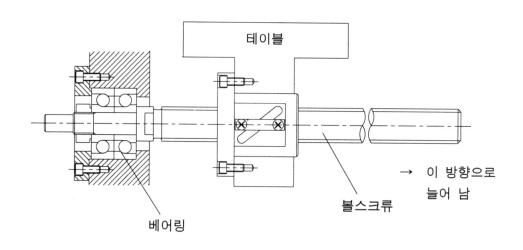

그림 5-5 볼스크류 한쪽 지지 방법

나타나는 현상으로는 공작물을 연속 가공할때 한쪽 방향(베어링 지지부가 없는 쪽)으로 미세하게 치수변화가 누적되어 공구보정(Offset)을 계속하게 되고, 휴식 시간이 지난 후 가공을 하면 연속가공으로 팽창되었던 볼스크류 샤프트가 초기상태로 수축하여 공구보정에 의해 수정된 량만큼 불량인 제품이 발생된다. 휴식 후 작업 시작할때 작업자가 변화하는 량과 시간을 생각하고 변화하는 보정량을 관리하여 보정량 수정 후 작업을 하면 불량을 방지할 수 있다.

② 단순보 지지 방법(양쪽 끝단 지지)

볼스크류 샤프트를 일정한 온도로 예열시켜 양쪽 끝단을 지지하고, 양쪽에 테이퍼 볼베어링을 사용하여 수축과 팽창을 억제시켜 주는 역할을 하면서 회전한다. 치수변화가 적고 일반적으로 많이 사용하는 방법이지만 양쪽 베어링이 많은 부하를 받은 상태에서 회전하기 때문에 베어링 수명이 짧아지는 단점이 있다.

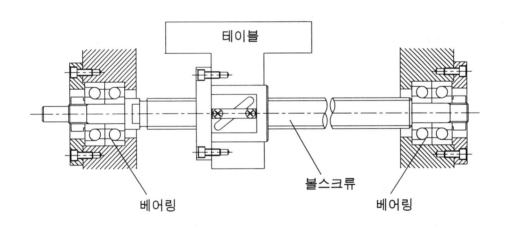

그림 5-7 볼스크류 양쪽 지지 방법

(2) 베어링 부의 이상으로 인한 열변형

NC 공작기계의 볼스크류 지지용 베어링의 수명은 생각보다 짧다. 베어링의 수명은 정밀도와 직결되므로 항상 상태를 체크하고 관리해야 한다. 베어링의 자체결함이나 이물질 유입등으로 인하여 베어링 회전시 발생하는 열이 볼스크류로 전달되면서 볼스크류가 팽창하는 경우와 양쪽 베어링과 볼스크류의 조립 정밀도가 좋지 않은 경우의 열팽창등이 기계의 정밀도에 많은 영향을 준다.

참고 38) 가공중 치수변화

> 가공중의 미세한 치수변화는 위에서 설명한 것 이외에도 절삭조건등 여러 가지 복합적으로 나타나는 경우가 많다. 이러한 문제점들은 원인 파악이 힘들고 잘못 판단하면 또 다른 문제점들이 발생하여 많은 시간과 경제적 손실을 초래한다.
> ※ 복잡한 문제는 공작기계의 전문가와 상담 하십시오.
>
> 정밀가공을 하기 위해서는 기계의 정밀도도 중요하지만 작업자가 기계구조를 이해하고 프로그램을 작성하는 것도 많은 영향을 끼친다.
> 예) 급송 이동거리를 최대한 짧게 프로그램을 작성(기계수명 연장)한다.

참고 39) 볼스크류 온도 팽창

> 강철 1m의 소재를 온도 1° 상승 시키면 12μ (0.012mm)이 팽창 한다.
>
> ** 외팔보 지지 방법 기계의 열변화 Check
> (G00 으로 250mm 연속 이동)

시 간	온 도	변화량
10분	21.9°	30μ
20분	↓	40μ
30분	↓	54μ
40분	↓	60μ
50분	↓	64μ
60분	34.2°	66μ

5.11 백래쉬(Back Lash)의 측정 및 보정 방법

백래쉬란 진행 방향의 반대 방향으로 이동하는 경우 지령치보다 적게 이동하거나 많이 이동하는 현상을 말한다. 백래쉬가 발생되는 요소는 서보모터(Servo Motor)에서 볼스크류(Ball Screw)를 연결하는 커플링(Coupling)이나 타이밍 벨트(Timing Belt)와 볼스크류 자체의 공차이고 기계조립 상태에 따라서 테이블이 베드면과 슬라이딩이 잘되지 않을때 발생하는 편차값도 포함된다.

결과적으로 백래쉬량은 볼스크류의 마모와 기계조립 상태, 온도 변화와 밀접하고 항상 수치가 다르게 나타난다. 정밀한 가공을 하기 위하여 백래쉬가 발생되지 않도록 공구경로를 결정하여 프로그램을 할 수 있지만 약 1개월 주기로 백래쉬 조정을 해야 한다. 백래쉬를 측정하는 방법은 〈그림 5-8〉과 같이 인디게이터를 이용하고 핸들을 이용하여 한쪽방향으로 이동하다가 반대방향으로 이동할 때 발생되는 편차값을 찾아서 파라메타에 입력하면 정확한 위치결정을 할 수 있게하는 기능을 백래쉬 보정 기능이라 한다. 각각의 축마다 백래쉬 보정을 해야 한다.(X, Y, Z축 또는 부가축이 있는 경우 부가축 포함)

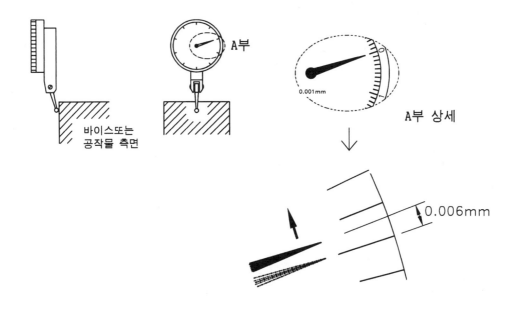

그림 5-8 백래쉬 측정 방법

이렇게 측정된 값을 파라메타(제6장 부록 파라메타편 참고)에 입력한다.(파라메타 입력 방법 참고) 파라메타 수정은 기존에 있는 값에 측정된 값을 합하여 입력하고, 다시 백래쉬를 측정하여 오차가 있는 경우 파라메타를 수정하는 내용을 반복하여 백래쉬량이 0(Zero)이 되게 설정한다.

5.12 절삭유(Coolant)

절삭유를 사용하는 목적은 주로 공구수명과 사상면(仕上面) 표면 조도를 개선하고 소재의 피삭성 개선을 위해 사용한다. 이러한 효과는 윤활작용, 반용착작용, 냉각작용등의 결과로서 얻어진다.

1) 절삭 유제의 종류

① 비수용성 절삭유

비수용성 절삭유에는 광유, 광유에 유황향상제를 첨가한 혼성유와 동식물유 광유에 극압첨가제를 함유시킨 극압유등이 있다.

② 수용성 절삭유제

수용성 절삭유제는 KS, JIS등에 규정되어 있듯이 물에 희석된 상태에 따라 에멀죤(Emulsion)형, 솔루블(Soluble)형, 솔루션(Solution)형등의 3종이 있다. 수용성 절삭유제는 고속절삭시 과다한 열발생으로 인한 공구수명이 문제가 될 때 사상면 가공에 적합하고, 솔루션형은 보통 연삭작업용 절삭유제로 많이 사용한다.

2) 절삭유제의 사용 효과

① 기계 소요동력의 감소(절삭저항 감소)

② 공구수명 연장(원가절감)

③ 사상면 표면 조도 향상

④ 치수 정밀도 향상

⑤ Chip 제거가 쉽다.

⑥ 가공물에 방청성 부여(수용성 절삭유 제외)

3) 추천 절삭유제

일부 비철금속의 가공에는 절삭유를 사용하지 않고 Air를 사용하여 Chip 만 제거하는 경우도 있다. 하지만 일반적인 절삭가공에는 건식가공 보다 공구수명은 3~4배, 표면 조도(Rmax)는 1~4 μm 정도 향상된다. 저자의 경험중 알루미늄 합금을 가공할 때 구성인선의 발생으로 치수 정밀도와 표면 조도가 불량인 가공 조건을 절삭유 종류를 바꾸어 좋은 품질의 제품을 가공한 경험이 있다.

피삭재 재질	추천 절삭유	
	고속도공구강	초 경
탄소강	불활성 극압형의 불수용성 유제	솔루블형 수용성 유제
합금강	활성의 불수용성 유제	활성의 불수용성 유제 건식 절삭가능
스텐레스강	활성 극압형의 불수용성 유제	
주철	활성 극압형의 불수용성 유제 건식 절삭가능	
알루미늄 합금	활성 극압형의 불수용성 유제, 에멀존형	
동합금	활성 유황계 첨가한 불활성 극압형의 불수용성 유제 건식 절삭가능	

특히 기계작동 부위 및 절삭가공에서 발생하는 열로 인하여 열팽창이 발생한다. 이 열팽창으로 발생하는 가공물의 불량을 방지하기 위하여 절삭유 온도를 일정하게 유지시켜 많은 량을 공작물과 베드면에 분사한다. 이와 같은 응용기술은 절삭유의 냉각 작용을 이용한 것이다.

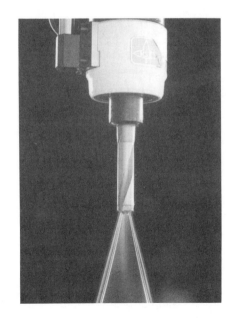

사진 5-9 절삭유 분사

MEMO

제 6 장

부 록

6.1 컴퓨터응용(CNC) 선반/밀링 기능사 출제 기준

(1) 컴퓨터응용 선반기능사 필기시험

계 열	기능계	기술분야	기 계	자격종목	컴퓨터응용 선반기능사	검정방법	필기

시험과목	출제 문제수	출 제 기 준	
	60문제	주 요 항 목	세 부 항 목
NC 기계 가 공법 및 안전 관리	35	1. 공작기계 일반	1. 공작기계의 종류 및 용도 2. 절삭이론 3. 절삭제, 윤활제 및 절삭공구 재료
		2. 기계가공법	1. 선반가공 2. 밀링가공 3. 연삭가공 4. 드릴링가공 및 보링 가공 5. 기타 기계가공
		3. 측정 및 수기가공	1. 길이 및 각도측정 2. 표면거칠기 측정, 형상 및 위치의 정도측정 3. 윤곽측정, 나사 및 기어측정 4. 수기가공법
		4. CNC공작기계의 개요	1. 공작기계의 구성 2. 공작기계에 의한 절삭가공 3. 절삭공구 및 Tooling에 관한 사항 4. CAD/CAM 일반
		5. CNC공작기계 가공	1. CNC선반 가공 2. 머시닝센타 가공
		6. 기계안전	1. 일반적인 안전사항 2. 기계가공시 안전사항 3. CNC 기계가공시 안전사항
기계재료 및 요소	15	1. 기계재료	1. 응력과 변형 2. 체결용 기계요소 3. 제어용 기계요소 4. 축에 관한 기계요소
		2. 기계요소	1. 탄소강의 종류 및 특성과 용도 2. 특수강의 종류 및 특성과 용도 3. 주철의 종류 및 특성과 용도 4. 금속의 열처리 및 재료시험 5. 비철금속 및 그 합금의 종류 및 특성과용도

기계제도 (절삭부분)	10	1. 제도통칙	1. 일반사항 (양식, 척도, 선, 문자 등) 2. 투상법 및 도형의 표시방법 3. 치수의 표시방법 4. 허용한계치수 기입방법 5. 최대 실체 공차방식 6. 기하공차 도시방식 7. 표면의 결 도시방법 8. 가공기호 등 표시방법
		2. KS 도시기호	1. 운동용 기계요소 2. 체결용 기계요소 3. 제어용 기계요소
		3. 도면해독	1. 투상도면해독 2. 기계가공도면 3. 비절삭가공도면 4. 기계조립도면

(2) 컴퓨터응용 선반기능사 실기시험

계 열	기능계	기술분야	기　　계	자격종목	컴퓨터응용 선반기능사	검정방법	실기

시험과목	출　제　기　준	
	주 요 항 목	세 부 항 목
수치제어 선반 작업	CNC 선반작업에 요구되는 실기작업	1. 수동 프로그래밍 　1) 기계가공 조건 　2) 공정도 작성 　3) CNC선반 수동프로그래밍
		2. 장비의 운용 　1) 데이터 인터페이스 　2) NC데이터 전송
		3. CNC선반에 의한 가공 　1) 공구선정 및 장착 　2) 좌표계 설정 　3) 기계가공

(3) 컴퓨터응용 밀링기능사 필기시험

계 열	기능계	기술분야	기 계	자격종목	컴퓨터응용 밀링기능사	검정방법	필기

시험과목	출제 문제수	출 제 기 준	
	60문제	주요항목	세 부 항 목
NC 기계 가 공법 및 안전 관리	35	1. 공작기계 일반	1. 공작기계의 종류 및 용도 2. 절삭이론 3. 절삭제, 윤활제 및 절삭공구 재료
		2. 기계가공법	1. 선반가공　　2. 밀링가공 3. 연삭가공　　4. 드릴링가공 및 보링 가공 5. 기타 기계가공
		3. 측정 및 수기가공	1. 길이 및 각도측정 2. 표면거칠기 측정, 형상 및 위치의 정도측정 3. 윤곽측정, 나사 및 기어측정 4. 수기가공법
		4. CNC공작기계의 개요	1. 공작기계의 구성 2. 공작기계에 의한 절삭가공 3. 절삭공구 및 Tooling에 관한 사항 4. CAD/CAM 일반
		5. CNC공작기계 가공	1. CNC선반 가공　　2. 머시닝센타 가공
		6. 기계안전	1. 일반적인 안전사항 2. 기계가공시 안전사항 3. CNC 기계가공시 안전사항
기계재료 및 요소	15	1. 기계재료	1. 응력과 변형　　2. 체결용 기계요소 3. 제어용 기계요소　　4. 축에 관한 기계요소
		2. 기계요소	1. 탄소강의 종류 및 특성과 용도 2. 특수강의 종류 및 특성과 용도 3. 주철의 종류 및 특성과 용도 4. 금속의 열처리 및 재료시험 5. 비철금속 및 그 합금의 종류 및 특성과용도
기계제도 (절삭부분)	10	1. 제도통칙	1. 일반사항 (양식, 척도, 선, 문자 등) 2. 투상법 및 도형의 표시방법 3. 치수의 표시방법 4. 허용한계치수 기입방법 5. 최대 실체 공차방식 6. 기하공차 도시방식 7. 표면의 결 도시방법 8. 가공기호 등 표시방법
		2. KS 도시기호	1. 운동용 기계요소　　2. 체결용 기계요소 3. 제어용 기계요소
		3. 도면해독	1. 투상도면해독　　2. 기계가공도면 3. 비절삭가공도면　　4. 기계조립도면

(4) 컴퓨터응용 밀링기능사 실기시험

계 열	기능계	기술분야	기　　계	자격종목	컴퓨터응용 밀링기능사	검정방법	실기

시험과목	출　　제　　기　　준	
	주 요 항 목	세　부　항　목
수치제어 밀링 작업	CNC 밀링작업에 요구되는 실기작업	1. 수동 프로그래밍 　1) 기계가공 조건 　2) 공정도 작성 　3) 머시닝센타 프로그래밍
		2. 자동프로그래밍
		3. 장비의 운용 　1) 데이터 인터페이스 　2) NC데이터 전송
		4. 머시닝센타에 의한 가공 　1) 공구선정 및 장착 　2) 좌표계 설정 　3) 기계가공

6.2 컴퓨터응용(CNC) 선반/밀링 기능사(실기) 채점 기준

① 프로그래밍(제한시간 : 1시간)
　- 수치제어 선반 응시자는 CNC 선반 도면을, 수치제어 밀링 응시자는 CNC 밀링
　　도면을 Process Sheet에 프로그램을 한다.
② CNC 공작기계 가공(제한시간 : 1시간)
　- Process Sheet에 작성한 프로그램을 MDI로 입력한다. 이 때 3개소 이내에서는
　　수정이 가능하며 3개소 이상이 되면 실격 처리한다.
　- 실제 수검자가 작업조건을 갖추어서 가공을 한다.
※ 수검자는 실기검정장에 설치된 CNC 공작기계(선반, 밀링)를 사용하여 가공을 해
　야 하므로 검정장에 설치된 CNC 공작기계의 기종을 사전에 확인하여 실기검정에
　응시하는 것이 좋다.

6.3 컴퓨터응용 선반/밀링 기능사 예상문제

문제 1. 다음 중 NC의 종류가 아닌 것은?

㉮ 직선절삭 NC ㉯ 위치결정 NC

㉰ 나사절삭 NC ㉱ 연속절삭 NC

문제 2. 다음 중 CNC 공작기계를 사용하는 것이 유리한 생산 방식은?

㉮ 소품종 다량생산 ㉯ 다품종 소량생산

㉰ 단품종 다량생산 ㉱ 단품종 소량생산

문제 3. 10진법 28을 2진수로 나타내면 얼마인가?

㉮ 11100 ㉯ 10101

㉰ 11011 ㉱ 01110

문제 4. 2진법 10100을 10진수로 나타내면 얼마인가?

㉮ 18 ㉯ 20

㉰ 22 ㉱ 24

문제 5. 여러대의 CNC 공작기계를 컴퓨터로 직접 제어하는 생산관리 시스템은?

㉮ FA ㉯ CAM

㉰ DNC ㉱ FMS

문제 6. 다음 중 CNC 공작기계의 장점이 아닌 것은?

㉮ 경영관리의 유연성 ㉯ 리드 타임의 연장

㉰ 준비 시간의 절약 ㉱ 사용 기계수의 절약

문제 7. 다음 중 CNC 공작기계의 안전에 관한 것으로 틀린 것은?

해설 1

NC의 종류로는 위치결정(급속 위치결정) NC, 직선절삭(직선가공) NC, 연속절삭(직선 또는 곡면가공) NC가 있다.

해설 2

CNC 공작기계는 다량생산에 적합하고, 단품종 다량생산은 전용기에 적합

해설 3

2) 28
2) 14 ⋯ 0
2) 7 ⋯ 0
2) 3 ⋯ 1
  1 ⋯ 1 ⇒ (11100)

해설 4

$10100 \Rightarrow (1 \times 2^4) + (0 \times 2^3) + (1 \times 2^2) + (0 \times 2^1) + (0 \times 2^0) = 20$

해설 5

FA(Factory Automation):공장자동화

CAM(Computer Aided Manufacturing):컴퓨터를 이용한 제조생산 시스템

DNC(Direct Numerical Control):직접 통합제어

FMS(Flexible Manufacturing System):유연생산 시스템, 무인화 공장

해설 6

CNC 기계는 준비시간, 리드타임 단축 등이 장점이다.

【정답】 1. ㉰ 2. ㉮ 3. ㉮ 4. ㉯ 5. ㉰ 6. ㉯ 7. ㉮

㉮ 먼지나 칩을 제거하기 위해 강전반 및 NC 장치를 압축공기로 청소한다.

㉯ 강전반 및 NC 장치는 어떠한 충격도 가하지 말아야 한다.

㉰ 항상 비상정지 버튼을 누를 수 있도록 염두에 두어야 한다.

㉱ 조작판 Key(MDI)로 프로그램 입력시 입력이 끝난 후 필히 확인하여야 한다.

해설 7

강전반(전기 박스)의 칩제거 및 청소를 압축공기로 하면 이물질이 전기회로 안쪽으로 들어가 누전 및 기계 오동작의 원인이 된다.

문제 8. 다음 중 CNC 공작기계의 경제성 평가 방법으로 가장 많이 사용하는 방법은?

㉮ 항공기 부품과 같이 복잡한 형상의 부품가공에 유리하다.

㉯ 대량생산에 유리하다.

㉰ 다품종 소량생산에 유리하다.

㉱ 제조비와 인건비가 절약된다.

해설 8

CNC 공작기계의 경제성 평가 방법으로 복잡하고 형상이 복잡한 공작물의 생산을 범용기계 또는 전용기와 비교평가하는 방법을 많이 사용한다.

문제 9. 유연성 있는 생산 시스템으로 무인화 공장을 가능하게 하는 시스템은?

㉮ FMC   ㉯ FMS

㉰ DNC   ㉱ CIM

문제 10. 다음 CNC 시스템 중 하드웨어에 속하지 않는 것은?

㉮ 공작기계 본체   ㉯ 제어용 컴퓨터

㉰ 서보기구   ㉱ 가공 프로그램

해설 10

기계본체, 서보기구, 볼스크류, ATC장치, 제어용 컴퓨터 등은 하드웨어라 하고, 가공 프로그램은 소프트웨어에 속한다.

문제 11. 다음 중 소프트웨어는 어느 것인가?

㉮ 제어장치   ㉯ NC 테이프

㉰ 검출장치   ㉱ 인터페이스 장치

【정답】 8. ㉮   9. ㉯   10. ㉱   11. ㉯

문제 12. CNC 프로그램을 작성하기 위하여 가공계획이 필요하다. 가공계획과 가장 관련이 적은 것은 어느 것인가?

㉮ 공작물 고정 방법 및 치공구 선정

㉯ 가공순서

㉰ CNC 기계로 수행할 가공범위와 사용할 CNC 기계 선정

㉱ 파트 프로그램

문제 13. 커플링으로 연결된 CNC기계의 볼스크류 피치가 10mm 이고, 서보모터의 회전 각도가 120° 일때 테이블의 이동 거리는?

㉮ 3.333mm   ㉯ 3.000mm

㉰ 30.00mm   ㉱ 33.33mm

해설 13

테이블 이동거리 = x
서보모터의 회전각도 = θ
볼스크류의 피치 = p 일때
서보모터와 볼스크류의 회전비는 커플링으로 연결되어 있으므로 1:1 이다.

$x = p \times (\frac{\theta}{360°}) \times$ 회전비

$x = 10 \times \frac{120°}{360°} = 3.333mm$

문제 14. 타이밍 벨트로 연결된 CNC기계의 볼스크류 피치가 12mm 이고, 타이밍 벨트 풀리의 비가 2:1 일때 서보모터의 회전 각도가 180° 일때 테이블의 이동 거리는?(단 볼스크류 측의 풀리 비가 2이다.)

㉮ 3mm   ㉯ 6mm

㉰ 12mm   ㉱ 24mm

해설 14 .

테이블 이동거리 = x
서보모터의 회전각도 = θ
볼스크류의 피치 = p 일때
서보모터와 볼스크류의 회전비는 2:1 이다.

$x = p \times (\frac{\theta}{360°}) \times$ 회전비

$x = 12 \times (\frac{180°}{360°}) \times \frac{1}{2} = 3mm$

문제 15. 천공 테이프에 기록된 내용이 아닌 것은?

㉮ 이송속도   ㉯ CNC 기계의 선정

㉰ 준비기능   ㉱ 공구의 가공경로

해설 15

천공테이프(종이테이프 또는 NC 테이프)에는 가공 프로그램이 기록된다. NC 기계의 선정은 가공계획 수립에서 결정된다.

문제 16. 천공 테이프에 관한 설명으로 틀린 것은?

㉮ ISO 코드 체계는 "국제표준화기구"의 코드 체계이다.

㉯ EIA 코드 체계는 "미국전기규격협회"의 코드 체계

해설 16

ISO(국제 표준화 기구)
EIA(미국 전기규격 협회)

【정답】 12. ㉱   13. ㉮   14. ㉮   15. ㉯   16. ㉰

이다.

㉰ ISO 코드와 EIA 코드의 가공 프로그램은 다르다.

㉱ EIA 코드의 캐릭터당 구멍수의 합은 홀수개 이다.

문제 17. 천공 테이프 용어 중 패리티 체크의 설명으로 틀린 것은?

㉮ EIA 코드의 패리티 채널은 5번째이다.

㉯ ISO 코드의 패리티 채널은 8번째이다.

㉰ 캐릭터의 구멍갯수가 홀수개 인지 짝수개 인지를 확인하는 기능이다.

㉱ 채널 9번째의 구멍이 패리티 체크를 한다.

해설 17
패리티 체크(Parity Bit Check)란?
외적인 요인으로 인한 Data의 오류를 방지하기 위하여 패리티 비트를 첨가하여 전송한다.
ISO 코드의 패리티 비트는 8번 채널이고, EIA 코드의 패리티 비트는 5번 채널이다.

문제 18. 정보처리 회로에서 서보기구로 보내는 신호의 형태는?

㉮ 펄스　　　　㉯ 마이크로 프로세스

㉰ 전압　　　　㉱ 전류

해설 18
정보처리 회로에서 서보모터로 Data를 펄스(Pulse)화 하여 서보기구로 전송한다.

문제 19. CNC 공작기계에서 서보모터의 회전운동을 테이블의 직선운동으로 바꾸는 기구는?

㉮ 볼스크류　　　　㉯ 커플링

㉰ 기어　　　　㉱ 타이밍 벨트

해설 19
CNC 공작기계의 동력전달 기구로 마찰계수가 작고 정밀한 위치결정을 할 수 있는 볼스크류(Ball Screw)를 많이 사용한다.

문제 20. 테이프 리더로 읽은 정보를 마이크로 컴퓨터에 전달하고 또한 정보를 받아서 서보기구에 펄스화하여 정보를 보내 주는 장치는?

㉮ 천공 테이프　　　　㉯ 인터페이스 회로

㉰ 콘트롤러　　　　㉱ 서보기구

해설 20
천공 테이프=가공 프로그램 입출력, 인터페이스 회로=테이타의 입출력 장치, 컨트롤러=CNC 장치, 서보기구=서보모터와 서보 Unit

문제 21. 다음 서보기구 중 가장 널리 사용되는 제어방식은?

【정답】 17. ㉱　18. ㉮　19. ㉮　20. ㉯　21. ㉰

㉮ 개방회로 제어방식

㉯ 폐쇄회로 제어방식

㉰ 반폐쇄회로 제어방식

㉱ 하이브리드 제어방식

문제 **22.** 다음 서보기구의 설명 중 틀린 것은?

㉮ 일반적으로 가장 널리 사용되는 제어방식은 반폐쇄
회로 방식이다.

㉯ 대형기계등 반폐쇄회로 방식으로 정밀도를 얻기 힘
들 경우 폐쇄회로 방식을 채택한다.

㉰ 하이브리드 제어방식은 가격이 저렴하다.

㉱ 개방회로 제어방식은 검출장치가 없다.

문제 **23.** 다음 모드에 대한 설명으로 틀린 것은?

㉮ 편집(EDIT) 모드는 프로그램을 수정, 삽입 및 삭
제를 할 수 있다.

㉯ 반자동(MDI) 모드는 수동 데이터 입력으로 기능을
실행시킬 수 있다.

㉰ 자동(AUTO) 모드는 메모리에 등록된 프로그램을
실행한다.

㉱ 핸들(MPG) 모드는 각축을 급속으로 이동시킬 수
있다.

문제 **24.** CNC 공작기계에서 백래쉬(Backlash)의 오차를
줄이기 위해 사용하는 기계 부품은?

㉮ 유니파이 스크류   ㉯ 볼스크류

㉰ 사각나사   ㉱ 리드 스크류

문제 **25.** 다음 가공 프로그램을 천공 테이프로 펀칭하면
몇 mm가되는가?

해설 21, 해설 22

개방회로=검출장치가 없다.

반 폐쇄회로=가장널리 사용하는 제어 방식으로 위치제어를 서보모터 축 또는 볼스크류의 회전 각도로 제어한다.

폐쇄회로=테이블에 검출장치를 부착하여 오차를 피드백 시켜 정밀한 위치결정을 할 수 있는 제어회로

하이브리드=반 폐쇄제어회로와 폐쇄회로 제어방식을 혼합한 제어방식

해설 23

편집(EDIT) 모드에서 프로그램의 수정, 삽입, 삭제를 할 수 있다.

반자동(Manual Data Input) 모드에는 수동 Data를 입력 실행할 수 있다.

자동(AUTO) 모드는 프로그램을 실행할 수 있다.

핸들(Manual pulse Generator) 모드는 핸들을 이용하여 각 축을 이동시킬 수 있다.

해설 24

CNC 기계의 이송장치는 마찰계수가 작고, 정밀한 볼스크류를 사용한다.

해설 25

Data 하나가 가로방향의 구멍(캐릭터) 하나를 표시하고, 캐릭터와 캐릭터의 간격은 2.54mm 이다.

【정답】 22. ㉰   23. ㉱   24. ㉯   25. ㉮

```
N01 G00 G90 X100.2 ;
```

㉮ 40.64mm ㉯ 42.55mm

㉰ 44mm ㉱ 44.2mm

N01 G00 G90 X100.2 ;는 16캐릭터 이프로 천공 테이프 길이는 16×2.54=40.64mm이다.

이와 같이 NC 프로그램의 용량은 천공 테이프의 길이로 나타낸다.

문제 26. 다음 중 EIA코드에서 블록을 구분하는 코드는?

㉮ END ㉯ LF

㉰ CR ㉱ %

해설 26

LF=ISO 코드에서 블록을 구분한다.

CR=EIA 코드에서 블록을 구분한다.

%=프로그램의 끝을 표시한다.

문제 27. CNC 공작기계의 움직임을 전기적인 신호로 표시하는 회전피드백 장치는?

㉮ 레졸버 ㉯ 서보기구

㉰ NC 장치 ㉱ 볼스크류

해설 27

레졸버(Resolver)=이동량을 전기적인 신호로 바꾸는 회전 피드백 장치

서보기구=펄스 신호를 받아 기계를 구동시키는 구동 장치(서보 모터와 서보 Unit)

문제 28. 다음 설명 중 틀린 것은?

㉮ 동일 프로그램 내에서 절대지령과 증분지령을 혼합해서 지령할 수 있다.

㉯ 급속 위치결정은 프로그램에 지령된 이송속도로 이동한다.

㉰ M01 기능은 자동운전 실행에서 선택적으로 정지시킬 수 있다.

㉱ 머신록 스위치를 ON 하면 자동운전을 실행해도 축이 움직이지 않는다.

해설 28

급속 위치결정은 파라메타에 입력된 급속 속도로 이동한다.

문제 29. 다음 머시닝센타 정의 중 맞는 것은?

㉮ 범용 밀링기계에 CNC 장치를 장착한 기계

㉯ 기계의 보조 장치가 자동으로 작동되는 기계

㉰ CNC 밀링기계에 자동 공구 교환 장치가 부착된 기계

㉱ CNC 밀링기계에 자동 파렛트 교환장치가 부착된 기계

해설 29

범용 밀링기계에 CNC 장치를 부착하면 CNC 밀링기계라 하고, ATC 장치가 부착된 CNC 밀링기계를 머시닝센타라 한다.

【정답】 26. ㉰ 27. ㉮ 28. ㉯ 29. ㉰

문제 30. 머시닝센타의 부가축으로 사용되는 로타리 테이블의 설명 중 맞는 것은?

㉮ 각도를 분할할 수 있는 보조테이블이다.

㉯ 회전 각도에 이송속도를 지령하여 테이블이 회전하면서 가공할 수 있는 보조장치이다.

㉰ 주축 각도를 분할하는 보조장치이다.

㉱ 자동 파렛트 교환장치의 회전테이블이다.

해설 30
각도 분할장치는 인텍스테이블이다.
주축각도 분할장치는 C축이다.
자동 파렛트 교환장치는 APC장치이다.

문제 31. 수평형 머시닝센터의 장점이 아닌 것은?

㉮ 박스형 공작물등을 회전테이블 위에 설치하여 1회의 셋업으로 능률적인 가공을 할 수 있다.

㉯ APC 장치를 설치하여 셋업시간을 단축한다.

㉰ 수직형 머시닝센터 보다 칩배출이 원활하다.

㉱ 수직형 머시닝센터 보다 생산 능력이 낮다.

해설 31
1회의 셋업으로 박스형 공작물을 능률적으로 가공할 수 있다.

문제 32. 다음 블록의 구성 내용으로 맞지 않는 것은?

㉮ 워드 순서에 제한을 받지 않는다.

㉯ 워드 갯수에 제한을 받지 않는다.

㉰ 같은 워드를 한 블록에 두개 이상 지령하면 뒤쪽에 지령된 것이 무시된다.

㉱ 시퀀스 번호는 생략이 가능하다.

해설 32
G-코드와 같이 보조기능도 한 블록에 두개 이상 지령하면 뒤쪽에 지령된 기능이 실행된다.

문제 33. 다음 설명 중 틀린 것은?

㉮ M08 기능을 실행시킨 상태에서 조작판의 절삭유 OFF 스위치를 작동시키면 절삭유가 나오지 않는다.

㉯ G-코드는 그룹이 다르면 몇개라도 동일블록에 지령할 수 있다.

㉰ 공작물 좌표계는 편리한 가공 프로그램을 작성하기 위하여 임의 점을 원점으로 정한 좌표계이다.

【정답】 30. ㉯ 31. ㉱ 32. ㉰ 33. ㉱

㉪ 편집모드에서 프로그램을 실행시킬 수 있다.

문제 34. 주 프로그램과 보조 프로그램의 설명으로 맞지 않는 것은?

㉮ 보조 프로그램에는 공작물 좌표계 설정을 할 수 없다.

㉯ 보조 프로그램 마지막에는 M99를 지령한다.

㉰ 보조 프로그램 호출은 M98 지령으로 한다.

㉱ 보조 프로그램은 프로그램을 간단하게 하기 위하여 사용한다.

해설 34
보조 프로그램의 작성에는 특별한 제한은 없지만 프로그램 마지막에는 M99를 지령해야 한다. 보조 프로그램 호출 지령은 M98 기능이다.

문제 35. 조작판의 옵셔날 블록스킵(/) 스위치가 ON 된 상태에서 다음 프로그램 중 실행되지 않는 기능은?

```
N01 G00 G90 X200. Y100. / Z100. M08 ;
```

㉮ G00

㉯ G90

㉰ X200.

㉱ M08

해설 35
옵셔날 블록스킵 스위치가 ON 되면 프로그램에 지령된 "/"부터 ";"까지를 무시한다.

문제 36. 다음 중 소숫점을 사용할 수 있는 어드레스로만 짝지어진 것은?

㉮ X, Y, Z, P

㉯ I, J, K, H

㉰ X, J, K, R

㉱ G, M, H, D

해설 36
소숫점을 사용할 수 있는 어드레스로는 X,Y,Z,A,B,C,I,J,K,R,F 이다. 하지만 최근에 개발되는 CNC 장치에는 G,Q 등에도 소숫점을 사용하는 경우도 있다. 대표적으로 D,H,L,N,O,S,T에는 소숫점을 사용하지 않는다.

문제 37. 다음 어드레스 중 원호반경 좌표어는 어느 것인가?

㉮ G

㉯ P

㉰ Y

㉱ R

해설 37
G : 준비기능
P : 드웰 시간지정, 배율
Y : Y축 어드레스
R : 원호반경, 회전각도

문제 38. 다음 중 One shot G-코드는?

㉮ G01

㉯ G04

㉰ G40

㉱ G90

해설 38
G04 : One Shot G-코드

【정답】 34. ㉮ 35. ㉱ 36. ㉰ 37. ㉱ 38. ㉯

문제 39. 모달 G-코드의 설명 중 틀린 것은?

㉮ 모달 G-코드는 그룹 별로 나누어져 있다.

㉯ 모달 G-코드는 같은 그룹의 다른 G-코드가 나올 때까지 다음 블록에 영향을 준다.

㉰ 같은 기능의 모달 G-코드는 생략할 수 있다.

㉱ 같은 그룹의 모달 G-코드를 한블록에 지령할 수 있다.

해설 39

같은 그룹의 모달 G-코드를 한블록에 두개 이상 지령하면 뒤쪽에 지령된 기능이 실행되고 앞쪽에 지령된 기능은 무시된다.

문제 40. 다음 프로그램의 ㉠부분에 생략된 모달 G-코드는?

```
N01 G01 X100. F100 ;
N02  ㉠  Y50. ;
N03 G00 X50. Y50. ;
```

㉮ G01　　㉯ G00　　㉰ G40　　㉱ G91

해설 40

모달 G-코드는 생략이 가능하므로 ㉠부분에 G01 기능이 생략되어 있다.

문제 41. 다음 프로그램에서 N02 블록의 가공시간은 얼마인가?

```
N01 G00 G90 X0. Y0. ;
N02 G01 X40. Y20. F120 ;
```

㉮ 20.3초　㉯ 22.3초　㉰ 20.6초　㉱ 22.6초

해설 41

X0. Y0.에서 X40. Y20.으로 구배가공을 하는 프로그램이므로 삼각형의 빗변의 길이가 가공길이가 된다.

$L = \sqrt{40^2 + 20^2} = 44.7mm$ 이다.

$$\text{가공시간(T)} = \frac{\text{가공길이(L)} \times 60초}{\text{분당이송속도(F)}}$$

$$T = \frac{44.7 \times 60초}{120} = 22.35초$$

문제 42. 다음 중 전원투입시 자동으로 설정되는 G-코드는?

㉮ G02　　㉯ G42　　㉰ G80　　㉱ G04

해설 42

전원 투입하면 자동으로 설정되는 G-코드는 G15,G23,G25,G40,G49,G50,G54,G64,G67,G69,G80,G94,G97,G98(G00,G01),(G17,G18),(G90,G91)기능으로 ()안의 G-코드는 파라메타에서 선택한다.

대부분 전원 투입시 자동으로 설정되는 기능은 기능무시 지령이고, 특별한것은 G20,G21기능으로 전원 차단 직전의 기능으로 되살아 난다.

문제 43. 다음 좌표계 중 일시적으로 0(Zero)을 만들 수 있고, 핸들 작업에 많이 사용되는 좌표계는?

㉮ 절대좌표계　　　　㉯ 상대좌표계

㉰ 기계좌표계　　　　㉱ 잔여좌표계

【정답】39. ㉱　40. ㉮　41. ㉯　42. ㉰　43. ㉯

문제 44. 다음 절대좌표계의 설명으로 맞지 않는 것은?

㉮ 공작물의 임의의 점을 원점으로 지정한 좌표계

㉯ 공작물 좌표계라고 말하기도 한다.

㉰ 절대좌표계의 설정은 G92 기능으로 할 수 있다.

㉱ 공작물의 우측 선단이 절대좌표계의 원점이다.

해설 44
절대좌표계의 원점은 항상우측 선단이 아니다. 임의의 점을 지정할 수 있다.

문제 45. 다음 설명 중 틀린 것은?

㉮ 절대지령은 G90으로 결정한다.

㉯ 증분지령은 G91로 결정한다.

㉰ 프로그램 작성은 절대지령과 증분지령을 혼용해서 사용할 수 있다.

㉱ 절대지령 증분지령을 한블록에 지령할 수 있다.

해설 45
G91 기능은 증분지령이다.

문제 46. 다음 설명 중 틀린 것은?

㉮ 상대좌표계 설정은 G91로 할 수 있다.

㉯ 증분지령은 현재위치에서 이동거리를 지령한다.

㉰ 절대좌표계 설정은 G92 기능으로 할 수 있다.

㉱ 절대지령은 공작물 원점에서 위치를 지령한다.

해설 46, 해설 47
절대지령(G90) : 공작물 좌표계 원점에서 이동하고자 하는 지점의 위치를 지령한다.
증분지령(G91) : 현재위치에서 이동하고자 하는 지점까지의 거리를 지령한다.

문제 47. 다음 도형의 ㉠에서 ㉡까지의 프로그램 중 맞는 것은?

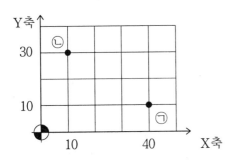

㉮ G90 G00 X-40. Y-10. ;

㉯ G91 G00 X30. Y-20. ;

㉳ G90 G00 X10. Y30. ;

㉴ G91 G00 X-10. Y-30. ;

문제 **48.** 다음 도형의 A⟶B⟶C 이동지령 프로그램에서 ㉠, ㉡에 들어갈 내용으로 맞는 것은?

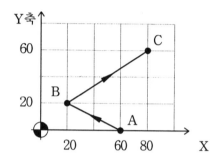

| A ⟶ B : N01 G01 G91 ㉠ Y20. F100 ; |
| B ⟶ C : N02 G90 X80. ㉡ ; |

㉮ ㉠X-40. ㉡Y60.　　㉯ ㉠X40. ㉡Y60.

㉰ ㉠X20. ㉡Y40.　　㉱ ㉠X20. ㉡Y60.

해설 **48**
　절대지령과 증분지령을 이해한다. 해설 47을 참조하십시오.

문제 **49.** 다음 급속이송의 내용으로 틀린 것은?

㉮ 급속이송 속도는 파라메타에 입력되어 있다.

㉯ 급속이송의 방법은 직선형 보간과 비직선형 보간 방법이 있다.

㉰ 급속이송 기능에는 자동가감속 기능이 적용되지 않는다.

㉱ 절대지령과 증분지령을 할 수 있다.

해설 **49**
　급속속도(G00)로 이동할 때 볼스크류 및 볼스크류지지 베어링에 전달되는 충격을 방지와 정밀한위치 결정을 하기 위하여 자동가감속 기능이 있다.

문제 **50.** 자동가감속이란?

㉮ 급속이송시 기계의 충격 감소와 정밀한 위치결정을 위하여 급속이송 기능에 포함되어 있다.

㉯ 가공속도를 자동으로 가감속한다.

해설 **50**
　해 설 49 참조

【정답】48. ㉮　49. ㉰　50. ㉮

ⓒ 주축 회전수를 자동으로 가감속한다.

ⓓ 가공량에 따라 이송속도를 자동으로 조절한다.

문제 51. 다음 중 소숫점을 사용할 수 없는 어드레스는?

㉮ X   ㉯ O   ㉰ Z   ㉱ R

해설 51
　프로그램 번호를 나타내는 어드레스는 소숫점을 사용하지 않는다.

문제 52. 최소 지령단위가 0.001mm인 CNC 기계 프로그램에서 X500을 지령하면 얼마가 되는가?

㉮ X0.5mm   ㉯ X5mm

㉰ X0.05mm   ㉱ X0.005mm

해설 52
　최소 지령단위가 0.001mm이고 소숫점 입력방식이 계산기식 입력방법이 아닌경우 500mm=0.5mm 가되고, 계산기식 입력방식인 경우 500mm=500.mm가 된다.

문제 53. 데이타 설정 기능을 이용하여 ∅20mm 엔드밀의 공구경 보정량을 입력하고자 한다. 다음 중 바르게 지령된 것은?(단, 보정번호는 No2 이다.)

㉮ G10 G91 P2 R20. ;   ㉯ G10 G90 P2 R20. ;

㉰ G10 G91 P2 R10. ;   ㉱ G10 G90 P2 R10. ;

해설 53
　공구경 보정기능의 보정량 입력은 사용공구의 반경값을 입력한다.
　공구경 보정 Memory-B Type 의 경우는 L10,L11,L12,L13을 G10블록에 선택하여 추가한다.

문제 54. 다음 프로그램을 실행하면 몇번째 시퀀스 블록에서 알람이 발생하는가?

```
N01 G00 G90 X20. Y20. ;
N02 G43 Z20. H01 S200. M03 ;
N03 G01 Z-10. F200 M08 ;
N04 X10. F120 ;
```

㉮ N01   ㉯ N02   ㉰ N03   ㉱ N04

해설 54
　N02 블록의 소숫점 입력 에라
　(S200.··→ S200)

문제 55. S20C의 공작물을 ∅16 HSS 드릴을 사용하여 구멍가공을 할 때 주축 회전수를 계산하면 얼마인가? (단, 절삭속도는 25m/min 이다.)

㉮ 356rpm   ㉯ 398rpm   ㉰ 498rpm   ㉱ 456rpm

해설 55

$$V = \frac{\pi \times D \times N}{1000} \text{ 에서}$$

$$N = \frac{1000 \times V}{\pi \times D} = \frac{1000 \times 25}{\pi \times 16}$$

$$= 498rpm$$

【정답】 51. ㉯   52. ㉮   53. ㉱   54. ㉯   55. ㉰

문제 56. 다음 중 위치결정 기능과 관계없는 것은?

㉮ G01   ㉯ G00   ㉲ G60   ㉴ G53

문제 57. 다음은 직선보간 지령방법이다. ㉠에 들어갈 어드레스는?

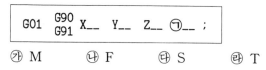

㉮ M   ㉯ F   ㉲ S   ㉴ T

문제 58. 다음 원호보간 프로그램으로 맞는 것은?

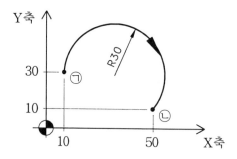

㉮ G17 G03 G90 X50. Y10. R30. F80 ;

㉯ G18 G03 G90 X50. Y10. R30. F80 ;

㉲ G17 G02 G90 X50. Y10. R30. F80 ;

㉴ G18 G02 G90 X50. Y10. R30. F80 ;

문제 59. 다음 중 원호보간 지령과 관계없는 것은?

㉮ G02, G03   ㉯ G90,G91

㉲ G17, G18, G19   ㉴ M03

문제 60. 헬리칼보간 이란?

㉮ 나사를 가공하는 기능이다.

㉯ 평면선택 기능에 따라 기본 두축은 원호보간을 하고 나머지 한축은 직선보간을 하는 기능

해설 56
  G01 : 직선보간
  G00 : 급속위치 결정
  G60 : 한 방향 위치결정(급속 위치 결정기능 포함)
  G53 : 기계 좌표계 선택(급속 위치결정 기능 포함)

해설 58
  원호보간은 평면선택 기능에 따라 원호보간 두축의 좌표가 결정된다.(G17 ┈▶ X-Y 평면)

해설 59
  원호보간 지령 방법
  G17 G02 G90
  G18   X_ Y_ Z_ R_ F_ ;
  G19 G03 G91

  평면선택에 따라 X, Y, Z 중 두축지령 (평면선택에 따라 R 대신 I, J, K 중 두개의 어드레스를 지령할 수 있다.)

해설 60
  두축은 원호보간 한축은 직선보간한다.

【정답】 56. ㉮   57. ㉯   58. ㉲   59. ㉴   60. ㉯

㉓ 세축 원호보간하는 기능이다.

㉕ 부가축을 사용하여 캠을 가공하는 기능이다.

문제 61. 다음 중 그림 A에서 B점까지 원호가공 프로그램으로 맞는 것은?

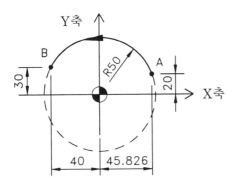

㉮ G17 G03 G90 X-40. Y30. I45.826 J20. F80 ;

㉯ G18 G03 G91 X-40. Y30. I45.826 J20. F80 ;

㉱ G17 G03 G90 X-40. Y30. I-45.826 J-20. F80 ;

㉳ G18 G03 G91 X-40. Y30. I-45.826 J-20. F80 ;

해설 61

원호보간에서 I, J, K 어드레스는 원호시점에서 원호중심까지의 거리로 지령한다.

문제 62. 다음 ㉠점에서 360° 원호가공 프로그램으로 맞는 것은?

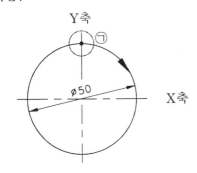

㉮ G17 G02 G90 I25. F100 ;

㉯ G17 G03 G90 I-25. F100 ;

㉱ G17 G03 G90 J25. F100 ;

㉳ G17 G02 G90 J-25. F100 ;

해설 62

원호보간에서 I, J, K 어드레스는 원호시점에서 원호중심까지의 거리로 지령하고 I0, J0, K0 지령은 생략 할 수 있다.

【정답】 61. ㉱   62. ㉳

문제 63. 다음 원호보간 기능 설명 중 틀린 것은?

㉮ 180° 이상 360° 미만의 원호가공은 R-___ 지령을 한다.

㉯ 평면선택 기능에 따라 원호보간 축이 결정된다.

㉰ 360° 원호가공은 R 어드레스를 사용한다.

㉱ 360° 원호가공은 시작점과 끝점이 동일하기 때문에 끝점의 좌표를 생략할 수 있다.

해설 63
360° 원호가공은 I,J,K중 평면선택 기능에 따라 두개의 어드레스를 선택해서 지령한다.(단 "0"인 경우 생략 가능)

문제 64. 다음 헬리칼보간 프로그램에서 직선축은 어느 것인가?

```
N01 G17 G02 G90 X30. Y50. Z-10. R30. F60 ;
```

㉮ Z축   ㉯ Y축   ㉰ X축   ㉱ X, Z축

해설 64
헬리칼보간 G17평면에서 원호가공 두축은 X,Y축이고, Z축이 직선보간 축이 된다.

문제 65. 다음 중 공구경 보정기능과 관계없는 것은?

㉮ G41   ㉯ G42   ㉰ G49   ㉱ D 어드레스

해설 65
G49 : 공구길이 보정 말소 기능

문제 66. 다음 공구경 보정기능 설명 중 틀린 것은?

㉮ G41 -- 공구경 좌측보정(하향절삭)

㉯ G40 -- 공구경 보정

㉰ G42 -- 공구경 우측보정(상향절삭)

㉱ D 어드레스 -- 공구 반경값이 등록된 보정번호 지정

문제 67. Start-Up 블록이란?

㉮ 절삭가공을 시작하는 블록

㉯ 원호가공을 시작하는 블록

㉰ 공구길이 보정을 시작하는 블록

㉱ 공구경 보정을 시작하는 블록

【정답】 63. ㉰ 64. ㉮ 65. ㉰ 66. ㉯ 67. ㉱

문제 68. 다음중 Start-Up 블록은?

```
N01 G00 G90 X-10. Y-2. ;
N02 G43 Z20. H02 S500 M03 ;
N03 Z-12. M08 ;
N04 G41 G01 X0. D02 F120 ;
```

㉮ N01　　㉯ N02　　㉰ N03　　㉱ N04

해설 68
공구경 보정을 시작하는 블록

문제 69. 다음 공구경 보정기능 설명 중 틀린 것은?

㉮ Start-Up 블록에서의 이동량은 공구반경 값보다 같거나 커야한다.

㉯ 공구경 보정상태에서 선택된 평면선택의 기준 두축 지령을 연속해서 두블록 이상 지령하지 않으면 정상적인 공구경 보정이 안된다.

㉰ Start-Up이 지령된 블록에 G02, G03 지령을 할 수 있다.

㉱ G41 보정상태에서 G42 보정을 할 수 있다.

해설 69
원호보간 지령 블록에서 공구경 보정을 시작 할 수 없다.(알람 발생)

문제 70. 다음 이송기능의 설명 중 틀린 것은?

㉮ 분당이송(G94) 속도는 1분 동안 이동 할 수 있는 거리를 속도로 나타낸다.

㉯ 회전당이송(G95) 기능은 주축 회전당 이송속도이다.

㉰ 전원 투입하면 밀링계의 시스템은 G94 기능이 준비되어 있다.

㉱ G94 F120 지령은 120mm 이동하는 지령이다.

해설 70
G94 F120 지령은 분당이송 속도가 120이다.(1분 간에 120mm 이동하는 속도)

문제 71. 다음 중 2.5초 동안 프로그램의 진행을 정지시키는 프로그램은?

㉮ G04 X2.5　　㉯ G04 P2.5
㉰ G04 X25　　㉱ G04 P25

해설 71
드웰타임 지령은 G04를 사용하고, 시간지령은 X또는 P어드레스를 지령한다. X는 소수점을 사용할 수 있고 P는 소수점을 사용할 수 없다.

【정답】68. ㉱　**69.** ㉰　**70.** ㉱　**71.** ㉮

문제 72. 다음 제 2원점 복귀 지령으로 맞지 않는 것은?

㉮ G30 G91 T01 ;

㉯ G30 G91 P02 X0. Y0. Z0. ;

㉰ G30 G90 X0. ;

㉭ G30 G91 X0. Y0. Z0. ;

해설 72

제2원점 복귀 방법으로 G30과 절대, 증분지령이 가능하고, P02 지령이나 생략이 가능하다. 또 G30 G90 X0. 과 같이 하나의 축좌표만 지령하면 지령된 축만 제2원점 복귀한다.

문제 73. 다음 파라메타에 관한 설명 중 틀린 것은?

㉮ 백래쉬 보정량은 파라메타에 입력한다.

㉯ 파라메타의 형태는 실수형과 비트형(2진수) 두가지 형태가 있다.

㉰ 파라메타에 입력된 수치는 기계종류에 따라 다르다.

㉭ 파라메타 수치는 ROM에 저장된다.

해설 73

파라메타 수치는 RAM에 저장되고 전원을 차단해도 내장된 밧데리에 의해 수치가 기억된다.

문제 74. 다음 공작물 좌표계 설정 프로그램 중 맞는 것은?

㉮ G54 G90 X0. Y0. Z0. ;

㉯ G92 G90 X0. Y0. Z0. ;

㉰ G53 G90 X-100. Y-100. Z-100. ;

㉭ G52 G90 X100. Y100. Z100. ;

해설 74

G92 : 공작물 좌표계 설정
G54~G59 :공작물 좌표계 선택
G53 : 기계 좌표계 선택
G52 : 로칼 좌표계 설정

문제 75. 다음 중 공작물 좌표계 선택기능은 어느 것인가?

㉮ G92 ㉯ G52 ㉰ G53 ㉭ G54

해설 75

해설 74 참조

문제 76. G56 기능은 공작물 좌표계 선택 몇번인가.?

㉮ 공작물 좌표계 선택 1번

㉯ 공작물 좌표계 선택 2번

㉰ 공작물 좌표계 선택 3번

㉭ 공작물 좌표계 선택 4번

해설 76

G54 : 공작물 좌표계 선택 1번
G55 : 공작물 좌표계 선택 2번
G56 : 공작물 좌표계 선택 3번
G57 : 공작물 좌표계 선택 4번
G58 : 공작물 좌표계 선택 5번
G59 : 공작물 좌표계 선택 6번

【정답】 72. ㉮ 73. ㉭ 74. ㉯ 75. ㉭ 76. ㉰

문제 77. G10 G90 L2 P02 Z-100. ;와 같이 테이타 설정을 하고, 공작물 좌표계 선택지령을 할 때 다음 중 관계 있는 기능은?

㉮ G92　　㉯ G53　　㉰ G54　　㉱ G55

문제 78. 다음 ㉠위치의 로칼 좌표계 설정 프로그램 중 맞는 것은?

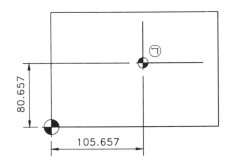

㉮ G52 G90 X-105.657 Y-80.657 ;

㉯ G52 G90 X105.657 Y80.657 ;

㉰ G53 G90 X-105.657 Y-80.657 ;

㉱ G54 G90 X105.657 Y80.657 ;

문제 79. 프로그램 G53 G90 X-100. Y-100. Z-100. ;에서 지령된 X, Y, Z는 어떤 좌표계 값인가?

㉮ 절대 좌표계　　㉯ 상대 좌표계

㉰ 기계 좌표계　　㉱ 잔여 좌표계

문제 80. 다음 중 공구길이 보정과 관계없는 것은?

㉮ G43　　㉯ G44　　㉰ G45　　㉱ G49

문제 81. 공구길이 보정"+" 기능의 프로그램으로 맞는 것은?

㉮ G43 G90 G00 Z20. H01 ;

【정답】 77. ㉱　78. ㉯　79. ㉰　80. ㉰　81. ㉮

ⓝ G44 G90 G00 Z20. H01 ;

ⓓ G45 G90 G00 Z20. H01 ;

ⓡ G49 G90 G00 Z20. H01 ;

문제 **82.** 다음 중 백래쉬(Backlash) 보정 설명으로 맞는 것은?

ⓖ 축의 이동이 한 방향에서 반대 방향으로 이동할 때 발생하는 편차값을 보정하는 기능

ⓝ 볼스크류의 부분적인 마모 현상으로 발생된 피치간의 편차값을 보정하는 기능

ⓓ 백보오링 기능의 편차량을 보정하는 기능

ⓡ 한 방향 위치결정 기능의 편차량을 보정하는 기능이다.

문제 **83.** 피치에라(Pitch error) 보정이란?

ⓖ 볼스크류 피치를 검사하는 기능이다.

ⓝ 축의 이동이 한 방향에서 반대 방향으로 이동할 때 발생하는 편차값을 보정하는 기능

ⓓ 나사가공의 피치를 정밀하게 보정하는 기능

ⓡ 볼스크류의 부분적인 마모 현상으로 발생된 피치간의 편차값을 보정하는 기능

문제 **84.** 다음 G17 평면선택에서 고정 싸이클의 기본 동작 중 ⓛ~ⓔ의 설명으로 맞는 것은?

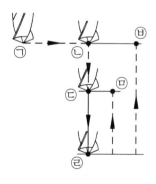

해설 82

피치에러 보정 : 볼스크류의 부분적인 마모 현상으로 발생된 피치간의 편차값을 보정 하는 기능

해설 84

ⓖ~ⓛ : 구멍위치 결정
ⓛ~ⓔ : R점까지 급속위치 결정
ⓔ~ⓡ : 절삭가공
ⓡ~ⓜ : R점까지 복귀
ⓡ~ⓗ : 초기점까지 복귀

【정답】 82. ⓖ 83. ⓡ 84. ⓓ

㉮ X, Y축의 급속위치 결정 동작

㉯ Z축 R점까지 복귀 동작

㉰ Z축 R점까지 급속이송 동작

㉱ Z축 초기점까지 급속이송 동작

문제 85. 다음 중 고정 싸이클 지령방법의 설명으로 틀린 것은?

$$G\text{--} \quad \begin{matrix} G90 & G98 \\ G91 & G99 \end{matrix} \quad X\text{--} \quad Y\text{--} \quad Z\text{--} \quad R\text{--} \quad Q\text{--} \quad P\text{--} \quad F\text{--} \quad K\text{--} \; ;$$

㉮ G98, G99는 초기점 복귀 및 R점 복귀를 결정한다.

㉯ R점 지령은 절대, 증분지령에 관계없이 기준점이 동일하다.

㉰ P 지령은 구멍 바닥에서 드웰 시간을 지령한다.

㉱ 평면선택 기능에 따라 X, Y, Z중 두축이 구멍 위치가 된다.

해설 85

R점의 기준점은 절대지령인 경우 Z축 공작물 좌표계 원점에서 기준이 되고, 증분지령인 경우 Z축 현재위치에서 이동거리가 기준이 된다.

문제 86. 다음 중 탭핑(Tapping) 고정 싸이클 설명으로 틀린 것은?

㉮ 탭핑 싸이클 실행 중 불량을 방지하기 위하여 Feed hold 버튼은 작동되지 않는다.

㉯ 탭핑 이송속도 계산방법은 회전수 × 피치이다.

㉰ 밀링척에 탭을 고정시켜 탭가공을 한다.

㉱ 탭핑 싸이클 코드는 G84, G74가 있다.

해설 86

탭가공은 탭파손을 방지하기 위하여 Tap Holder를 사용한다.(단, Rigid Tapping(고속탭핑) 기능을 사용할 경우 밀링척이나 콜렛척에 고정시켜 탭가공을 할 수 있다.

문제 87. 머시닝센터에서 M10×P1.5의 탭가공을 위하여 주축 회전수를 200rpm으로 지령할 경우 탭 싸이클의 이송속도는?

㉮ F300 ㉯ F250 ㉰ F200 ㉱ F150

해설 86

탭가공의 이송속도(F)=회전수 (N) × 피치(P) 에서
F=200 × 1.5
=300rpm

문제 88. 다음 고정 싸이클 기능 설명으로 틀린 것은?

【정답】 85. ㉯ 86. ㉰ 87. ㉮ 88. ㉱

㉮ 고정 싸이클은 모달 기능이다.

㉯ G80으로 고정 싸이클 기능을 말소한다.

㉰ G00으로 고정 싸이클 기능을 말소할 수 있다.

㉱ 고정 싸이클 기능은 반자동모드에서 실행할 수 없다.

해설 88
　반자동 모드에서 고정 싸이클 기능을 실행할 수 있다.

문제 89. 다음 중 조작판의 보조기능 록 스위치를 ON 시켜도 실행되는 기능은?

　㉮ M00　　㉯ M03　　㉰ M06　　㉱ M09

문제 90. 다음 보조기능에 대한 설명으로 틀린 것은?

㉮ 보조장치를 제어하는 기능이다.

㉯ 프로그램을 제어하는 기능과 기계측의 보조기능을 제어하는 기능이 있다.

㉰ 동일한 NC 장치를 사용해도 기계의 종류에 따라 보조기능이 다를 수 있다.

㉱ 조작판에서 보조기능 록 스위치를 ON 시키면 보조기능 전체가 실행되지 않는다.

해설 89, 90
　프로그램을 제어하는 보조기능과 기계 보조장치를 제어하는 보조기능 중 보조기능 록 스위치를 ON 하면 프로그램을 제어하는 보조기능은 정상적으로 작동된다.
　프로그램을 제어하는 보조기능은 M00, M01, M02, M30, M98, M99 이다.
　보조기능은 기계종류에 따라 코드번호가 다를 수 있고 같은 코드번호라도 실행되는 내용이 다를 수 있다. 왜냐 하면 보조기능은 기계종류에 따라 소프트웨어가 다르게 만들어질 수 있다. (기계 취급설명서를 참고 하십시오.)

문제 91. 다음 중 드라이런 기능 설명으로 맞는 것은?

㉮ 드라이런 스위치가 ON 되면 이송속도가 빨라진다.

㉯ 드라이런 스위치가 ON 되면 프로그램의 이송속도를 무시하고 조작판에서 이송속도를 조절할 수 있다.

㉰ 드라이런 스위치가 ON 되면 이송속도의 단위가 회전당이송 속도로 변한다.

㉱ 드라이런 스위치가 ON 되면 급속속도가 최고 속도로 바뀐다.

해설 91
　드라이런 스위치가 ON 되면 프로그램에 지령된 이송속도를 무시하고 외부(조작판)에서 이송속도를 조절한다.

문제 92. 싱글블록 스위치의 설명으로 맞는 것은?

【정답】89. ㉮　90. ㉱　91. ㉯　92. ㉮

㉮ 싱글블록 스위치가 ON 되면 프로그램을 한블록씩 실행시킬 수 있다.

㉯ 싱글블록 스위치가 ON 되면 프로그램을 한블록씩 스킵(Skip) 한다.

㉰ 싱글블록 스위치가 OFF 되면 반자동모드에서 프로그램을 실행할 수 없다.

㉱ 싱글블록 스위치가 ON 되면 편집모드에서 커서(Cursor)를 한블록씩 이동시킬 수 있다.

해설 92
싱글블록 스위치가 ON 되면 자동, 반자동모드 에서 프로그램을 실행할때 한블록씩 실행한다.

문제 93. 다음 M01 기능 설명으로 틀린 것은?

㉮ 조작판 M01 스위치가 ON 상태일때 프로그램에 지령된 M01 기능이 실행되면 프로그램이 정지한다.

㉯ 조작판 M01 스위치가 OFF 상태일때 프로그램에 지령된 M01 기능이 실행되면 프로그램이 정지하지 않는다.

㉰ M01 기능을 실행하여 정지된 상태에서 자동개시 버튼을 누르면 현재 위치부터 실행한다.

㉱ M01 기능이 실행되면 프로그램이 정지되고 커서(Cursor)가 선두로 복귀한다.

해설 93
M01 기능은 조작판의 M01 스위치가 ON 인경우 프로그램 진행이 정지되고, OFF 인경우 프로그램의 M01 지령은 무시된다.

문제 94. 다음 중 절삭가공에 사용되는 준비기능이 아닌 것은?

㉮ G01 ㉯ G03 ㉰ G02 ㉱ G00

해설 94
G00 : 급속 위치결정
G01 : 직선절삭
G02 : 시계방향 원호절삭
G03 : 반시계방향 원호절삭

문제 95. 머시닝센타의 자동 공구교환을 위한 주축 정위치 정지(주축 한 방향 정지) 지령 기능은?

㉮ G19 ㉯ G05 ㉰ M19 ㉱ M05

해설 95
M19 : 주축 정위치 정지
M05 : 주축 정지

【정답】 93. ㉱ 94. ㉱ 95. ㉰

문제 96. 머시닝센타의 공구길이 보정에 대한 설명이다. 틀린 것은?

㉮ 공구길이 보정의 준비기능은 G43, G44이다.

㉯ G17 평면에서 길이보정은 Z축에 대하여 적용된다.

㉰ G49 기능은 공구길이 보정 말소 기능이다.

㉱ G43 기능은 +방향으로 만 보정된다.

해설 96

G43 : 공구길이 보정 "+"
G44 : 공구길이 보정 "−"
G49 : 공구길이 보정 말소
공구길이 보정은 평면선택 기능에 따라 기본 축이 결정된다.
G17 평면인 경우는 Z축에 길이 보정이 적용된다.

문제 97. 자동실행 중 기계의 이동을 일시적으로 정지 시킬 수 있는 기능은?

㉮ 싱글블록 스위치

㉯ 자동정지(Feed Hold)

㉰ 옵셔날 블록 스킵

㉱ 주축정지

해설 97

자동정지(Feed Hold) 스위치가 ON 되면 축의 이동을 정지시킨다.

문제 98. 다음 중 NC에서 사용되는 최소지령 단위가 아닌 것은?

㉮ inch　　㉯ mm　　㉰ feet　　㉱ deg

해설 98

G20 : inch 시스템의 기본단위
G21 : metric 시스템의 기본단위
deg : 회전축의 각도지령 단위

문제 99. 다음 중 수직형 머시닝센타에서 Z축 방향은?

㉮ 공구길이 방향으로 이동하는 축

㉯ 테이블의 전후이동 방향

㉰ 테이블의 좌후이동 방향

㉱ 로타리 테이블과 직각인 방향

해설 99

수직 또는 수평형 머시닝센타의 Z축 방향은 공구길이 방향의 축이다.

문제 100. CNC 밀링, 머시닝센타에서 3차원 곡면부분을 가공할 수 있는 공구는?

㉮ 엔드밀　　　　㉯ 페이스커터

㉰ 볼엔드밀　　　㉱ 리이머

【정답】 96. ㉱　97. ㉯　98. ㉰　99. ㉮　100. ㉰

6.4 NC 일반에 대한 규정

(1) 수치제어 일반에 대한 규정

용 어	용 어 풀 이
수치제어 (numerical control)	수치제어 공작기계에서 공작물에 대한 공구의 위치를 그에 대응하는 수치정보로 지령하는 제어.
위치 결정제어 (positioning control, point to point control)	수치제어 공작기계에서 공작물에 대하여 공구가 주어진 목적위치에 도달하는 것만이 제어되는 제어방식, 따라서 어떤 위치부터 다음 위치까지의 이동중의 통로 제어는 필요하지 않다.
직선 절삭제어 (straight cut control)	수치제어 공작기계의 한 축을 따라서 공작물에 대한 공구의 운동을 제어하는 방식
윤곽 제어 (contouring control)	수치제어 공작기계의 2축 또는 그 이상의 축의 운동을 동시에 서로 관련시키므로써 공작물에 대한 공구의 통로를 계속하여 제어하는 방식

(2) 프로그래밍에 관한 규정

용 어	용 어 풀 이
파트 프로그래밍 (part program)	주어진 부품을 가공하기 위하여 수치제어 공작기계의 작업을 계획하고, 이를 실현하기 위한 프로그램. 이 프로그램에는 사람이 알기 쉬운 프로그램언어로 쓰는 것과 테이프 포멧에 따라 쓰여지는 것이 있다
메뉴얼 프로그래밍 (manual program)	테이프 포멧에 따라 파트 프로그램을 전자계산기를 사용하지 않고, 수동으로 만드는 것.
자동 프로그래밍 (automatic programming)	파트 프로그램을 작성하기위해 고안된 컴퓨터 프로그램을 사용하여 자동으로 프로그램을 작성하는 것.

용 어	용 어 풀 이
포스트 프로세서 (post processor)	프로그램 언어로 쓰여진 파트 프로그램의 정보를 처리하여 얻은 공구위치, 이송속도, 주축회전에 관한 Data나, 보조기능의 명령등으로 부터 특정의 콘트롤러나 NC 공작기계에 맞는 수치제어 테이프(프로그램)를 만들기 위한 전자계산기 프로그램.
업솔루트 프로그래밍 (absolute programming)	위치좌표를 절대좌표계를 사용하여 프로그래밍하는 방법.
인크리멘탈 프로그래밍 (incremental program- ming)	위치를 직전의 위치로부터 증분지령으로 프로그래밍하는 방법.

(3) 수치제어 테이프와 그 정보에 관한 규정

용 어	용 어 풀 이
수치제어(NC) 테이프 (numerical control tape)	수치제어 공작기계를 제어하기 위하여 수치제어 장치에 입력으로 가해지는 정보를 포함한 천공 테이프.
트랙 (track)	정보가 기록되는 수치제어 테이프의 길이 방향의 한 줄.
캐랙터 (character)	수치제어 테이프를 가로지르는 1열 정보로 표시되는 기호 숫자, 알파벳, +, -등을 표현한다.
패리티 첵크 (parity check)	0과 1의 조합으로 되는 1군의 정보에 의하에 여분의 비트를 부가하여, 그 전체에 포함되어 있는 1의 수를 기수(홀수) 또는 우수(짝수)에 맞춤으로써 틀린 것을 검출하는 방법.
부호 (code)	정보를 포현하기 위한 기호의 체계, 수치제어 테이프의 캐랙터는 7비트의 패턴을 사용하여 표시한다. 수치제어에는 캐랙터, 준비기능, 보조기능, 주축기능 및 이송기능등의 부호가 있다.

용 어	용 어 풀 이
블록 (block)	1단위로 취급할 수 있는 연속된 워드의 집합, 수치제어 테이프상의 각 블록은 EOB(end of block)를 나타내는 캐랙터로 서로 구별된다. 1블록은 기계제어를 위하여 필요한 정보를 포함하고 있다.
워드 (word)	어떤 순서로 배열된 캐랙터의 집합, 이것을 단위로 하여 정보가 처리 된다.
디멘션 워드 (dimension word)	수치제어 테이프상에 치수, 각도등을 표시하는 워드. 이 워드의 어드레스는 X,Y,Z,A,B,C등의 캐랙터가 있다.
어드레스 (address)	정보를 전송하는 경우의 출처 또는 행선지을 나타내는 표시, 수치제어 장치에 몇개의 정보를 주는 경우 그들 정보를 구별하기 위하여 사용한다. 수치제어 테이프에서의 어드레스는 N,G,X,Y,Z,F,S,T,M등의 캐랙터이다. 이들의 어드레스에 이어서 각기의 테이프가 기록 된다.
시퀜스번호 (sequence number)	수치제어 테이프상의 블록 또는 블록의 집합의 상대적 위치를 지시하기 위한 번호. 이 워드의 어드레스는 N을 사용하고 그에 계속되는 수로 표시한다.
테이프 포멧 (tape format)	수치제어 테이프상에 정보를 넣을 때의 정해진 양식
고정 블록 포멧 (fixed block format)	각 블록에 있는 워드수와 캐랙터수 및 워드의 순서가 일정하게 고정된 수치제어 테이프의 포멧
가변 블록 포멧 (variable block format)	각 블록내의 워드수와 캐랙터수가 변화하여도 좋은 수치제어 테이프의 포멧
태브 시퀜셜 포멧 (tab sequential format)	블록내에서 각 워드의 최초에 놓여진 "HT" 라는캐랙터로 각 워드를 구별하고, 동시에 블록내에서 그 "HT"가 몇번째인가에 따라서 그 워드정보가 무엇인가를 판단하게 되는 포멧, 따라서 1블록내의 워드는 어떤 정해진 순서로 수치제어 테이프상에 주어진다.

용 어	용 어 풀 이
워드 어드레스 포멧 (word address format)	블록내의 각 워드의 처음에 그 워드가 무엇을 뜻하는가를 지정하기 위한 어드레스용 캐릭터를 가지는 수치제어 테이프의 포멧.
포멧 분류의 상세약기 (format classification detailed shorthard)	수치제어 테이프의 1블록내의 각 워드 자리수를 어드레스 붙이의 숫자로 기술한 것, 어드레스는 정해진 순서로 배열한다. 디멘션워드는 소숫점 이상의 자리수와 이하의 자리수를 표시하는 2자리의 숫자이며, 기타의 워드는 1자리의 숫자로 표시된다.
얼라인멘트 기능 (alignment function)	시퀀스번호의 어드레스 N대신에 사용되는 캐릭터 "."이며, 수치제어 테이프상의 특정위치를 표시하는데 사용한다. 이 뒤에 가공개시 또는 재개에 필요한 모든 정보를 넣어야 한다. 또 이 "얼라인먼트기능" 캐릭터는 대조하고 싶은 위치까지 되감아서 정지의 뜻으로 사용해도 좋다.
옵셔날 블록스킵 (optional block skip, block delete)	특정한 블록의 최초에 "/"(슬러쉬) 캐릭터를 부가하여 이 블록을 선택적으로 뛰어 넘길 수 있도록 하는 수단, 이 선택은 스위치로 실행한다.
드웰 (dwell)	이 지령이 있을 때 피드(Feed) 등을 어떤 시간만큼 정지시키는 것
옵셔널 스톱 (optional stop, planned stop)	보조기능의 하나이며 운전자가 이 기능을 유효하게 하는 스위치를 넣어두면 프로그램 스톱과 동일한 기능을 발휘한다. 스위치를 넣지 않을 때는 이 지령은 무시 된다.
프로그램 스타트 (program start)	프로그램의 최초를 표시하는 캐릭터 "%"이며 수치제어 테이프의 되감음의 정지위치를 표시하는데 사용한다.

용 어	용 어 풀 이
프로그램 스톱 (program stop)	보조기능의 하나이며 이것이 실행되면 프로그램에서는 그 작업이 완료후에 기계의 피드, 주축회전, 절삭유공급 등이 정지한다. 계속하여 프로그램을 실행하려면 시동버튼을 눌러야 한다.
엔드 오브 블록(EOB) (end of block)	수치제어 테이프상의 1블록의 끝을 나타내는 기능, EOB로 약칭하고 "NL"의 캐랙터로 표시한다.
엔드 오브 프로그램 (end of program)	공작물의 가공 프로그램의 끝을 나타내는 보조기능. 수치제어장치가 이것을 나타내는 워드를 읽으면 그 블록의 작업을 완료한 후에 주축, 절삭유제 이송등은 정지된다. 필요하면 테이프를 되감는데도 사용된다.
엔드 오브 테이프 (end of tape)	수치제어 테이프의 끝을 나타내는 보조기능, 엔드오브 프로그램이 가지는 작용에 대하여, 프로그램 스타트 캐랙터의 끝까지 수치제어 테이프를 되감거나 제2의 테이프리더를 스타트 시키거나 하는데 사용할 수 있다.

(4) 제어장치의 그 특성에 의한 규정

용 어	용 어 풀 이
인클리멘탈 위치검출기 (incremental position transducer)	직전의 위치로부터의 증분으로 기계의 이동을 검출하여 전송에 편리한 신호로 변환하는 기기.
버퍼레지스터 (buffer resistor)	서로 동작의 보조가 다른 2개의 장치(예컨데 입출력장치와 내부기억 장치) 사이에 있어 속도, 시간등의 조정을 시행하도록 하고, 양자를 독립적으로 동작시키도록 하는데 필요한 기억장치.
지령 펄스 (command pulse)	수치제어 공작기계에 운동지령을 주기 위한 펄스.

용　　　어	용　어　풀　이
업솔루트 위치검출기 (absolute position tran- sducer)	어떤 한 좌표계의 좌표치로 기계의 위치를 검출하 여 전송에 편리한 신호로 변환하는 기기.
폐쇄 루프계 (closed-loop system)	테이블이나 헤드의 위치 또는 이와 등가한 양을 검 출하여 수치제어장치의 출력인 지령신호(입력신호와 등가한 물리량)와 비교하여 편차가 0이 되게 하는 제 어계.
개방 루프계 (open-loop system)	테이블이나 헤드의 위치 또는 이와 등가한 양을 수 치제어장치의 출력인 지령신호와 비교하는 수단을 사 용하지 않는 제어계.
직선보간 (linear interpolation)	양 끝사이의 수치정보를 주고 그로부터 정하여지는 직선을 따라서 공구의 운동을 제어하는 것.
원호보간 (circular interpolation)	양 끝점과 보간을 위한 수치정보를 주고 그로부터 정하여지는 원호를 따라서 공구의 운동을 제어하는 것.
포물선 보간 (parabolic interpolation)	양 끝점과 보간을 위한 수치정보를 주고 그로부터 정하여지는 포물선을 따라서 공구의 운동을 제어하는 것.

(5) 기계 본체의 특성에 관한 규정

용　　　어	용　어　풀　이
최소 설정단위 (least input increment)	수치제어 테이프 또는 수동테이프 입력장치에 의하 여 설정 가능한 최소 변위.
최소 이동단위 (least command increm- ent)	수치제어장치가 수치제어기계의 조작부에 주는 지 령외 최소 이동량.

용 어	용 어 풀 이
가동원점 (floating zero)	수치제어 공작기계의 좌표계의 원점을 임의의 위치에 설정할 수 있는 기능. 원점을 움직였을 때 이전에 설치된 원점에 관한 정보는 상실된다.
원점 옵셋 (zero offset)	수치제어 공작기계의 좌표계의 원점을 어떤 고정된 원점에 대하여 이동시킬 수 있는 기능. 이 경우에는 영구적 원점이 기억되어 있는 것이 필요하다.
제로 동조 (zero synchronization)	수동으로 각 축을 어떤 희망하는 위치의 근방에 이동시킨 후 자동적으로 그 정확한 위치에 위치결정이 가능한 수치제어 공작기계의 기능.
공구경 보정 (cutter compensation)	프로그램된 공구 반지름 또는 지름과 실제의 공구경과의 차의 보정을 말함. 공구통로에 직교하는 방향에 대하여 시행함.
공구위치 옵셋 (tool offset)	제어축에 평행한 방향으로의 공구위치의 보정을 말함.
미러 이미지 스위치 (mirror image switch)	수치제어 테이프상의 하나 또는 그 이상의 디멘션 워드의 부호를 반전하는 스위치.
수동 데이터 입력 (manual data input)	수치제어 테이프상의 1블록의 정보를 수동으로 수치제어 장치에 넣는 수단.
자동 가속 (automatic acceleration)	수치제어 공작기계의 변속시(시동시를 포함)에 있어서 충격등을 피하기 위하여 원활한 가속을 자동적으로 시행하게 하는 기능.
자동 감속 (automatic deceleration)	수치제어 공작기계의 변속시(정지시를 포함)에 있어서 충격등을 피하기 위하여 원활한 감속을 자동적으로 시행하게 하는 기능.
고정 사이클 (fixed cycle, canned cycle)	보오링, 구멍 뚫기, 탭 가공 등을 위하여 미리 정하여진 일련의 동작을 시퀸스 하나로 묶은 기능

용 어	용 어 풀 이
이송속도 오버라이드 (feedrate override)	수치제어 테이프상에 프로그램된 이송속도를 다이얼 조작등으로 수정하는 것.
준비기능, (G기능) (preparatory function)	제어동작의 모드를 지정하기 위한 기능, 이 워드의 어드레스에는 G를 사용하고, 그에 계속되는 코드화된 수로 지정한다.
보조기능, (M기능) (miscellaneous function)	수치제어 공작기계가 가지고 있는 보조적인 On, Off 기능. 이 워드의 어드레스에는 M을 사용하고, 이에 계속되는 코드화된 수로 지정한다.
이송기능, (F기능) (feed function)	공작물에 대한 공구의 이송(이송 속도 또는 이송량)을 지정하는 기능. 이 워드의 어드레스에는 F를 사용하고, 이에 계속되는 코드에는 (1) 매직 3에 의한 숫자 코드 (2) 표준수에 의한 숫자 코드 (3) 기호 지정에 의한 숫자 코드 (4) 직접 지정에 의한 숫자 코드 등이 있다.
주축기능, (S기능) (spindle-speed function)	주축에 회전속도를 지정하는 기능. 이 워드의 어드레스에는 S를 사용하고, 그에 계속되는 코드화된 수로 지정한다.
공구기능, (T기능) (tool function)	공구 또는 공구에 관련되는 사항을 지정하기 위한 기능, 이 워드의 어드레스에는 T를 사용하고, 그에 계속되는 코드화된 수로 지정한다.

(6) 정밀도에 관한 규정

용 어	용 어 풀 이
위치 결정 정밀도 (positioning accuracy)	실제의 위치와 지령한 위치와의 일치성. 양적으로는 오차로서 표현되고, 제어된 기계측의 오차(그것을 구동하는 제어계의 오차도 포함된다)를 말한다.

용 어	용 어 풀 이
반복 정밀도 (repeatability)	동일 조건하에서 같은 방법으로 위치결정했을 때의 위치와 일치하는 정도.
로스트 모션 (lost motion)	어떤 위치에서 양(+)의 방향으로 위치결정과 음(-)의 방향으로 위치결정에 의한 정지 위치의 차.

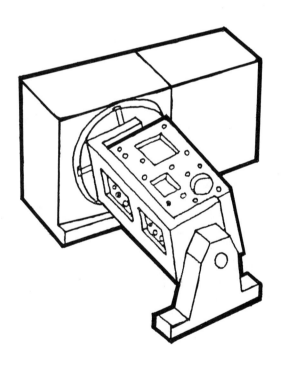

6.5 기계 조작시 많이 사용하는 파라메타

파 라 메 타 내 용		FANUC 0M 시스템			SENTROL-M 시스템		
		번호	Bit	기준값	번호	Bit	기준값
1. 출력 Code를 EIA로 한다.		Setting 1	ISO	1	0000	4	0
2. Foreground용 입력기기 I/F 번호		Setting 1	I/O	0	0020		0
3. Foreground용 출력기기 I/F 번호		Setting 1	I/O	0	0021		0
4. RS232C 1에 접속하는 I/O Device 번호					5001		1
5. Device 1에 대응하는 Device I/F 번호					5110		1
6. Device 1에 대응하는 Stop Bits		0002	0	1	5111		2
7. Device 1에 대응하는 Baud Rate		0552		10	5112		10
1. 같은 프로그램 번호를 등록할 때 먼저 입력된 번호를 삭제한다.		0015	6	0	2200	0	0
2. O8000-O8999의 프로그램번호는 편집 못한다.		–	–	–	0011	0	0
3. O9000-O9999의 프로그램번호는 편집 못한다.		0010	4	0	2201	2	0
1. 제2 원점설정	X축	0735		*	1241		*
	Y축	0736		*			*
	Z축	0737					
2. 제1 금지영역 설정	+X축	0700		500	5220		500
	+Y축	0701		500			500
	+Z축	0702		500			500
	-X축	0704		*	5221		*
	-Y축	0705		*			*
	-Z축	0706		*			*
3. 백래쉬 보정량	X축	0535		*	1811		*
	Y축	0536		*			*
	Z축	0537		*			*
1. G76, G87에서 공구가 도피하는 방향을 I,J,K 로 지령한다.					6200	2	0
2. G76, G87에서 공구가 도피하는 축과방향	X축	0002	5,4	0,0	6240		100
	Y축						100
	Z축						100
3. G73에서 공구가 도피하는 량		0531		500	6210		500
4. G83에서 다시 절삭하는 여유값		0532		500	6211		500
1. 공구길이 보정은 Reset로 삭제 된다.		0001	3	0	6000	4	0
2. 자동면취,코너R 지령시에"C","R"을 사용한다.		0029	4	0	0000	5	1
3. 원호가공시 종점이 어긋나도 허용하는 량					2410		20

"*" 표의 파라메타 값은 작업자가 측정하여 임의의 값으로 입력할 수 있다.

6.6 기계 일상 점검

구 분	점검내용	점검세부내용
매일 점검	1. 외관 점검	* 장비 외관 점검 * 베드면에 습동유가 나오는지 손으로 확인한다.
	2. 유량 점검	* 습동면 및 볼스크류 급유탱크 유량 확인 * Air Lubricator Oil 확인(Air에 Oil을 혼합하여 실린더를 보호하는 장치) * 절삭유의 유량은 충분한가? * 유압탱크의 유량은 충분한가?
	3. 압력 점검	* 각부의 압력이 명판에 지시된 압력을 가르키는가?
	4. 각부의 작동 검사	* 각축은 원활하게 급속이송 되는가? * ATC 장치는 원활하게 작동되는가? * 주축의 회전은 정상적인가?
매월 점검	1. 각부의 Filter 점검	* NC 장치 Filter 점검(교환 및 먼지를 제거한다.) * 전기 제어반 Filter 점검(교환 및 먼지를 제거한다.)
	2. 각부의 Fan 모터 점검	* 각부의 Fan 모터 회전 점검 * Fan 모터 부의 먼지 및 이물질 제거
	3. Grease oil 주입	* 지정된 Gear 및 작동부에 Grease를 주입한다.
	4. 백래쉬 보정	* 각축 백래쉬 점검 및 보정
매년 점검	1. 레벨(수평) 점검	* 기계본체 레벨 점검 및 조정
	2. 기계정도 검사	* 기계 제작회사에서 작성된 각부 기능 검사 List 확인 및 조정
	3. 절연 상태 점검	* 각부 전선의 절연상태를 점검 및 보수한다.

6.7 일반적으로 많이 발생하는 알람 해제 방법

(기계종류에 따라 알람 내용이 약간씩 다를 수 있다.)

순	알 람 내 용	원 인	해 제 방 법
1	EMERGENCY STOP SWITCH ON	비상정지 스위치 ON	비상정지 스위치를 화살표 방향으로 돌린다.
2	LUBR TANK LEVEL LOW ALARM	습동유 부족	습동유를 보충한다.(기계 제작회사에서 지정하는 규격품을 사용하십시오.)
3	THERMAL OVERLOAD TRIP ALARM	과부하로 인한 Over Load Trip	원인 조치후 마그네트와 연결된 Overload를 누른다.(2번 이상 계속 발생시 A/S 연락)
4	P/S___ ALARM	프로그램 알람	알람 일람표를 보고 원인을 찾는다.
5	OT ALARM	금지영역 침범	이송축을 안전한 위치로 이동한다.
6	EMERGENCY L/S ON	비상정지 리미트 스위치 작동	행정오버해제 스위치를 누른 상태에서 이송축을 안전한 위치로 이동 시킨다.
7	SPINDLE ALARM	* 주축모터의 과열 * 주축모터의 과부하 * 과 전류	* 다음 순서대로 실행한다. ① 해제버튼을 누른다. ② 전원을 차단하고 다시 투입한다. ③ A/S 연락
8	TORQUE LIMIT ALARM	충돌로 인한 안전핀 파손	A/S 연락
9	AIR PRESSURE ALARM	공기압 부족	공기압을 높인다.(5kg / cm^2)
10	**축** 이동이 안됨	① 머신록스위치 ON ② Intlock 상태	① 머신록 스위치 OFF 시킨다. ② A/S 문의

찾 아 보 기

MEMO

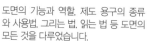

머시닝센타
프로그램과 가공

2003. 3. 14. 초 판 1쇄 발행
2022. 1. 20. 초 판 20쇄 발행

지은이 | 배종외
펴낸이 | 이종춘
펴낸곳 | **BM** ㈜도서출판 **성안당**

주소 | 04032 서울시 마포구 양화로 127 첨단빌딩 3층(출판기획 R&D 센터)
　　　| 10881 경기도 파주시 문발로 112 파주 출판 문화도시(제작 및 물류)

전화 | 02) 3142-0036
　　　| 031) 950-6300
팩스 | 031) 955-0510
등록 | 1973. 2. 1. 제406-2005-000046호
출판사 홈페이지 | www.cyber.co.kr
ISBN | 978-89-315-3927-1 (93550)
정가 | 24,000원

이 책을 만든 사람들
기획 | 최옥현
진행 | 이희영
교정·교열 | 류지은
전산편집 | 이지연
표지 디자인 | 박현정
홍보 | 김계향, 이보람, 유미나, 서세원
국제부 | 이선민, 조혜란, 권수경
마케팅 | 구본철, 차정욱, 나진호, 이동후, 강호묵
마케팅 지원 | 장상범, 박지연
제작 | 김유석

G-코드	그룹	기 능	지 령 방 법	관련기능	비 고
☆ G00	01	급속위치결정	G00 $^{G90}_{G91}$ X__ Y__ Z__ ;		
☆ G01		직선보간(절삭)	G01 $^{G90}_{G91}$ X__ Y__ Z__ F__ ;	G94, G95	
G02		원호보간(시계방향)	G02, G03 $^{G90}_{G91}$ X__ Y__ Z__ $^{R}_{\alpha\_\_\beta\_\_}$ F__ ;	G17, G18, G19	헬리칼보간
G03		원호보간(반 시계방향)	G02, G03 $^{G90}_{G91}$ X__ Y__ Z__ $^{R}_{\alpha\_\_\beta\_\_}$ F__ ;	"	"
G04	00	드웰(정지시계 지령)	G04 $^{X}_{P}$;		P=소수점 사용 불가
G09		Exact stop	G09 절삭이동 지령 ;	G01, G02, G03	
G10		데이타 설정	G10 $^{L\_\_P\_\_}_{R\_\_R\_\_}$ X__ Y__ Z__ ;	L2=G45~G49 보정량 입력	
☆ G15	17	극좌표지령 무시	G15 X0. Y0. Z0. ;		"
G16		극좌표지령	G15 G90 X__ Y__ Z__ ;	고정싸이클	
☆ G17	02	X-Y 평면	G17		
G18		Z-X 평면	G18	원호보간, 공구경보정, 좌표회전, 고정싸이클	
G19		Y-Z 평면	G19		
G20	06	Inch 입력	G20 ;		단독블록으로 지령
G21		Metric 입력	G21 ;		
G22	04	금지영역 설정	G22 X__ Y__ Z__ I__ J__ K__ ;	파라메타	
☆ G23		금지영역 설정 무시	G23 ;		
G27	00	원점복귀 Check	G27 $^{G90}_{G91}$ X__ Y__ Z__ ;	G28	
G28		기계원점 복귀	G28 $^{G90}_{G91}$ X__ Y__ Z__ ;		
G30		제2,3,4 원점 복귀	G30 P__ $^{G90}_{G91}$ X__ Y__ Z__ ;	파라메타	P3 : 제3원점 P4 : 제4원점
G31		Skip 기능	G31 P__ $^{G90}_{G91}$ X__ Y__ Z__ F__ ;		
G33	01	나사절삭	G33 $^{G90}_{G91}$ Z__ F__ ;		
G37	00	자동 공구길이 측정	G37 G90 Z__ ;	공구보정	
☆ G40	07	공구경보정 무시	G40	G00, G01	
G41		공구경보정 좌측	G41 D__ 급속 또는 직선보간 ;	"	보정번호
G42		공구경보정 우측	G42 D__ 급속 또는 직선보간 ;	"	"
G43	08	공구길이 보정 "+"	G43 Z__ H__ ;	G90, G00	"
G44		공구길이 보정 "-"	G44 Z__ H__ ;	"	"
☆ G49		공구길이 보정 무시	G49 Z__ ;	"	
☆ G50	08	스켈링, 미러기능 무시	G50 ;		
G51		스켈링, 미러기능	G51 $^{X\_\_Y\_\_Z\_\_P\_\_}_{X\_\_Y\_\_Z\_\_I\_\_J\_\_K\_\_}$;	I, J, K에 "_"부호 지령되면 미러기능 단독블록으로 지령	
G52	00	로칼좌표계 설정	G52 G90 X__ Y__ Z__ ;	G52 X0. Y0. Z0. ; 로칼좌표계 무시	
G53		기계좌표계 선택	G53 G90 X__ Y__ Z__ ;	G00	
☆ G54	14	공작물좌표계 1번 선택	G54 G90 X__ Y__ Z__ ;		
G55		공작물좌표계 2번 선택	G55 G90 X__ Y__ Z__ ;		
G56		공작물좌표계 3번 선택	G56 G90 X__ Y__ Z__ ;		
G57		공작물좌표계 4번 선택	G57 G90 X__ Y__ Z__ ;		
G58		공작물좌표계 5번 선택	G58 G90 X__ Y__ Z__ ;		
G59		공작물좌표계 6번 선택	G59 G90 X__ Y__ Z__ ;		
G60	00	한방향 위치결정	G60 $^{G90}_{G91}$ X__ Y__ Z__ ;	G00	
G61	15	Exact stop 모드	G60 절삭지령 ;	절삭기능	
G62		자동코니 오버라이드	G62 절삭지령 ;	내측 G02, G03	
☆ G69		연속절삭 모드	G64 절삭지령 ;	절삭기능	
G65	00	마크로 호출	G65 P__ ;	P=보조프로그램 번호	
G66	12	마크로 모달호출	G66 P__ ;	"	
☆ G67		마크로 모달호출 무시	G67 ;		

<머시닝센타 프로그램과 가공>

G-코드	그룹	기 능	지 령 방 법	관련기능	비 고
☆ G68	16	좌표회전	G68 G90 α_ β_ R_ ;	G17, G18, G19	R=회전각도
☆ G69		좌표회전 무시	G69 ;		단독블록으로 지령
G73		고속 심공드릴 싸이클	G73 G90 G98 / G91 G99 X_ Y_ Z_ R_ Q_ F_ K_ ;	G17, G18, G19	
G74		왼나사 탭 싸이클	G74 G90 G98 / G91 G99 X_ Y_ Z_ R_ F_ K_ ;	"	
G74		정밀 보링 싸이클	G76 G90 G98 / G91 G99 X_ Y_ Z_ R_ Q_ F_ K_ ;	"	
☆ G80		고정 싸이클 무시	G80 ;		
G81	09	드링 싸이클	G81 G90 G98 / G91 G99 X_ Y_ Z_ R_ F_ K_ ;	G17, G18, G19	
G82		카운트 보링 싸이클	G82 G90 G98 / G91 G99 X_ Y_ Z_ R_ P_ F_ K_ ;	"	R=R점
G83		심공 드릴 싸이클	G83 G90 G98 / G91 G99 X_ Y_ Z_ R_ Q_ F_ K_ ;	"	P=드웰시간
G84		탭 싸이클	G84 G90 G98 / G91 G99 X_ Y_ Z_ R_ F_ K_ ;	"	Q=1회 절입량 또는
G85		보링 싸이클	G85 G90 G98 / G91 G99 X_ Y_ Z_ R_ F_ K_ ;	"	도피량
G86		보링 싸이클	G86 G90 G98 / G91 G99 X_ Y_ Z_ R_ F_ K_ ;	"	K=반복회수(1회 반복
G87		백보링 싸이클	G87 G90 G98 / G91 G99 X_ Y_ Z_ R_ Q_ F_ K_ ;	"	지령은 생략한다.)
G88		보링 싸이클	G88 G90 G98 / G91 G99 X_ Y_ Z_ R_ P_ F_ K_ ;	"	
G89		보링 싸이클	G89 G90 G98 / G91 G99 X_ Y_ Z_ R_ F_ P_ K_ ;	"	
☆ G90	03	절대지령	G90 이동지령 ;		
☆ G91		상대지령	G91 이동지령 ;		
G92	00	공작물좌표계 설정	G92 G90 X_ Y_ Z_ S_ ;	S=주축 최고회전수	
☆ G94	05	분당이송	G94 절삭이송 ;	G01, G02, G03, G33 고정싸이클	
G95		회전당이송	G95 절삭이송 ;	"	
G96	13	주속일정제어	G96 S_ ;	M03, M04	
☆ G97		주속일정제어 무시	G97 S_ ;	"	
☆ G98	10	고정싸이클 초기점 복귀	G고정싸이클 기능 G98 고정싸이클 데이타 ;	G73~G89	
G99		고정싸이클 R점 복귀	G고정싸이클 기능 G99 고정싸이클 데이타 ;		

(☆ 전원 투입시 자동으로 설정)

◆ **M-코드 일람표**(기타 기능은 취급설명서를 참고하십시오.)

M-코드	기 능	M-코드	기 능
M00	◇ 프로그램 정지 (실행중 프로그램을 일시정지시킨다.)	M08	◇ 절삭유 ON
		M09	◇ 절삭유 OFF
M01	◇ 선택 프로그램 정지 (조작판의 M01 스위치가 ON인 경우 정지)	M30	◇ 프로그램 끝 & Rewind (프로그램 선두에서 정지하는 경우와 재실행을 파라메타로 결정한다.)
M02	◇ 프로그램 끝		
M03	◇ 주축 정회전	M98	◇ 보조 프로그램 호출 지령방법 예) M98 P▲▲▲▲▽▽▽▽ ├─ 보조 프로그램 번호 └─ 반복회수
M04	◇ 주축 역회전		
M05	◇ 주축 정지		
M06	◇ 공구교환	M99	◇ 주 프로그램 호출 (보조 프로그램에서 주 프로그램으로 되돌아 간다.)

〈머시닝센타 프로그램과 가공〉